机 械 设 计 手 册

第 6 版

单 行 本

起重运输机械零部件和操作件

主　编　闻邦椿
副主编　鄂中凯　张义民　陈良玉　孙志礼
宋锦春　柳洪义　巩亚东　宋桂秋

机 械 工 业 出 版 社

《机械设计手册》第6版 单行本共26分册，内容涵盖机械常规设计、机电一体化设计与机电控制、现代设计方法及其应用等内容，具有系统全面、信息量大、内容现代、突显创新、实用可靠、简明便查、便于携带和翻阅等特色。各分册分别为：《常用设计资料和数据》《机械制图与机械零部件精度设计》《机械零部件结构设计》《连接与紧固》《带传动和链传动　摩擦轮传动与螺旋传动》《齿轮传动》《减速器和变速器》《机构设计》《轴　弹簧》《滚动轴承》《联轴器、离合器与制动器》《起重运输机械零部件和操作件》《机架、箱体与导轨》《润滑　密封》《气压传动与控制》《机电一体化技术及设计》《机电系统控制》《机器人与机器人装备》《数控技术》《微机电系统及设计》《机械系统概念设计》《机械系统的振动设计及噪声控制》《疲劳强度设计　机械可靠性设计》《数字化设计》《工业设计与人机工程》《智能设计　仿生机械设计》。

本单行本为《起重运输机械零部件和操作件》，主要介绍起重机械零部件（钢丝绳及绳具、卷筒、滑轮和滑轮组、起重链和链轮、吊钩、车轮和轨道、缓冲器、棘轮逆止器等）和运输机械零部件（输送带、滚筒、托辊、拉紧装置、清扫器等）的结构形式、尺寸规格、设计计算和选用等；以及操作件（手柄、手轮、把手等）的结构型式及尺寸等内容。

本书供从事机械设计、制造、维修及有关工程技术人员作为工具书使用，也可供大专院校的有关专业师生使用和参考。

图书在版编目（CIP）数据

机械设计手册．起重运输机械零部件和操作件/闻邦椿主编．—6版．—北京：机械工业出版社，2020.1

ISBN 978-7-111-64735-5

Ⅰ.①机…　Ⅱ.①闻…　Ⅲ.①机械设计-技术手册②起重机械-零部件-技术手册③运输机械-零部件-技术手册　Ⅳ.①TH122-62②TH203-62

中国版本图书馆CIP数据核字（2020）第024586号

机械工业出版社（北京市百万庄大街22号　邮政编码100037）
策划编辑：曲彩云　责任编辑：曲彩云　高依楠
责任校对：徐　强　封面设计：马精明
责任印制：郜　敏
北京中兴印刷有限公司印刷
2020年4月第6版第1次印刷
184mm×260mm・12.5印张・306千字
0001—2500册
标准书号：ISBN 978-7-111-64735-5
定价：48.00元

电话服务　　网络服务
客服电话：010-88361066　　机　工　官　网：www.cmpbook.com
010-88379833　　机　工　官　博：weibo.com/cmp1952
010-68326294　　金　书　网：www.golden-book.com
封底无防伪标均为盗版　　机工教育服务网：www.cmpedu.com

出 版 说 明

《机械设计手册》自出版以来，已经进行了5次修订，2018年第6版出版发行。截至2019年，《机械设计手册》累计发行39万套。作为国家级重点科技图书，《机械设计手册》深受广大读者的欢迎和好评，在全国具有很大的影响力。该书曾获得中国出版政府奖提名奖、中国机械工业科学技术奖一等奖、全国优秀科技图书奖二等奖、中国机械工业部科技进步奖二等奖，并多次获得全国优秀畅销书奖等奖项。《机械设计手册》已成为机械设计领域的品牌产品，是机械工程领域最具权威和影响力的大型工具书之一。

《机械设计手册》第6版共7卷55篇，是在前5版的基础上吸收并总结了国内外机械工程设计领域中的新标准、新材料、新工艺、新结构、新技术、新产品、新的设计理论与方法，并配合我国创新驱动战略的需求编写而成的。与前5版相比，第6版无论是从体系还是内容，都在传承的基础上进行了创新。重点充实了机电一体化系统设计、机电控制与信息技术、现代机械设计理论与方法等现代机械设计的最新内容，将常规设计方法与现代设计方法相融合，光、机、电设计融为一体，局部的零部件设计与系统化设计互相衔接，并努力将创新设计的理念贯穿其中。《机械设计手册》第6版体现了国内外机械设计发展的新水平，精心诠释了常规与现代机械设计的内涵、全面荟萃凝练了机械设计各专业技术的精华，它将引领现代机械设计创新潮流、成就新一代机械设计大师，为我国实现装备制造强国梦做出重大贡献。

《机械设计手册》第6版的主要特色是：体系新颖、系统全面、信息量大、内容现代、突显创新、实用可靠、简明便查。应该特别指出的是，第6版手册具有较高的科技含量和大量技术创新性的内容。手册中的许多内容都是编著者多年研究成果的科学总结。这些内容中有不少依托国家“863计划”“973计划”“985工程”“国家科技重大专项”“国家自然科学基金”重大、重点和面上项目资助项目。相关项目有不少成果曾获得国际、国家、部委、省市科技奖励、技术专利。这充分体现了手册内容的重大科学价值与创新性。如仿生机械设计、激光及其在机械工程中的应用、绿色设计与和谐设计、微机电系统及设计等前沿新技术；又如产品综合设计理论与方法是闻邦椿院士在国际上首先提出，并综合8部专著后首次编入手册，该方法已经在高铁、动车及离心压缩机等机械工程中成功应用，获得了巨大的社会效益和经济效益。

在《机械设计手册》历次修订的过程中，出版社和作者都广泛征求和听取各方面的意见，广大读者在对《机械设计手册》给予充分肯定的同时，也指出《机械设计手册》卷册厚重，不便携带，希望能出版篇幅较小、针对性强、便查便携的更加实用的单行本。为满足读者的需要，机械工业出版社于2007年首次推出了《机械设计手册》第4版单行本。该单行本出版后很快受到读者的欢迎和好评。《机械设计手册》第6版已经面市，为了使读者能按需要、有针对性地选用《机械设计手册》第6版中的相关内容并降低购书费用，机械工业出版社在总结《机械设计手册》前几版单行本经验的基础上推出了《机械设计手册》第6版单行本。

《机械设计手册》第6版单行本保持了《机械设计手册》第6版（7卷本）的优势和特色，依据机械设计的实际情况和机械设计专业的具体情况以及手册各篇内容的相关性，将原手册的7卷55篇进行精选、合并，重新整合为26个分册，分别为：《常用设计资料和数据》《机械制图与机械零部件精度设计》《机械零部件结构设计》《连接与紧固》《带传动和链传动　摩擦轮传动与螺旋传动》《齿轮传动》《减速器和变速器》《机构设计》《轴　弹簧》《滚动轴承》《联轴器、离合器与制动器》《起重运输机械零部件和操作件》《机架、箱体与导轨》《润滑　密封》《气压传动与控制》《机电一体化技术及设计》《机电系统控制》《机器人与机器人装备》《数控技术》《微机电系统及设计》《机械系统概念设计》《机械系统的振动设计及噪声控制》《疲劳强度设计　机械可靠性设计》《数字化设计》《工业设计与人机工程》《智能设计　仿生机械设计》。各分册内容针对性强、篇幅适中、查阅和携带方便，读者可根据需要灵活选用。

《机械设计手册》第 6 版单行本是为了助力我国制造业转型升级、经济发展从高增长迈向高质量，满足广大读者的需要而编辑出版的，它将与《机械设计手册》第 6 版（7 卷本）一起，成为机械设计人员、工程技术人员得心应手的工具书，成为广大读者的良师益友。

由于工作量大、水平有限，难免有一些错误和不妥之处，殷切希望广大读者给予指正。

机械工业出版社

前　　言

本版手册为新出版的第 6 版 7 卷本《机械设计手册》。由于科学技术的快速发展，需要我们对手册内容进行更新，增加新的科技内容，以满足广大读者的迫切需要。

《机械设计手册》自 1991 年面世发行以来，历经 5 次修订，截至 2016 年已累计发行 38 万套。作为国家级重点科技图书的《机械设计手册》，深受社会各界的重视和好评，在全国具有很大的影响力，该手册曾获得全国优秀科技图书奖二等奖（1995 年）、中国机械工业部科技进步奖二等奖（1997 年）、中国机械工业科学技术奖一等奖（2011 年）、中国出版政府奖提名奖（2013 年），并多次获得全国优秀畅销书奖等奖项。1994 年，《机械设计手册》曾在我国台湾建宏出版社出版发行，并在海内外产生了广泛的影响。《机械设计手册》荣获的一系列国家和部级奖项表明，其具有很高的科学价值、实用价值和文化价值。《机械设计手册》已成为机械设计领域的一部大型品牌工具书，已成为机械工程领域权威的和影响力较大的大型工具书，长期以来，它为我国装备制造业的发展做出了巨大贡献。

第 5 版《机械设计手册》出版发行至今已有 7 年时间，这期间我国国民经济有了很大发展，国家制定了《国家创新驱动发展战略纲要》，其中把创新驱动发展作为了国家的优先战略。因此，《机械设计手册》第 6 版修订工作的指导思想除努力贯彻“科学性、先进性、创新性、实用性、可靠性”外，更加突出了“创新性”，以全力配合我国“创新驱动发展战略”的重大需求，为实现我国建设创新型国家和科技强国梦做出贡献。

在本版手册的修订过程中，广泛调研了厂矿企业、设计院、科研院所和高等院校等多方面的使用情况和意见。对机械设计的基础内容、经典内容和传统内容，从取材、产品及其零部件的设计方法与计算流程、设计实例等多方面进行了深入系统的整合，同时，还全面总结了当前国内外机械设计的新理论、新方法、新材料、新工艺、新结构、新产品和新技术，特别是在现代设计与创新设计理论与方法、机电一体化及机械系统控制技术等方面做了系统和全面的论述和凝练。相信本版手册会以崭新的面貌展现在广大读者面前，它将对提高我国机械产品的设计水平、推进新产品的研究与开发、老产品的改造，以及产品的引进、消化、吸收和再创新，进而促进我国由制造大国向制造强国跃升，发挥出巨大的作用。

本版手册分为 7 卷 55 篇：第 1 卷　机械设计基础资料；第 2 卷　机械零部件设计（连接、紧固与传动）；第 3 卷　机械零部件设计（轴系、支承与其他）；第 4 卷　流体传动与控制；第 5 卷　机电一体化与控制技术；第 6 卷　现代设计与创新设计（一）；第 7 卷　现代设计与创新设计（二）。

本版手册有以下七大特点：

一、构建新体系

构建了科学、先进、实用、适应现代机械设计创新潮流的《机械设计手册》新结构体系。该体系层次为：机械基础、常规设计、机电一体化设计与控制技术、现代设计与创新设计方法。该体系的特点是：常规设计方法与现代设计方法互相融合，光、机、电设计融为一体，局部的零部件设计与系统化设计互相衔接，并努力将创新设计的理念贯穿于常规设计与现代设计之中。

二、凸显创新性

习近平总书记在 2014 年 6 月和 2016 年 5 月召开的中国科学院、中国工程院两院院士大会上分别提出了我国科技发展的方向就是“创新、创新、再创新”，以及实现创新型国家和科技强国的三个阶段的目标和五项具体工作。为了配合我国创新驱动发展战略的重大需求，本版手册突出了机械创新设计内容的编写，主要有以下几个方面：

（1）新增第 7 卷，重点介绍了创新设计及与创新设计有关的内容。

该卷主要内容有：机械创新设计概论，创新设计方法论，顶层设计原理、方法与应用，创新原理、思维、方法与应用，绿色设计与和谐设计，智能设计，仿生机械设计，互联网上的合作设计，工业通信网络，面向机械工程领域的大数据、云计算与物联网技术，3D 打印设计与制造技术，系统化设计理论与方法。

（2）在一些篇章编入了创新设计和多种典型机械创新设计的内容。

“第 11 篇　机构设计”篇新增加了“机构创新设计”一章，该章编入了机构创新设计的原理、方法及飞剪机剪切机构创新设计，大型空间折展机构创新设计等多个创新设计的案例。典型机械的创新设计有大型全断面掘进机（盾构机）仿真分析与数字化设计、机器人挖掘机的机电一体化创新设计、节能抽油机的创新设计、产品包装生产线的机构方案创新设计等。

（3）编入了一大批典型的创新机械产品。

“机械无级变速器”一章中编入了新型金属带式无级变速器，“并联机构的设计与应用”一章中编入了数十个新型的并联机床产品，“振动的利用”一章中新编入了激振器偏移式自同步振动筛、惯性共振式振动筛、振动压路机等十多个典型的创新机械产品。这些产品有的获得了国家或省部级奖励，有的是专利产品。

（4）编入了机械设计理论和设计方法论等方面的创新研究成果。

1）闻邦椿院士团队经过长期研究，在国际上首先创建了振动利用工程学科，提出了该类机械设计理论和方法。本版手册中编入了相关内容和实例。

2）根据多年的研究，提出了以非线性动力学理论为基础的深层次的动态设计理论与方法。本版手册首次编入了该方法并列举了若干应用范例。

3）首先提出了和谐设计的新概念和新内容，阐明了自然环境、社会环境（政治环境、经济环境、人文环境、国际环境、国内环境）、技术环境、资金环境、法律环境下的产品和谐设计的概念和内容的新体系，把既有的绿色设计篇拓展为绿色设计与和谐设计篇。

4）全面系统地阐述了产品系统化设计的理论和方法，提出了产品设计的总体目标、广义目标和技术目标的内涵，提出了应该用 IQCTES 六项设计要求来代替 QCTES 五项要求，详细阐明了设计的四个理想步骤，即“3I 调研”“7D 规划”“1+3+X 实施”“5（A+C）检验”，明确提出了产品系统化设计的基本内容是主辅功能、三大性能和特殊性能要求的具体实现。

5）本版手册引入了闻邦椿院士经过长期实践总结出的独特的、科学的创新设计方法论体系和规则，用来指导产品设计，并提出了创新设计方法论的运用可向智能化方向发展，即采用专家系统来完成。

三、坚持科学性

手册的科学水平是评价手册编写质量的重要方面，因此，本版手册特别强调突出内容的科学性。

（1）本版手册努力贯彻科学发展观及科学方法论的指导思想和方法，并将其落实到手册内容的编写中，特别是在产品设计理论方法的和谐设计、深层次设计及系统化设计的编写中。

（2）本版手册中的许多内容是编著者多年研究成果的科学总结。这些内容中有不少是国家 863、973 计划项目，国家科技重大专项，国家自然科学基金重大、重点和面上项目资助项目的研究成果，有不少成果曾获得国际、国家、部委、省市科技奖励及技术专利，充分体现了本版手册内容的重大科学价值与创新性。

下面简要介绍本版手册编入的几方面的重要研究成果：

1）振动利用工程新学科是闻邦椿院士团队经过长期研究在国际上首先创建的。本版手册中编入了振动利用机械的设计理论、方法和范例。

2）产品系统化设计理论与方法的体系和内容是闻邦椿院士团队提出并加以完善的，编写者依据多年的研究成果和系列专著，经综合整理后首次编入本版手册。

3）仿生机械设计是一门新兴的综合性交叉学科，近年来得到了快速发展，它为机械设计的创新提供了新思路、新理论和新方法。吉林大学任露泉院士领导的工程仿生教育部重点实验室开展了大量的深入研究工作，取得了一系列创新成果且出版了专著，据此并结合国内外大量较新的文献资料，为本版手册构建了仿生机械设计的新体系，编写了“仿生机械设计”篇（第50篇）。

4）激光及其在机械工程中的应用篇是中国科学院长春光学精密机械与物理研究所王立军院士依据多年的研究成果，并参考国内外大量较新的文献资料编写而成的。

5）绿色制造工程是国家确立的五项重大工程之一，绿色设计是绿色制造工程的最重要环节，是一个新的学科。合肥工业大学刘志峰教授依据在绿色设计方面获多项国家和省部级奖励的研究成果，参考国内外大量较新的文献资料为本版手册首次构建了绿色设计新体系，编写了“绿色设计与和谐设计”篇（第48篇）。

6）微机电系统及设计是前沿的新技术。东南大学黄庆安教授领导的微电子机械系统教育部重点实验室多年来开展了大量研究工作，取得了一系列创新研究成果，本版手册的“微机电系统及设计”篇（第28篇）就是依据这些成果和国内外大量较新的文献资料编写而成的。

四、重视先进性

（1）本版手册对机械基础设计和常规设计的内容做了大规模全面修订，编入了大量新标准、新材料、新结构、新工艺、新产品、新技术、新设计理论和计算方法等。

1）编入和更新了产品设计中需要的大量国家标准，仅机械工程材料篇就更新了标准126个，如GB/T 699—2015《优质碳素结构钢》和GB/T 3077—2015《合金结构钢》等。

2）在新材料方面，充实并完善了铝及铝合金、钛及钛合金、镁及镁合金等内容。这些材料由于具有优良的力学性能、物理性能以及回收率高等优点，目前广泛应用于航空、航天、高铁、计算机、通信元件、电子产品、纺织和印刷等行业。增加了国内外粉末冶金材料的新品种，如美国、德国和日本等国家的各种粉末冶金材料。充实了国内外工程塑料及复合材料的新品种。

3）新编的“机械零部件结构设计”篇（第4篇），依据11个结构设计方面的基本要求，编写了相应的内容，并编入了结构设计的评估体系和减速器结构设计、滚动轴承部件结构设计的示例。

4）按照GB/T 3480.1～3—2013（报批稿）、GB/T 10062.1～3—2003及ISO 6336—2006等新标准，重新构建了更加完善的渐开线圆柱齿轮传动和锥齿轮传动的设计计算新体系；按照初步确定尺寸的简化计算、简化疲劳强度校核计算、一般疲劳强度校核计算，编排了三种设计计算方法，以满足不同场合、不同要求的齿轮设计。

5）在“第4卷　流体传动与控制”卷中，编入了一大批国内外知名品牌的新标准、新结构、新产品、新技术和新设计计算方法。在“液力传动”篇（第23篇）中新增加了液黏传动，它是一种新型的液力传动。

（2）“第5卷　机电一体化与控制技术”卷充实了智能控制及专家系统的内容，大篇幅增加了机器人与机器人装备的内容。

机器人是机电一体化特征最为显著的现代机械系统，机器人技术是智能制造的关键技术。由于智能制造的迅速发展，近年来机器人产业呈现出高速发展的态势。为此，本版手册大篇幅增加了“机器人与机器人装备”篇（第26篇）的内容。该篇从实用性的角度，编写了串联机器人、并联机器人、轮式机器人、机器人工装夹具及变位机；编入了机器人的驱动、控制、传感、视角和人工智能等共性技术；结合喷涂、搬运、电焊、冲压及压铸等工艺，介绍了机器人的典型应用实例；介绍了服务机器人技术的新进展。

（3）为了配合我国创新驱动战略的重大需求，本版手册扩大了创新设计的篇数，将原第6卷扩编为两卷，即新的“现代设计与创新设计（一）”（第6卷）和“现代设计与创新设计（二）”（第7卷）。前者保留了原第6卷的主要内容，后者编入了创新设计和与创新设计有关的内容及一些前沿的技术内容。

本版手册“现代设计与创新设计（一）”卷（第6卷）的重点内容和新增内容主要有：

1）在“现代设计理论与方法综述”篇（第32篇）中，简要介绍了机械制造技术发展总趋势、在国际上有影响的主要设计理论与方法、产品研究与开发的一般过程和关键技术、现代设计理论的发展和根据不同的设计目标对设计理论与方法的选用。闻邦椿院士在国内外首次按照系统工程原理，对产品的现代设计方法做了科学分类，克服了目前产品设计方法的论述缺乏系统性的不足。

2）新编了“数字化设计”篇（第40篇）。数字化设计是智能制造的重要手段，并呈现应用日益广泛、发展更加深刻的趋势。本篇编入了数字化技术及其相关技术、计算机图形学基础、产品的数字化建模、数字化仿真与分析、逆向工程与快速原型制造、协同设计、虚拟设计等内容，并编入了大型全断面掘进机（盾构机）的数字化仿真分析和数字化设计、摩托车逆向工程设计等多个实例。

3）新编了“试验优化设计”篇（第41篇）。试验是保证产品性能与质量的重要手段。本篇以新的视觉优化设计构建了试验设计的新体系、全新内容，主要包括正交试验、试验干扰控制、正交试验的结果分析、稳健试验设计、广义试验设计、回归设计、混料回归设计、试验优化分析及试验优化设计常用软件等。

4）将手册第5版的“造型设计与人机工程”篇改编为“工业设计与人机工程”篇（第42篇），引入了工业设计的相关理论及新的理念，主要有品牌设计与产品识别系统（PIS）设计、通用设计、交互设计、系统设计、服务设计等，并编入了机器人的产品系统设计分析及自行车的人机系统设计等典型案例。

（4）“现代设计与创新设计（二）”卷（第7卷）主要编入了创新设计和与创新设计有关的内容及一些前沿技术内容，其重点内容和新编内容有：

1）新编了“机械创新设计概论”篇（第44篇）。该篇主要编入了创新是我国科技和经济发展的重要战略、创新设计的发展与现状、创新设计的指导思想与目标、创新设计的内容与方法、创新设计的未来发展战略、创新设计方法论的体系和规则等。

2）新编了“创新设计方法论”篇（第45篇）。该篇为创新设计提供了正确的指导思想和方法，主要编入了创新设计方法论的体系、规则，创新设计的目的、要求、内容、步骤、程序及科学方法，创新设计工作者或团队的四项潜能，创新设计客观因素的影响及动态因素的作用，用科学哲学思想来统领创新设计工作，创新设计方法论的应用，创新设计方法论应用的智能化及专家系统，创新设计的关键因素及制约的因素分析等内容。

3）创新设计是提高机械产品竞争力的重要手段和方法，大力发展创新设计对我国国民经济发展具有重要的战略意义。为此，编写了“创新原理、思维、方法与应用”篇（第47篇)。除编入了创新思维、原理和方法，创新设计的基本理论和创新的系统化设计方法外，还编入了29种创新思维方法、30种创新技术、40种发明创造原理，列举了大量的应用范例，为引领机械创新设计做出了示范。

4）绿色设计是实现低资源消耗、低环境污染、低碳经济的保护环境和资源合理利用的重要技术政策。本版手册中编入了“绿色设计与和谐设计”篇（第48篇)。该篇系统地论述了绿色设计的概念、理论、方法及其关键技术。编者结合多年的研究实践，并参考了大量的国内外文献及较新的研究成果，首次构建了系统实用的绿色设计的完整体系，包括绿色材料选择、拆卸回收产品设计、包装设计、节能设计、绿色设计体系与评估方法，并给出了系列典型范例，这些对推动工程绿色设计的普遍实施具有重要的指引和示范作用。

5）仿生机械设计是一门新兴的综合性交叉学科，本版手册新编入了“仿生机械设计”篇（第50篇)，包括仿生机械设计的原理、方法、步骤，仿生机械设计的生物模本，仿生机械形态与结构设计，仿生机械运动学设计，仿生机构设计，并结合仿生行走、飞行、游走、运动及生机电仿生手臂，编入了多个仿生机械设计范例。

6）第55篇为“系统化设计理论与方法”篇。装备制造机械产品的大型化、复杂化、信息化程度越来越高，对设计方法的科学性、全面性、深刻性、系统性提出的要求也越来越高，为了满足我国制造强国的重大需要，亟待创建一种能统领产品设计全局的先进设计方法。该方法已经在我国许多重要机械产品（如动车、大型离心压缩机等）中成功应用，并获得重大的社会效益和经济效益。本版手册对该系统化设计方法做了系统论述并给出了大型综合应用实例，相信该系统化设计方法对我国大型、复杂、现代化机械产品的设计具有重要的指导和示范作用。

7）本版手册第7卷还编入了与创新设计有关的其他多篇现代化设计方法及前沿新技术，包括顶层设计原理、方法与应用，智能设计，互联网上的合作设计，工业通信网络，面向机械工程领域的大数据、云计算与物联网技术，3D打印设计与制造技术等。

五、突出实用性

为了方便产品设计者使用和参考，本版手册对每种机械零部件和产品均给出了具体应用，并给出了选用方法或设计方法、设计步骤及应用范例，有的给出了零部件的生产企业，以加强实际设计的指导和应用。本版手册的编排尽量采用表格化、框图化等形式来表达产品设计所需要的内容和资料，使其更加简明、便查；对各种标准采用摘编、数据合并、改排和格式统一等方法进行改编，使其更为规范和便于读者使用。

六、保证可靠性

编入本版手册的资料尽可能取自原始资料，重要的资料均注明来源，以保证其可靠性。所有数据、公式、图表力求准确可靠，方法、工艺、技术力求成熟。所有材料、零部件、产品和工艺标准均采用新公布的标准资料，并且在编入时做到认真核对以避免差错。所有计算公式、计算参数和计算方法都经过长期检验，各种算例、设计实例均来自工程实际，并经过认真的计算，以确保可靠。本版手册编入的各种通用的及标准化的产品均说明其特点及适用情况，并注明生产厂家，供设计人员全面了解情况后选用。

七、保证高质量和权威性

本版手册主编单位东北大学是国家211、985重点大学、“重大机械关键设计制造共性技术”985创新平台建设单位、2011国家钢铁共性技术协同创新中心建设单位，建有“机械设计及理论国家重点学科”和“机械工程一级学科”。由东北大学机械及相关学科的老教授、老专家和中青年学术精英组成了实力强大的大型工具书编写团队骨干，以及一批来自国家重点高校、研究院所、大型企业等 30 多个单位、近 200 位专家、学者组成了高水平编审团队。编审团队成员的大多数都是所在领域的著名资深专家，他们具有深广的理论基础、丰富的机械设计工作经历、丰富的工具书编纂经验和执着的敬业精神，从而确保了本版手册的高质量和权威性。

在本版手册编写中，为便于协调，提高质量，加快编写进度，编审人员以东北大学的教师为主，并组织邀请了清华大学、上海交通大学、西安交通大学、浙江大学、哈尔滨工业大学、吉林大学、天津大学、华中科技大学、北京科技大学、大连理工大学、东南大学、同济大学、重庆大学、北京化工大学、南京航空航天大学、上海师范大学、合肥工业大学、大连交通大学、长安大学、西安建筑科技大学、沈阳工业大学、沈阳航空航天大学、沈阳建筑大学、沈阳理工大学、沈阳化工大学、重庆理工大学、中国科学院长春光学精密机械与物理研究所、中国科学院沈阳自动化研究所等单位的专家、学者参加。

在本版手册出版之际，特向著名机械专家、本手册创始人、第 1 版及第 2 版的主编徐灏教授致以崇高的敬意，向历次版本副主编邱宣怀教授、蔡春源教授、严隽琪教授、林忠钦教授、余俊教授、汪恺总工程师、周士昌教授致以崇高的敬意，向参加本手册历次版本的编写单位和人员表示衷心感谢，向在本手册历次版本的编写、出版过程中给予大力支持的单位和社会各界朋友们表示衷心感谢，特别感谢机械科学研究总院、郑州机械研究所、徐州工程机械集团公司、北方重工集团沈阳重型机械集团有限责任公司和沈阳矿山机械集团有限责任公司、沈阳机床集团有限责任公司、沈阳鼓风机集团有限责任公司及辽宁省标准研究院等单位的大力支持。

由于编者水平有限，手册中难免有一些不尽如人意之处，殷切希望广大读者批评指正。

主编　闻邦椿

目　录

出版说明

前言

第 17 篇　起重运输机械零部件和操作件

第 1 章　起重机零部件

第2章 运输机械零部件

第3章 操 作 件

第 17 篇　起重运输机械零部件和操作件

主　编　郑夕健
编写人　郑夕健　谢正义
　　　　鄂　东　冯　勃
审稿人　屈福政

第 5 版
起重运输机械零部件、操作件和小五金

主　编　黄万吉
编写人　黄万吉
审稿人　鄂中凯

第1章　起重机零部件

1　起重机分级

起重机分级包括起重机整机分级和机构的分级。

1.1　起重机整机的分级

（1）起重机的使用等级

起重机的设计预期寿命指设计预设的该起重机从开始使用起到最终报废时止能完成的总工作循环数。起重机的一个工作循环指从起吊一个物品起到能开始起吊下一个物品时止，包括起重机运行及正常的停歇在内的一个完整的过程。

起重机的使用等级是将起重机可能完成的总工作循环数划分成十个等级，用 U_0、U_1、U_2、…、U_9 表示，见表 17.1-1。

表 17.1-1　起重机的使用等级

（摘自 GB/T 3811—2008）

使用等级	起重机总工作循环数 C_T	起重机使用频繁程度
U_0	$C_T \leqslant 1.60\times10^4$	很少使用
U_1	$1.60\times10^4 < C_T \leqslant 3.20\times10^4$	
U_2	$3.20\times10^4 < C_T \leqslant 6.30\times10^4$	
U_3	$6.30\times10^4 < C_T \leqslant 1.25\times10^5$	
U_4	$1.25\times10^5 < C_T \leqslant 2.50\times10^5$	不频繁使用
U_5	$2.50\times10^5 < C_T \leqslant 5.00\times10^5$	中等频繁使用
U_6	$5.00\times10^5 < C_T \leqslant 1.00\times10^6$	较频繁使用
U_7	$1.00\times10^6 < C_T \leqslant 2.00\times10^6$	频繁使用
U_8	$2.00\times10^6 < C_T \leqslant 4.00\times10^6$	特别频繁使用
U_9	$C_T > 4.00\times10^6$	

（2）起重机的起升载荷状态级别

起重机的起升载荷指起重机在实际的起吊作业中每一次吊运的物品质量（有效起重量）与吊具及属具质量的总和（即起升重量）；起重机的额定起升载荷指起重机起吊额定起重量时能够吊运的物品最大质量与吊具及属具质量的总和（即总起升质量）的重力。其单位为牛顿（N）或千牛（kN）。

起重机的起升载荷状态级别指在该起重机的设计预期寿命期限内，它的各个有代表性的起升载荷值的大小及各相对应的起吊次数，与起重机的额定起升载荷值的大小及总的起吊次数的比值情况。

表 17.1-2 列出了起重机载荷谱系数 K_P 的四个范围值，它们各代表了起重机一个相对应的载荷状态级别。

表 17.1-2　起重机的载荷状态级别及载荷谱系数

（摘自 GB/T 3811—2008）

载荷状态级别	起重机的载荷谱系数 K_P	说　明
Q1	$K_P \leqslant 0.125$	很少吊运额定载荷，经常吊运较轻载荷
Q2	$0.125 < K_P \leqslant 0.250$	较少吊运额定载荷，经常吊运中等载荷
Q3	$0.250 < K_P \leqslant 0.500$	有时吊运额定载荷，较多吊运较重载荷
Q4	$0.500 < K_P \leqslant 1.000$	经常吊运额定载荷

如果已知起重机各个起升载荷值的大小及相应的起吊次数的资料，则可算出该起重机的载荷谱系数

$$K_P = \Sigma\left[\frac{C_i}{C_T}\left(\frac{P_{Qi}}{P_{Q\max}}\right)^m\right] \tag{17.1-1}$$

式中　K_P——起重机的载荷谱系数；

C_i——与起重机各个有代表性的起升载荷相应的工作循环数，$C_i = C_1$、C_2、C_3、…、C_n；

C_T——起重机总工作循环数，$C_T = \sum_{i=1}^{n} C_i = C_1+C_2+C_3+\cdots+C_n$；

P_{Qi}——能表征起重机在预期寿命期内工作任务的各个有代表性的起升载荷，$P_{Qi} = P_{Q1}$、P_{Q2}、P_{Q3}、…、P_{Qn}；

$P_{Q\max}$——起重机的额定起升载荷；

m——幂指数，约定取 $m=3$。

起重机整机的工作级别见表 17.1-3。

表 17.1-3　起重机整机的工作级别（摘自 GB/T 3811—2008）

载荷状态级别	起重机的载荷谱系数 K_P	起重机整机的使用等级									
		U_0	U_1	U_2	U_3	U_4	U_5	U_6	U_7	U_8	U_9
Q1	$K_P \leqslant 0.125$	A1	A1	A1	A2	A3	A4	A5	A6	A7	A8
Q2	$0.125 < K_P \leqslant 0.250$	A1	A1	A2	A3	A4	A5	A6	A7	A8	A8

（续）

载荷状态级别	起重机的载荷谱系数 K_P	起重机整机的使用等级									
		U_0	U_1	U_2	U_3	U_4	U_5	U_6	U_7	U_8	U_9
Q3	$0.250<K_P\leqslant0.500$	A1	A2	A3	A4	A5	A6	A7	A8	A8	A8
Q4	$0.500<K_P\leqslant1.000$	A2	A3	A4	A5	A6	A7	A8	A8	A8	A8

1.2 机构的分级

（1）机构的使用等级

机构的设计预期寿命，是指设计预设的该机构从开始使用起到预期更换或最终报废为止的总运转时间，它只是该机构实际运转小时数累计之和，而不包括工作中此机构的停歇时间。机构的使用等级是将该机构的总运转时间分成十个等级，以 T_0、T_1、T_2、…、T_9 表示，见表 17.1-4。

表 17.1-4　机构的使用等级（摘自 GB/T 3811—2008）

使用等级	总使用时间 t_T/h	机构运转频繁情况
T_0	$t_T\leqslant200$	很少使用
T_1	$200<t_T\leqslant400$	
T_2	$400<t_T\leqslant800$	
T_3	$800<t_T\leqslant1600$	
T_4	$1600<t_T\leqslant3200$	不频繁使用
T_5	$3200<t_T\leqslant6300$	中等频繁使用
T_6	$6300<t_T\leqslant12500$	较频繁使用
T_7	$12500<t_T\leqslant25000$	频繁使用
T_8	$25000<t_T\leqslant50000$	
T_9	$t_T>50000$	

（2）机构的载荷状态级别

机构的载荷状态级别表明了机构所受载荷的轻重情况。表 17.1-5 列出了机构载荷谱系数 K_m 的四个范围值，它们各代表了机构一个相对应的载荷状态级别。

机构的载荷谱系数 K_m 可用式（17.1-2）求得

$$K_m=\sum\left[\frac{t_i}{t_T}\left(\frac{P_i}{P_{max}}\right)^m\right] \tag{17.1-2}$$

式中　K_m——机构载荷谱系数；

t_i——与机构承受各个大小不同等级载荷的相应持续时间（h），$t_i=t_1$、t_2、t_3、…、t_n；

t_T——机构承受所有大小不同等级载荷的时间总和（h），$t_T=\sum_{i=1}^{n}t_i=t_1+t_2+t_3+\cdots+t_n$；

P_i——能表征机构在服务期内工作特征的各个大小不同等级的载荷（N），$P_i=P_1$、P_2、P_3、…、P_n；

P_{max}——机构承受的最大载荷（N）；

m——同公式（17.1-1）。

表 17.1-5　机构的载荷状态级别及载荷谱系数（摘自 GB/T 3811—2008）

载荷状态级别	机构载荷谱系数 K_m	说　明
L1	$K_m\leqslant0.125$	机构很少承受最大载荷，一般承受较小载荷
L2	$0.125<K_m\leqslant0.250$	机构较少承受最大载荷，一般承受中等载荷
L3	$0.250<K_m\leqslant0.500$	机构有时承受最大载荷，一般承受较大载荷
L4	$0.500<K_m\leqslant1.000$	机构经常承受最大载荷

（3）机构的工作级别

机构工作级别的划分是将各单个机构分别作为一个整体进行的关于其载荷大小程度及运转频繁情况总的评价，它并不表示该机构中所有的零部件都有与此相同的受载及运转情况。

根据机构的十个使用等级和四个载荷状态级别，机构单独作为一个整体进行分级的工作级别划分为 M1~M8 共八级，见表 17.1-6。关于桥式和门式起重机各机构单独作为整体分级举例见表 17.1-7。

表 17.1-6　机构的工作级别（摘自 GB/T 3811—2008）

载荷状态级别	机构载荷谱系数 K_m	机构的使用等级									
		T_0	T_1	T_2	T_3	T_4	T_5	T_6	T_7	T_8	T_9
L1	$K_m\leqslant0.125$	M1	M1	M1	M2	M3	M4	M5	M6	M7	M8
L2	$0.125<K_m\leqslant0.250$	M1	M1	M2	M3	M4	M5	M6	M7	M8	M8
L3	$0.250<K_m\leqslant0.500$	M1	M2	M3	M4	M5	M6	M7	M8	M8	M8
L4	$0.500<K_m\leqslant1.000$	M2	M3	M4	M5	M6	M7	M8	M8	M8	M8

表 17.1-7　桥式和门式起重机各机构单独作为整体分级举例（摘自 GB/T 3811—2008）

序　号	起重机的类别	起重机的使用情况	起重机整机的工作级别	机构使用等级			机构载荷状态			机构工作级别		
				H	D	T	H	D	T	H	D	T
1	人力驱动的起重机（含手动葫芦起重机）	很少使用	A1	T_2	T_2	T_2	L1	L1	L1	M1	M1	M1
2	车间装配用起重机	较少使用	A3	T_2	T_2	T_2	L2	L1	L2	M2	M1	M2
3(a)	电站用起重机	很少使用	A2	T_2	T_2	T_3	L2	L1	L2	M2	M1	M3
3(b)	维修用起重机	较少使用	A3	T_2	T_2	T_2	L2	L1	L2	M2	M1	M2
4(a)	车间用起重机（含车间用电动葫芦起重机）	较少使用	A3	T_4	T_3	T_4	L1	L1	L1	M3	M2	M3
4(b)	车间用起重机（含车间用电动葫芦起重机）	不频繁、较轻载使用	A4	T_4	T_3	T_4	L2	L2	L2	M4	M3	M4
4(c)	较繁忙车间用起重机（含车间用电动葫芦起重机）	不频繁、中等载荷使用	A5	T_5	T_3	T_5	L2	L2	L2	M5	M3	M5
5(a)	货场用吊钩起重机（含货场用电动葫芦起重机）	较少使用	A3	T_4	T_3	T_4	L1	L1	L2	M3	M2	M4
5(b)	货场用抓斗或电磁盘起重机	较频繁中等载荷使用	A6	T_5	T_5	T_5	L3	L3	L3	M6	M6	M6
6(a)	废料场吊钩起重机	较少使用	A3	T_4	T_3	T_4	L2	L2	L2	M4	M3	M4
6(b)	废料场抓斗或电磁盘起重机	较频繁中等载荷使用	A6	T_5	T_5	T_5	L3	L3	L3	M6	M6	M6
7	桥式抓斗卸船机	频繁重载使用	A8	T_7	T_6	T_5	L3	L3	L3	M8	M7	M6
8(a)	集装箱搬运起重机	较频繁中等载荷使用	A6	T_5	T_5	T_5	L3	L3	L3	M6	M6	M6
8(b)	岸边集装箱起重机	较频繁重载使用	A7	T_6	T_6	T_5	L3	L3	L3	M7	M7	M6
9	冶金用起重机											
9(a)	换轧辊起重机	很少使用	A2	T_3	T_2	T_3	L3	L3	L3	M4	M3	M4
9(b)	料箱起重机	频繁重载使用	A8	T_7	T_5	T_7	L4	L4	L4	M8	M7	M8
9(c)	加热炉起重机	频繁重载使用	A8	T_6	T_6	T_6	L3	L4	L3	M7	M8	M7
9(d)	炉前兑铁水铸造起重机	较频繁重载使用	A6～A7	T_7	T_5	T_6	L3	L3	L3	M7～M8	M6	M6
9(e)	炉后出钢水铸造起重机	较频繁重载使用	A7～A8	T_7	T_6	T_6	L4	L3	L3	M8	M7	M6～M7

2　钢丝绳

2.1　钢丝绳的术语和标记（见表 17.1-8）

表 17.1-8　钢丝绳术语及标记（摘自 GB/T 8706—2006）

钢丝绳术语

（1）层

具有相同节圆直径的钢丝组合。与股芯直接接触的为第一层

（2）股及股的类型

股是钢丝绳组件之一，通常由一定形状和尺寸钢丝绕一中心沿相同方向捻制一层或多层的螺旋状结构

按照股的横截面形状分为圆股、三角股、椭圆股和扁带股

圆股：横截面形状近似圆形的股，见图 a、b

三角股：横截面形状近似三角形的股，见图 c

椭圆股：横截面形状近似椭圆形的股，见图 d

扁带股：没有中心钢丝，横截面形状近似矩形的股，见图 e

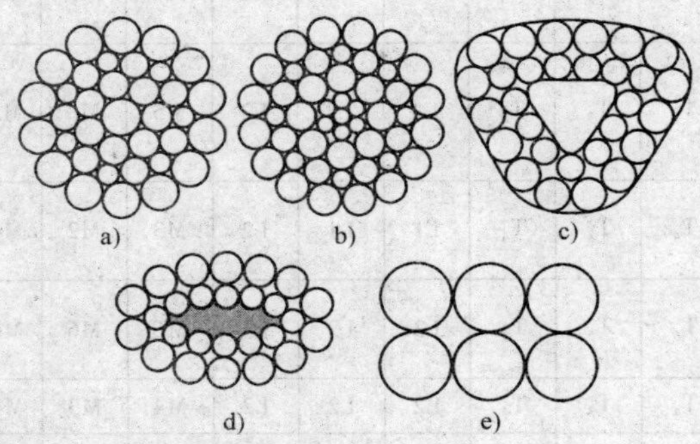

a)　b)　c)　d)　e)

按照股的编制层数分为单捻股和平行捻股

单捻股：仅由一层钢丝捻制而成的股，见图 f

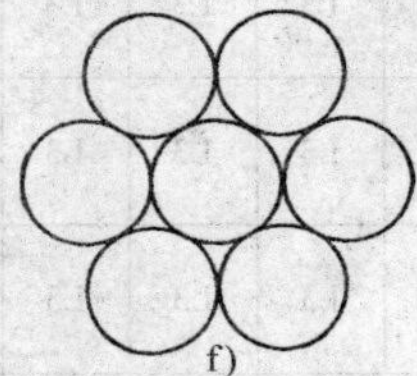

f)

平行捻股：至少包括两层钢丝，所有的钢丝沿同一个方向一次捻制而成的股

按照股的捻制结构分为西鲁式股、瓦林吞式股、填充式股和组合平行捻式股

西鲁式股：两层具有相同钢丝数的平行捻股结构，见图 g

瓦林吞式股：外层包含粗细两种交替排列的钢丝，而且外层钢丝数是内层钢丝数的两倍平行捻的结构，见图 h

填充式股：外层钢丝数是内层钢丝数的两倍，而且在两层钢丝间的间隙中有填充钢丝的平行捻股结构，见图 i

组合平行捻式股：由典型的瓦林吞式股和西鲁式股类型组合而成，由三层或三层以上钢丝一次捻制成的平行捻股结构，见图 j

钢丝绳标记

（1）特性代号

1）横截面形状代号

横截面形状	代号		
	钢丝	股	钢丝绳
圆形	无代号	无代号	无代号
三角形	V	V	—
组合芯[①]	—	B	—
矩形	R	—	—
梯形	T	—	—
椭圆形	Q	Q	—
Z 形	Z	—	—
H 形	H	—	—
扁形或带形	—	P	—
压实形[②]	—	K	K
编制形	—	—	BR
扁形			P
——单线缝合	—	—	PS
——双线缝合	—	—	PD
——铆钉连接	—	—	PN

① 代号 B 表示股芯由多根钢丝组合而成并紧接在股形状代号之后，如一个由 25 根钢丝组成的带组合芯的三角股的标记为 V25B

② 代号 K 表示股和钢丝绳结构成形经过一个附加的压实加工工艺，如一个由 26 根钢丝组成的西瓦式压实圆股的标记为 K26WS

2）股结构类型代号

结构类型	代号	股结构示例
单捻股	无代号	6 即（1—5）
		7 即（1—6）
平行捻股		
西鲁式股	S	17S 即（1—8—8）
		19S 即（1—9—9）
瓦林吞式股	W	19W 即（1—6—6+6）
填充式股	F	21F 即（1—5—5F—10）
		25F 即（1—6—6F—12）
		29F 即（1—7—7F—14）
		41F 即（1—8—8—8F—16）
组合平行捻式股	WS	26WS 即（1—5—5+5—10）
		31WS 即（1—6—6+6—12）
		36WS 即（1—7—7+7—14）
		41WS 即（1—8—8+8—16）
		41WS 即（1—6/8—8+8—16）
		46WS 即（1—9—9+9—18）
多工序捻（圆股）		
点接触捻股	M	19M 即（1—6/12）
		37M 即（1—6/12/18）
复合捻[①]	N	37WN 即（1—6—6+6/16）

① N 是一个附加代号并存放在基本类型代号之后，如复合西鲁式股为 SN，复合瓦林吞式股为 WN

（续）

钢丝绳术语

g)　h)

i)　j)

按照股中钢丝的接触状态，有点接触捻股

点接触捻股：股中至少包括一层以上的钢丝，而且都是具有相同的捻向，两叠加层钢丝之间相互交叉呈点接触状态

按照股的加工方法，有压实股

压实股：通过模拔、轧制或锻打等变形加工后，钢丝的形状和股的尺寸发生改变，而钢丝的金属横截面积保持不变的股，见图 k 和图 m

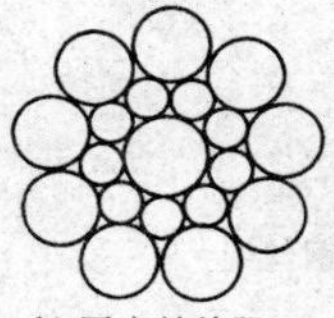

k) 压实前的股

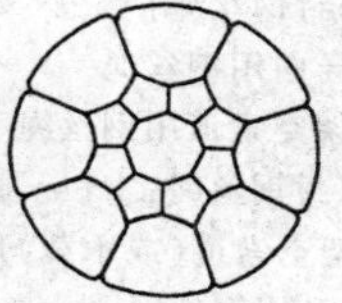

m) 压实后的股

（3）芯及芯的类型

芯是圆钢丝绳的中心组件，多股钢丝绳的股或缆式钢丝绳的单元钢丝绳围绕芯螺旋捻制

纤维芯：由天然纤维（NFC）或合成纤维（SFC）组成的芯

钢芯：由钢丝股（WSC）或独立钢丝绳（IWRC）组成的芯

固态聚合物芯：由圆形或带有沟槽的圆形固态聚合物材料制成的芯，其内部可能还包含有钢丝或纤维

（4）钢丝绳及钢丝绳的类型

钢丝绳：至少由两层钢丝或多个股围绕一个中心或一个绳芯螺旋捻制而成的结构，分为多股钢丝绳系列和单捻钢丝绳系列

多股钢丝绳系列：多个股围绕一个绳芯（单层股钢丝绳）或一个中心（阻旋转或平行捻密实钢丝绳）螺旋捻制一层或多层的钢丝绳。多股钢丝绳系列包含单层股钢丝绳、阻旋转钢丝绳、平行捻密实钢丝绳、压实股钢丝绳、压实（锻打）钢丝绳、缆式钢丝绳和编织钢丝绳

单层股钢丝绳：由一层股围绕一个芯螺旋捻制而成的多股钢丝绳，见图 n

n)

阻旋转钢丝绳：当承受载荷时能产生减小扭矩或旋转程度的多股钢丝绳，见图 o

钢丝绳标记

当上表中没有包含的股结构的标记应根据股中钢丝数和股的形状确定，其示例见下表

当股标记用字母不能充分准确地反映股结构时，详细的股结构可以用从中心钢丝或股芯开始的数字表示

具体的股结构	股的标记
圆股—平行捻	
1—6—6F—12—12	37FS
1—7—7F—14—14	43FS
1—7—7—7F—14—14	50SFS
1—8—8F—16—16	49FS
1—6/8—8F—16—16	55FS
1—8—8—8+8—16	49SWS
1—6/8—8—8+8—16	55SWS
1—9—9—9+9—18	55SWS
1—6/9—9F—18—18	61FS
1—9—9—9F—18—18	64SFS
圆股—复合捻	
1—7—7+7—14/20—20	76WSNS
1—9—9—9+9—18/24—24	103SWSNS
三角股	
V—8	V9
V—9	V10
V—12/12	V25
BUC—12/12（组合芯）	V25B
BUC—12/15	V28B
带纤维芯的股（如采用压实/锻打的 3 股和 4 股钢丝绳）	
FC—9/15（股芯为 12×P6：3×Q24FC 的椭圆股）	Q24FC
FC—12—12（纤维芯）	24FC
FC—15—15	30FC
FC—9/15—15	39FC
FC—8—8+8—16	40FC
FC—12/15—15	42FC
FC—12/18—18	48FC

3）导线代号。导线代号应用字母 D 而且该代号应该放在组件标记之前，如 DC 表示多股钢丝绳股的中心

注：导线可以是多股钢丝绳中的一根钢丝、股中心或股，单捻钢丝绳的一根丝或中心丝，电力钢丝绳的中心或多股或单捻钢丝绳的一个镶嵌物

（2）标记方法

1）尺寸　圆钢丝绳和编制钢丝绳公称直径以 mm 表示，扁钢丝绳公称尺寸（宽度×厚度）应表明并以 mm 表示

对于包覆钢丝绳应标明两个值：外层尺寸和内层尺寸。对于包覆固态聚合物的圆股钢丝绳，外径和内径用斜线（/）分开，如 13.0/11.5

2）钢丝绳结构

（续）

钢丝绳术语	钢丝绳标记
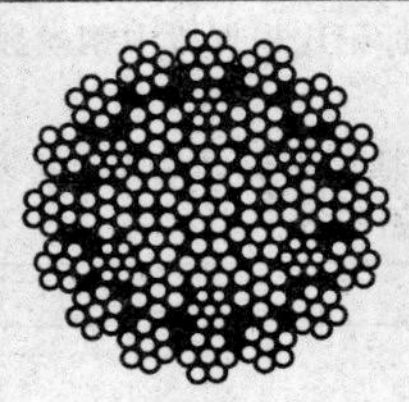 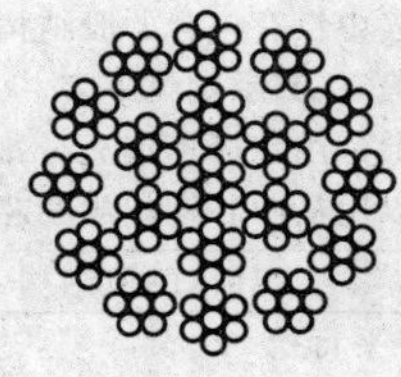 o) 平行捻密实钢丝绳：至少由两层平行捻围绕一个芯螺旋捻制而成的多股钢丝绳，见图 p  p) 压实股钢丝绳：成绳之前，股经过模拔、轧制或锻打等压实加工的多股钢丝绳 压实（锻打）钢丝绳：成绳之后，经过压实（通常是锻打）加工使钢丝绳直径减小的多股钢丝绳 缆式钢丝绳：由多个（一般六个）作为独立单元的圆股钢丝绳围绕一个绳芯紧密螺旋捻制而成的钢丝绳，见图 q  q) 编织钢丝绳：由多个圆股成对编织而成的钢丝绳，见图 r 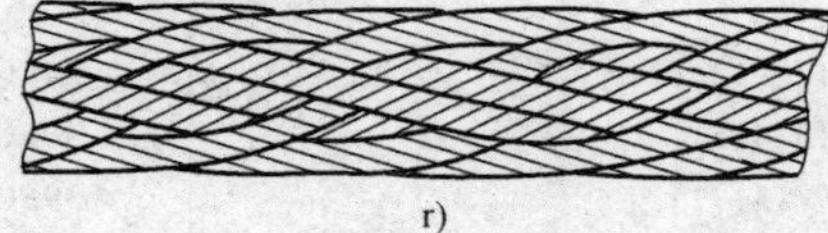 r) 单捻钢丝绳系列：由至少两层钢丝围绕一中心圆钢丝、组合股或平行捻股螺旋捻制而成的钢丝绳。其中至少有一层钢丝沿相反方向捻制，即至少有一层钢丝与外层反向捻。单捻钢丝绳系列包含单股钢丝绳、半密封钢丝绳和全密封钢丝绳 单股钢丝绳：仅由圆钢丝捻制而成的单捻钢丝绳，见图 s 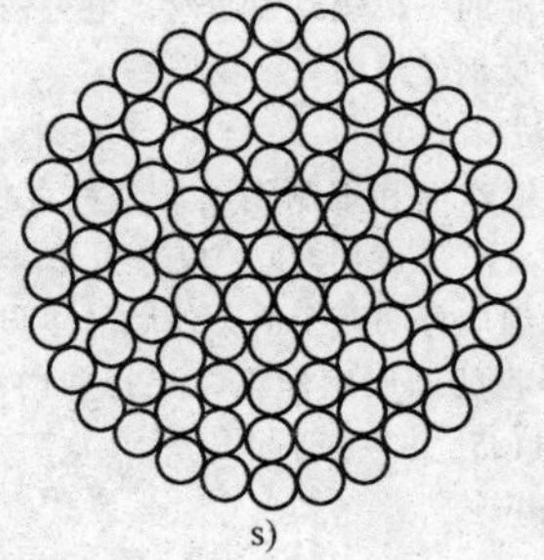 s)	① 多股钢丝绳结构应按下列顺序标记 a. 单层股钢丝绳：外层股数×每个外层股中钢丝的数量及相应股的标记-芯的标记，如 6×36WS-IWRC b. 平行捻密实钢丝绳：外层股数×每个外层股中钢丝的数量及相应股的标记-表明平行捻外层股经过密实加工的绳芯的标记，如 8×19S-PWRC c. 阻旋转钢丝绳： ——十个或十个以上外层股。钢丝绳中除中心组件外的股的总数；或当中心组件和外层股相同时，钢丝绳中股的总数（当股的层数超过两层时，内层股的捻制类型标记在括号中）×每个外层股中钢丝的数量及相应股的标记-中心组件的标记，如 18×7-WSC 或 19×7 ——八个或九个外层股。外层股数×每个外层股中钢丝的数量及相应股的标记：（表示反向捻），如 8×25F：IWSC ② 单捻钢丝绳结构应按下列顺序标记 a. 单捻钢丝绳：1×股中钢丝的数量，如 1×61。 b. 密封钢丝绳（根据其用途） ——半密封钢丝绳： HLGR—导向用钢丝绳 HLAR—架空索道用钢丝绳 ——全密封钢丝绳： FLAR—架空索道（或承载）用钢丝绳 LHR—提升用钢丝绳 FLSR—结构用钢丝绳 ③ 扁钢丝绳结构应按下列附加代号标记 HR—提升用钢丝绳 CR—补偿（或平衡）用钢丝绳 3）芯结构。芯、平行捻密实钢丝绳中心和阻旋转钢丝绳中心组件按下表标记

项目或组件	代号
单层股钢丝绳	
纤维芯	FC
天然纤维芯	NFC
合成纤维芯	SFC
固态聚合物芯	SPC
钢芯	WC
钢丝股芯	WSC
独立钢丝绳芯	IWRC
压实股独立钢丝绳芯	IWRC(K)
聚合物包覆独立绳芯	EPIWRC
平行捻密实钢丝绳	
平行捻钢丝绳芯	PWRC
压实股平行捻钢丝绳芯	PWRC(K)
填充聚合物的平行捻钢丝绳芯	PWRC(EP)
阻旋转钢丝绳	
中心构件	
纤维芯	FC
钢丝股芯	WSC
密实钢丝股芯	KWSC

（续）

钢丝绳术语	钢丝绳标记

钢丝绳术语

半密封钢丝绳：外层由半密封钢丝和圆钢丝相间捻制而成的单捻钢丝绳，见图 t

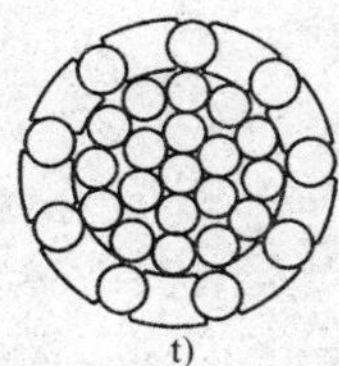

t)

全密封钢丝绳：外层由全密封钢丝（Z 形）捻制而成的单捻钢丝绳，见图 u

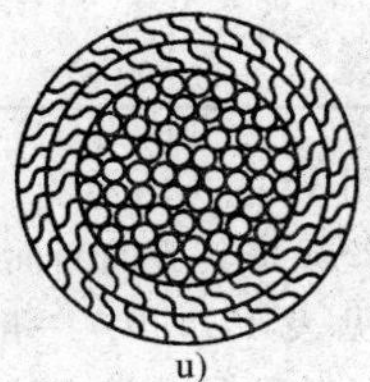

u)

（5）股的捻距（h）

股的外层钢丝绳围绕股轴线转一周（或螺旋）且平行于股轴线的对应两点间的距离（h），见图 v

（6）钢丝绳的捻距（H）

单股钢丝绳的外层钢丝、多股钢丝绳的外层股或缆式钢丝绳的单元钢丝绳围绕钢丝绳轴线旋转一周（或螺旋）且平行于钢丝绳轴线的对应两点间的距离（H），见图 w

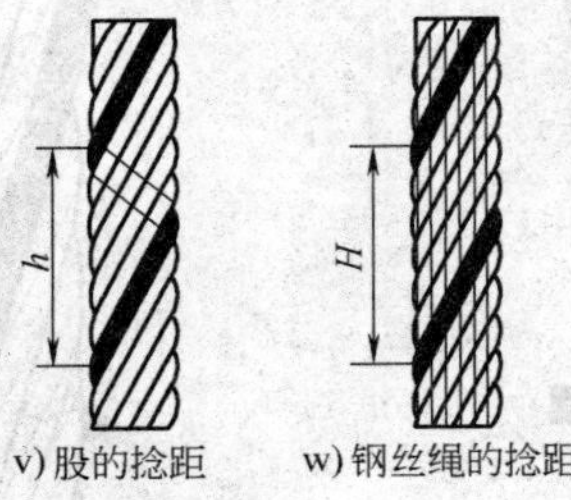

v) 股的捻距　　w) 钢丝绳的捻距

（7）股的捻向（Z，S）

外层钢丝沿股轴线捻制的方向，即右捻（Z）或左捻（S），见图 x

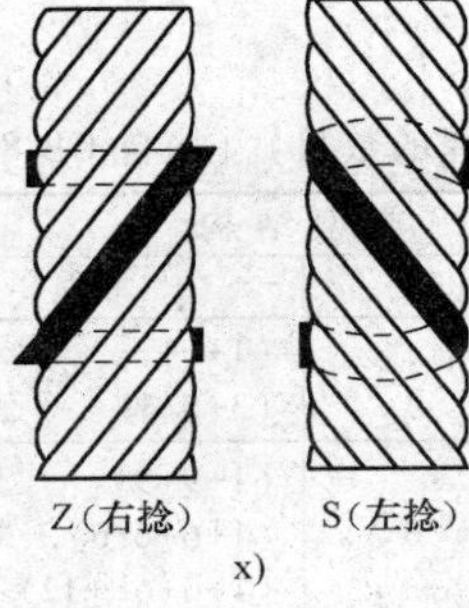

Z（右捻）　　S（左捻）

x)

（8）钢丝绳的捻向（Z，S）

钢丝绳标记

（3）标记示例

钢丝绳标记系列应由下列内容组成：尺寸、钢丝绳结构、芯结构和钢丝绳级别、适用时，以及钢丝绳表面状态和捻制类型及方向

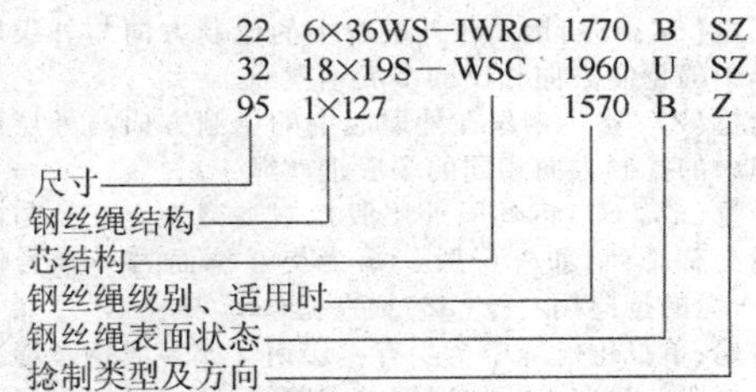

注：本示例其他部分各特性之间的间隔在实际应用中通常不留空间

1）简化标记示例：

18NAT6×19S+NF1770ZZ190

18ZBB6×19W+NF1770ZZ

18NAT6×19Fi+IWR1770

18ZAA6×19S+NF

2）全称标记示例：

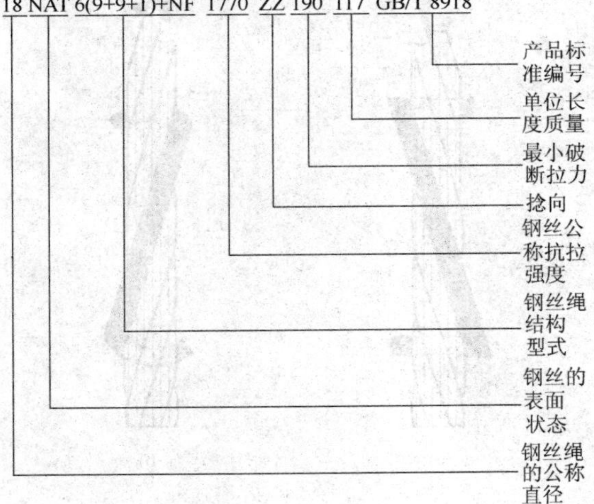

（续）

钢丝绳术语	钢丝绳标记
外层钢丝在单捻钢丝绳中、外层股在多股钢丝绳中或单元钢丝绳在缆式钢丝绳中沿钢丝绳轴线的捻制方向，即右捻（Z）或左捻（S） （9）钢丝绳根据其捻制方法可分为交互捻、同向捻、混合捻和反向捻 交互捻（SZ，ZS）：钢丝在外层股中的捻制方向与外层股在钢丝绳中的捻制方向相反的多股钢丝绳 同向捻（ZZ，SS）：钢丝在外层股中的捻制方向与外层股在钢丝绳中的捻制方向相同的多股钢丝绳 混合捻（aZ，aS）：钢丝绳外层股捻制类型为交互捻与同向捻的股交替排列，如外层股一半为交互捻而另一半为同向捻，钢丝绳的捻向用右捻（aZ）或左捻（aS）表示 反向捻：单捻钢丝绳中至少有一层钢丝或多股钢丝绳中至少有一层股的捻向与其他层钢丝或股的捻向相反	—

2.2　钢丝绳的分类

钢丝绳一般分为重要用途钢丝绳和一般用途钢丝绳；按捻法分为右交互捻、左交互捻、右同向捻和左同向捻四种，如图17.1-1所示。

重要用途钢丝绳按其股的断面、股数和股外层钢丝的数目分类，见表17.1-9；一般用途钢丝绳按其股数和股外层钢丝的数目分类，见表17.1-10。

a)

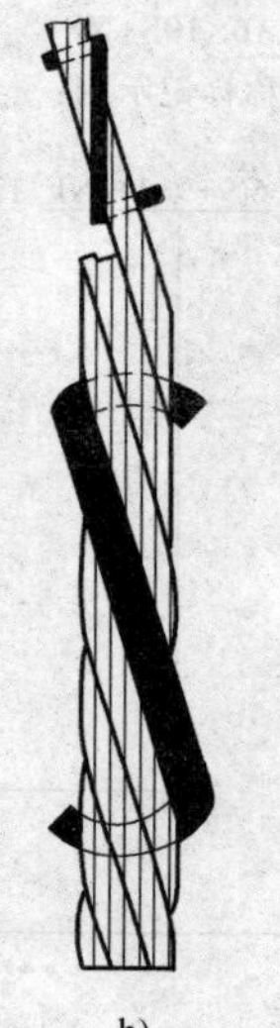
b)

c)

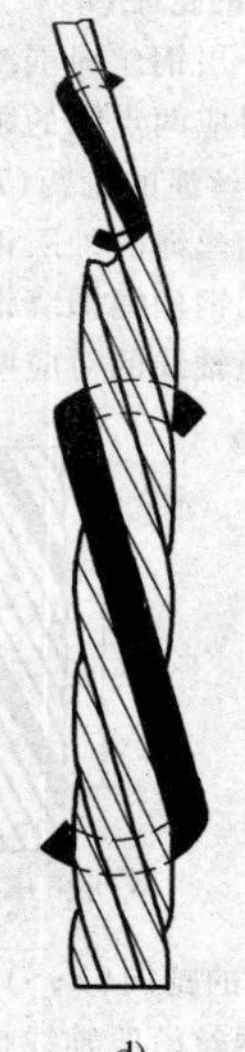
d)

图17.1-1　钢丝绳按捻法分类

表17.1-9　重要用途钢丝绳分类（按股的断面、股数和股外层钢丝绳的数目）（摘自GB 8918—2006）

组别	类别		分类原则	典型结构		直径范围
				钢丝绳	股绳	mm
1	圆股钢丝绳	6×7	6个圆股，每股外层丝可到7根，在中心丝（或无）外捻制1~2层钢丝，钢丝等捻距	6×7 6×9W	（1+6） （3+3/3）	8~36 14~36
2	圆股钢丝绳	6×19	6个圆股，每股外层丝8~12根，在中心丝外捻制2~3层钢丝，钢丝等捻距	6×19S 6×19W 6×25Fi 6×26WS 6×31WS	（1+9+9） （1+6+6/6） （1+6+6F+12） （1+5+5/5+10） （1+6+6/6+12）	12~36 12~40 12~44 20~40 22~46

（续）

组别	类别		分类原则	典型结构		直径范围
				钢丝绳	股绳	mm
3	圆股钢丝绳	6×37	6个圆股,每股外层丝14~18根,在中心丝外捻制3~4层钢丝,钢丝等捻距	6×29Fi 6×36WS 6×37S(点线接触) 6×41WS 6×49SWS 6×55SWS	(1+7+7F+14) (1+7+7/7+14) (1+6+15+15) (1+8+8/8+16) (1+8+8+8/8+16) (1+9+9+9/9+18)	14~44 18~60 20~60 32~56 36~60 36~64
4		8×19	8个圆股,每股外层丝8~12根,在中心丝外捻制2~3层钢丝,钢丝等捻距	8×19S 8×19W 8×25Fi 8×26WS 8×31WS	(1+9+9) (1+6+6/6) (1+6+6F+12) (1+5+5/5+10) (1+6+6/6+12)	20~44 18~48 16~52 24~48 26~56
5		8×37	8个圆股,每股外层丝14~18根,在中心丝外捻制3~4层钢丝,钢丝等捻距	8×36WS 8×41WS 8×49SWS 8×55SWS	(1+7+7/7+14) (1+8+8/8+16) (1+8+8+8/8+16) (1+9+9+9/9+18)	22~60 40~56 44~64 44~64
6		18×7	钢丝绳中有17或18个圆股,每股外层丝4~7根,在纤维芯或钢芯外捻制2层股	17×7 18×7	(1+6) (1+6)	12~60 12~60
7		18×19	钢丝绳中有17或18个圆股,每股外层丝8~12根,钢丝等捻距,在纤维芯或钢芯外捻制2层股	18×19W 18×19S	(1+6+6/6) (1+9+9)	24~60 28~60
8		34×7	钢丝绳中有34~36个圆股,每股外层丝可到7根,在纤维芯或钢芯外捻制3层股	34×7 36×7	(1+6) (1+6)	16~60 20~60
9		35W×7	钢丝绳中有24~40个圆股,每股外层丝4~8根,在纤维芯或钢芯(钢丝)外捻制3层股	35W×7 24W×7	(1+6)	16~60
10	异形股钢丝绳	6V×7	6个三角形股,每股外层丝7~9根,在三角形股芯外捻制1层钢丝	6V×18 6V×19	(/3×2+3/+9) (/1×7+3/+9)	20~36 20~36
11		6V×19	6个三角形股,每股外层丝10~14根,在三角形股芯或纤维芯外捻制2层钢丝	6V×21 6V×24 6V×30 6V×34	(FC+9+12) (FC+12+12) (6+12+12) (/1×7+3/+12+12)	18~36 18~36 20~38 28~44
12		6V×37	6个三角形股,每股外层丝15~18根,在三角形股芯外捻制2层钢丝	6V×37 6V×37S 6V×43	(/1×7+3/+12+15) (/1×7+3/+12+15) (/1×7+3/+15+18)	32~52 32~52 38~58
13		4V×39	4个扇形股,每股外层丝15~18根,在纤维股芯外捻制3层钢丝	4V×39S 4V×48S	(FC+9+15+15) (FC+12+18+18)	16~36 20~40
14		6Q×19+6V×21	钢丝绳中有12~14个股,在6个三角形股外,捻制6~8个椭圆股	6Q×19+6V×21 6Q×33+6V×21	外股(5+14) 内股(FC+9+12) 外股(5+13+15) 内股(FC+9+12)	40~52 40~60

注：1. 13组及11组中异形股钢丝绳中的6V×21、6V×24结构仅为纤维绳芯，其余组别的钢丝绳可由需方指定纤维芯或钢芯。

2. 三角形股芯的结构可以相互代替，或改用其他结构的三角形股芯，但应在订货合同中注明。

表17.1-10 一般用途钢丝绳分类（按股数和股外层钢丝的数目）（摘自 GB/T 20118—2006）

组别	类别	分类原则	典型结构		直径范围
			钢丝绳	股	/mm
1	单股钢丝绳	1个圆股,每股外层丝可到18根,在中心丝外捻制1~3层钢丝	1×7 1×19 1×37	(1+6) (1+6+12) (1+6+12+18)	0.6~12 1~16 1.4~22.5

（续）

组别	类　别	分类原则	典型结构		直径范围/mm
			钢丝绳	股	
2	6×7	6 个圆股，每股外层丝可到 7 根，在中心丝（或无）外捻制 1~2 层钢丝，钢丝等捻距	6×7 6×9W	(1+6) (3+3/3)	1.8~36 14~36
3	6×19(a)	6 个圆股，每股外层丝 8~12 根，在中心丝外捻制 2~3 层钢丝，钢丝等捻距	6×19S 6×19W 6×25Fi 6×26WS 6×31WS	(1+9+9) (1+6+6/6) (1+6+6F+12) (1+5+5/5+10) (1+6+6/6+12)	6~36 6~40 8~44 13~40 12~46
	6×19(b)	6 个圆股，每股外层丝 12 根，在中心丝外捻制 2 层钢丝	6×19	(1+6+12)	3~46
4	6×37(a)	6 个圆股，每股外层丝 14~18 根，在中心丝外捻制 3~4 层钢丝，钢丝等捻距	6×29Fi 6×36WS 6×37S(点线接触) 6×41WS 6×49SWS 6×55SWS	(1+7+7F+14) (1+7+7/7+14) (1+6+15+15) (1+8+8/8+16) (1+8+8+8/8+16) (1+9+9+9/9+18)	10~44 12~60 10~60 32~60 36~60 36~60
	6×37(b)	6 个圆股，每股外层丝 18 根，在中心丝外捻制 3 层钢丝	6×37	(1+6+12+18)	5~60
5	6×61	6 个圆股，每股外层丝 24 根，在中心丝外捻制 4 层钢丝	6×61	(1+6+12+18+24)	40~60
6	8×19	8 个圆股，每股外层丝 8~12 根，在中心丝外捻制 2~3 层钢丝，钢丝等捻距	8×19S 8×19W 8×25Fi 8×26WS 8×31WS	(1+9+9) (1+6+6/6) (1+6+6F+12) (1+5+5/5+10) (1+6+6/6+12)	11~44 10~48 18~52 16~48 14~56
7	8×37	8 个圆股，每股外层丝 14~18 根，在中心丝外捻制 3~4 层钢丝，钢丝等捻距	8×36WS 8×41WS 8×49SWS 8×55SWS	(1+7+7/7+14) (1+8+8/8+16) (1+8+8+8/8+16) (1+9+9+9/9+18)	14~60 40~60 44~60 44~60
8	18×7	钢丝绳中有 17 或 18 个圆股，在纤维芯或钢芯外捻制 2 层股，外层 10~12 个股，每股外层丝 4~7 根；在中心丝外捻制一层钢丝	17×7 18×7	(1+6) (1+6)	6~44 6~44
9	18×19	钢丝绳中有 17 或 18 个圆股，在纤维芯或钢芯外捻制 2 层股，外层 10~12 个股，每股外层丝 8~12 根；在中心丝外捻制 2~3 层钢丝	18×19W 18×19S 18×19	(1+6+6/6) (1+9+9) (1+6+12)	14~44 14~44 10~44
10	34×7	钢丝绳中有 34~36 个圆股，在纤维芯或钢芯外捻制 3 层股，外层 17~18 个股，每股外层丝 4~8 根；在中心丝外捻制一层钢丝	34×7 36×7	(1+6) (1+6)	16~44 16~44
11	35W×7	钢丝绳中有 24~40 个圆股，在钢芯外捻制 2~3 层股，外层 12~18 个股，每股外层丝 4~8 根；在中心丝外捻制一层钢丝	35W×7 24W×7	(1+6) (1+6)	12~50 12~50
12	6×12	6 个圆股，每股外层丝 12 根，股纤维芯外捻制一层钢丝	6×12	(FC+12)	8~32
13	6×24	6 个圆股，每股外层丝 12~16 根，股纤维芯外捻制 2 层钢丝	6×24 6×24S 6×24W	(FC+9+15) (FC+12+12) (FC+8+8/8)	8~40 10~44 10~44
14	6×15	6 个圆股，每股外层丝 15 根，股纤维芯外捻制一层钢丝	6×15	(FC+15)	10~32
15	4×19	4 个圆股，每股外层丝 8~12 根，在中心丝外捻制 2~3 层钢丝，钢丝等捻距	4×19S 4×25Fi 4×26WS 4×31WS	(1+9+9) (1+6+6F+12) (1+5+5/5+10) (1+6+6/6+12)	8~28 12~34 12~31 12~36

（续）

组别	类　别	分类原则	典型结构		直径范围 /mm
			钢丝绳	股	
16	4×37	4个圆股，每股外层丝14～18根，在中心丝外捻制3～4层钢丝，钢丝等捻距	4×36WS	(1+7+7/7+14)	14～42
			4×41WS	(1+8+8/8+16)	26～46

注：1. 3组和4组内推荐用（a）类钢丝绳。

2. 12组～14组仅为纤维芯，其余组别的钢丝绳可由需方指定纤维芯或钢芯。

3.（a）为线接触，（b）为点接触。

2.3　钢丝绳选用计算

（1）C系数法

本方法只适用运动绳。

$$d_{\min}=C\sqrt{S} \qquad (17.1\text{-}3)$$

式中　$d_{\min}$——钢丝绳的最小直径（mm）；

C——钢丝绳选择系数（$\mathrm{mm}/\sqrt{\mathrm{N}}$）；

S——钢丝绳最大工作静拉力（N）。

钢丝绳选择系数C的取值与钢丝的公称抗拉强度和机构工作级别有关，见表17.1-11。

当钢丝绳的k'和σ_b值与表17.1-11中不同时，则可根据工作级别从表17.1-11中选择安全系数n值，并根据所选择钢丝绳的k'和σ_b值按式（17.1-4）换算出适合的钢丝绳选择系数C，然后再按式（17.1-3）选择绳径。

$$C=\sqrt{\frac{n}{k'\sigma_b}} \qquad (17.1\text{-}4)$$

式中　n——钢丝绳的最小安全系数，见表17.1-11；

k'——钢丝绳最小破断拉力系数，见表17.1-11注；

σ_b——钢丝的公称抗拉强度（MPa）。

（2）最小安全系数法

本方法对运动绳和静态绳都适用。此法按与钢丝绳所在机构工作级别有关的安全系数选择钢丝绳直径。所选钢丝绳的整绳最小破断拉力应满足

$$F_0 \geqslant Sn \qquad (17.1\text{-}5)$$

式中　F_0——钢丝绳的整绳最小破断拉力（kN）；

其他符号意义同前。

表17.1-11　钢丝绳的选择系数C和安全系数n

	机构工作级别	选择系数C值 钢丝公称抗拉强度σ_b/MPa							安全系数n	
		1470	1570	1670	1770	1870	1960	2160	运动绳	静态绳
纤维芯钢丝绳	M1	0.081	0.078	0.076	0.073	0.071	0.070	0.066	3.15	2.5
	M2	0.083	0.080	0.078	0.076	0.074	0.072	0.069	3.35	2.5
	M3	0.086	0.083	0.080	0.078	0.076	0.074	0.071	3.55	3
	M4	0.091	0.088	0.085	0.083	0.081	0.079	0.075	4	3.5
	M5	0.096	0.093	0.090	0.088	0.085	0.083	0.079	4.5	4
	M6	0.107	0.104	0.101	0.098	0.095	0.093	0.089	5.6	4.5
	M7	0.121	0.117	0.114	0.110	0.107	0.105	0.100	7.1	5
	M8	0.136	0.132	0.128	0.124	0.121	0.118	0.112	9	5
钢芯钢丝绳	M1	0.078	0.075	0.073	0.071	0.069	0.067	0.064	3.15	2.5
	M2	0.080	0.077	0.075	0.073	0.071	0.069	0.066	3.35	2.5
	M3	0.082	0.080	0.077	0.075	0.073	0.071	0.068	3.55	3
	M4	0.087	0.085	0.082	0.080	0.078	0.076	0.072	4	3.5
	M5	0.093	0.090	0.087	0.085	0.082	0.080	0.076	4.5	4
	M6	0.103	0.100	0.097	0.094	0.092	0.090	0.085	5.6	4.5
	M7	0.116	0.113	0.109	0.106	0.103	0.101	0.096	7.1	5
	M8	0.131	0.127	0.123	0.120	0.116	0.114	0.108	9	5

注：1. 对于吊运危险物品的起重用钢丝绳，一般应按比设计工作级别高一级的工作级别选择表中的钢丝绳选择系数C和钢丝绳最小安全系数n值。对起升机构工作级别为M7、M8的冶金起重机和港口集装箱起重机等，在使用过程中能监控钢丝绳劣化损伤发展进程，保证安全使用。在保证一定寿命和及时更换钢丝绳的前提下，允许按稍低的工作级别选择钢丝绳；对冶金起重机最低安全系数不应小于7.1，港口集装箱起重机主起升钢丝绳和小车曳引钢丝绳的最低安全系数不应小于6。伸缩臂架用钢丝绳的安全系数不应小于4。

2. C值是根据起重机常用的钢丝绳6×19W（S）型的最小破断拉力系数k'、且只针对运动绳的安全系数计算而得。对纤维芯（NF）钢丝绳k'=0.330，对金属丝绳芯（IWR）或金属丝股芯（IWS）钢丝绳k'=0.356。

2.4　重要用途钢丝绳（摘自 GB 8918—2006）

（1）适用范围

重要用途钢丝绳适用于矿井提升、高炉卷扬、大型浇铸、石油钻井、大型吊装、繁忙起重、索道、地面缆车、船舶和海上设施等用途的圆股及异形股钢丝绳。

重要用途钢丝绳主要用途推荐见表 17.1-12。

（2）常用类型重要用途钢丝绳力学性能（见表 17.1-13～表 17.1-27）

表 17.1-12　重要用途钢丝绳主要用途推荐

用途	名称	结构	备注
立井提升	三角股钢丝绳	6V×37S　6V×37　6V×34　6V×30　6V×43　6V×21	推荐同向捻
	线接触钢丝绳	6×19S　6×19W　6×25Fi　6×29Fi　6×26WS　6×31WS　6×36WS　6×41WS	
	多层股钢丝绳	18×7　17×7　35W×7　24W×7 6Q×19+6V×21　6Q×33+6V×21	用于钢丝绳罐道的立井
开凿立井提升（建井用）	多层股钢丝绳及异形股钢丝绳	6Q×33+6V×21　17×7　18×7　34×7　36×7 6Q×19+6V×21　4V×39S　4V×48S　35W×7　24W×7	—
立井平衡绳	钢丝绳	6×37S　6×36WS　4V×39S　4V×48S	仅适用于交互捻
	多层股钢丝绳	17×7　18×7　34×7　36×7　35W×7　24W×7	仅适用于交互捻
斜井提升（绞车）	三角股钢丝绳	6V×18　6V×19	推荐同向捻
	钢丝绳	6×7　6×9W	
钢绳牵引胶带运输机、索道及地面缆车	线接触钢丝绳	6×19S　6×19W　6×25Fi　6×29Fi　6×26WS 6×31WS　6×36WS　6×41WS	推荐同向捻 6×19W 不适合索道
高炉卷扬	三角股钢丝绳	6V×37S　6V×37　6V×30　6V×34　6V×43	—
	线接触钢丝绳	6×19S　6×25Fi　6×29Fi　6×26WS　6×31WS 6×36WS　6×41WS	—
立井罐道及索道	三角股钢丝绳	6V×18　6V×19	—
	多层股钢丝绳	18×7　17×7	推荐同向捻
露天斜坡卷扬	三角股钢丝绳	6V×37S　6V×37　6V×30　6V×34　6V×43	—
	线接触钢丝绳	6×36WS　6×37S　6×41WS　6×49SWS　6×55SWS	推荐同向捻
石油钻井	线接触钢丝绳	6×19S　6×19W　6×25Fi　6×29Fi　6×26WS 6×31WS　6×36WS	也可采用钢芯
挖掘机（电铲卷扬）	线接触钢丝绳	6×19S+IWR　6×25Fi+IWR　6×19W+IWR 6×29Fi+IWR　6×26WS+IWR　6×31WS+IWR 6×36WS+IWR　6×55SWS+IWR 6×49SWS+IWR　35W×7　24W×7	推荐同向捻
	三角股钢丝绳	6V×30　6V×34　6V×37　6V×37S　6V×43	—
起重机：大型浇铸起重机	线接触钢丝绳	6×19S+IWR　6×19W+IWR　6×25Fi+IWR 6×36WS+IWR　6×41WS+IWR	—
起重机：港口装卸、水利工程及建筑用塔式起重机	多层股钢丝绳	18×19S　18×19W　34×7　36×7　35W×7　24W×7	—
	四股扇形股钢丝绳	4V×39S　4V×48S	—
起重机：繁忙起重及其他重要用途	线接触钢丝绳	6×19S　6×19W　6×25Fi　6×29Fi　6×26WS 6×31WS　6×36WS　6×37S　6×41WS　6×49SWS 6×55SWS　8×19S　8×19W　8×25Fi　8×26WS 8×31WS　8×36WS　8×41WS　8×49SWS　8×55SWS	—
	四股扇形股钢丝绳	4V×39S　4V×48S	—
热移钢机（轧钢厂推钢台）	线接触钢丝绳	6×19S+IWR　6×19W+IWR　6×25Fi+IWR 6×29Fi+IWR　6×31WS+IWR　6×37S+IWR 6×36WS+IWR	—

（续）

用　途	名　称	结　构	备　注
船舶装卸	线接触钢丝绳	6×19W　6×25Fi　6×29Fi　6×31WS　6×36WS　6×37S	镀锌
	多层股钢丝绳	18×19S　18×19W　34×7　36×7　35W×7　24W×7	—
	四股扇形股钢丝绳	4V×39S　4V×48S	—
拖船、货网	钢丝绳	6×31WS　6×36WS　6×37S	镀锌
船舶张拉桅杆吊桥	钢丝绳	6×7+IWS　6×19S+IWR	镀锌
打捞沉船	钢丝绳	6×37S　6×36WS　6×41WS　6×49SWS　6×31WS 6×55SWS　8×19S　8×19W　8×31WS 8×36WS　8×41WS　8×49SWS　8×55SWS	镀锌

注：1. 腐蚀是主要报废原因时，应采用镀锌钢丝绳。

2. 钢丝绳工作时终端不能自由旋转，或虽有反拨力但对不能相互纠合在一起的工作场合，应采用同向捻钢丝绳。

表 17.1-13　钢丝绳第 1 组 6×7 类力学性能

第 1 组　6×7 类

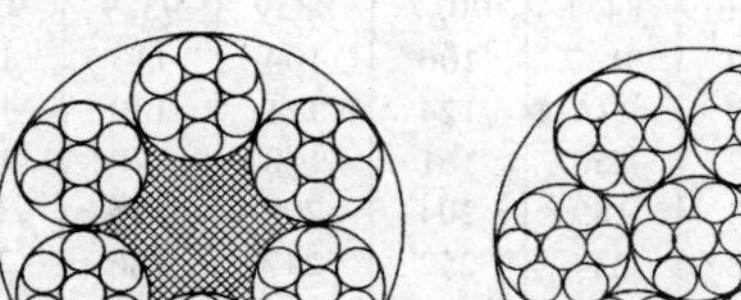

6×7+FC　　6×7+IWS

直径:8~36mm

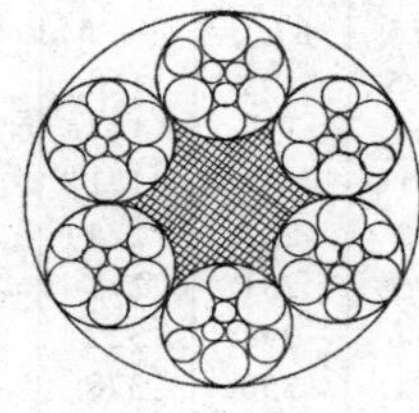

6×9W+FC

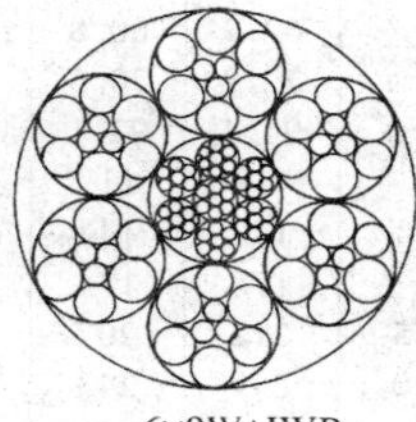

6×9W+IWR

直径:14~36mm

钢丝绳公称直径		钢丝绳参考质量/kg·(100m)$^{-1}$			钢丝绳公称抗拉强度/MPa									
					1570		1670		1770		1870		1960	
					钢丝绳最小破断拉力/kN									
D/mm	允许偏差(%)	天然纤维芯钢丝绳	合成纤维芯钢丝绳	钢芯钢丝绳	纤维芯钢丝绳	钢芯钢丝绳	纤维芯钢丝绳	钢芯钢丝绳	纤维芯钢丝绳	钢芯钢丝绳	纤维芯钢丝绳	钢芯钢丝绳	纤维芯钢丝绳	钢芯钢丝绳
8		22.5	22.0	24.8	33.4	36.1	35.5	38.4	37.6	40.7	39.7	43.0	41.6	45.0
9		28.4	27.9	31.3	42.2	45.7	44.9	48.6	47.6	51.5	50.3	54.4	52.7	57.0
10		35.1	34.4	38.7	52.1	56.4	55.4	60.0	58.8	63.5	62.1	67.1	65.1	70.4
11		42.5	41.6	46.8	63.1	68.2	67.1	72.5	71.1	76.9	75.1	81.2	78.7	85.1
12		50.5	49.5	55.7	75.1	81.2	79.8	86.3	84.6	91.5	89.4	96.7	93.7	101
13		59.3	58.1	65.4	88.1	95.3	93.7	101	99.3	107	105	113	110	119
14		68.8	67.4	75.9	102	110	109	118	115	125	122	132	128	138
16	+5	89.9	88.1	99.1	133	144	142	153	150	163	159	172	167	180
18	0	114	111	125	169	183	180	194	190	206	201	218	211	228
20		140	138	155	208	225	222	240	235	254	248	269	260	281
22		170	166	187	252	273	268	290	284	308	300	325	315	341
24		202	198	223	300	325	319	345	338	366	358	387	375	405
26		237	233	262	352	381	375	405	397	430	420	454	440	476
28		275	270	303	409	442	435	470	461	498	487	526	510	552
30		316	310	348	469	507	499	540	529	572	559	604	586	633
32		359	352	396	534	577	568	614	602	651	636	687	666	721
34		406	398	447	603	652	641	693	679	735	718	776	752	813
36		455	446	502	676	730	719	777	762	824	805	870	843	912

注：钢丝绳公称抗拉强度仅表示钢丝绳的强度等级，后同。

表 17.1-14　钢丝绳第 2 组 6×19 类力学性能

第 2 组　6×19 类

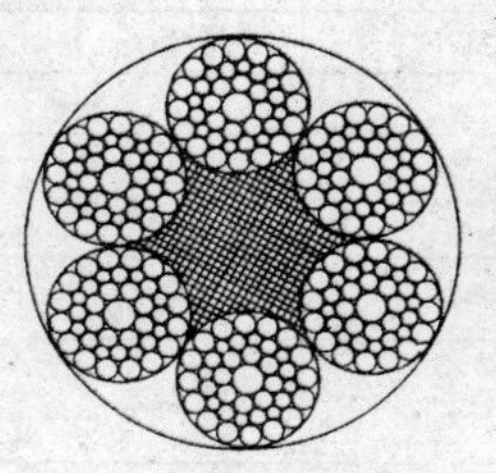

6×19S+FC

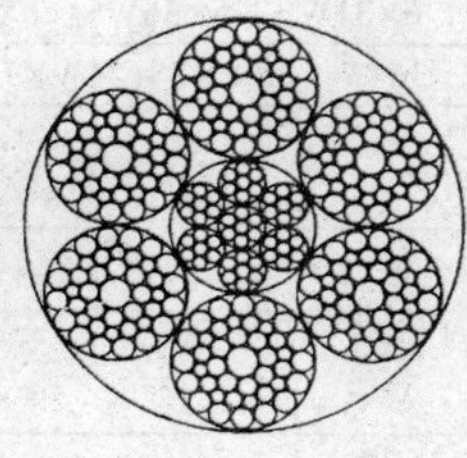

6×19S+IWR

直径:12~36mm

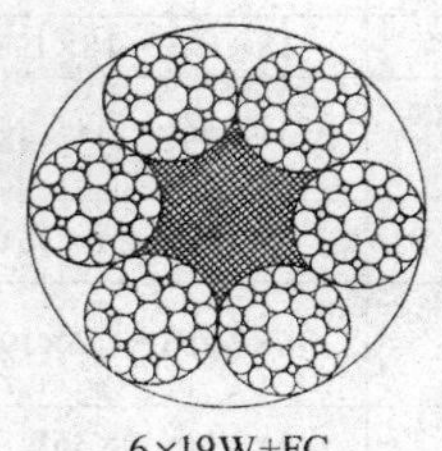

6×19W+FC

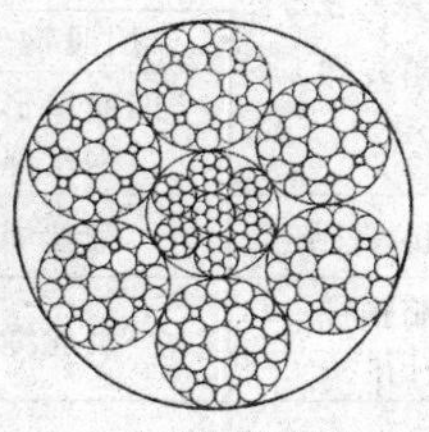

6×19W+IWR

直径:12~40mm

钢丝绳公称直径		钢丝绳参考质量/kg·(100m)$^{-1}$			钢丝绳公称抗拉强度/MPa									
					1570		1670		1770		1870		1960	
					钢丝绳最小破断拉力/kN									
D/mm	允许偏差(%)	天然纤维芯钢丝绳	合成纤维芯钢丝绳	钢芯钢丝绳	纤维芯钢丝绳	钢芯钢丝绳	纤维芯钢丝绳	钢芯钢丝绳	纤维芯钢丝绳	钢芯钢丝绳	纤维芯钢丝绳	钢芯钢丝绳	纤维芯钢丝绳	钢芯钢丝绳
12		53.1	51.8	58.4	74.6	80.5	79.4	85.6	84.1	90.7	88.9	95.9	93.1	100
13		62.3	60.8	68.5	87.6	94.5	93.1	100	98.7	106	104	113	109	118
14		72.2	70.5	79.5	102	110	108	117	114	124	121	130	127	137
16		94.4	92.1	104	133	143	141	152	150	161	158	170	166	179
18		119	117	131	168	181	179	193	189	204	200	216	210	226
20		147	144	162	207	224	220	238	234	252	247	266	259	279
22		178	174	196	251	271	267	288	283	304	299	322	313	338
24	+5	212	207	234	298	322	317	342	336	363	355	383	373	402
26	0	249	243	274	350	378	373	402	395	426	417	450	437	472
28		289	282	318	406	438	432	466	458	494	484	522	507	547
30		332	324	365	466	503	496	535	526	567	555	599	582	628
32		377	369	415	531	572	564	609	598	645	632	682	662	715
34		426	416	469	599	646	637	687	675	728	713	770	748	807
36		478	466	525	671	724	714	770	757	817	800	863	838	904
38		532	520	585	748	807	796	858	843	910	891	961	934	1010
40		590	576	649	829	894	882	951	935	1010	987	1070	1030	1120

表 17.1-15　钢丝绳第 2 组 6×19 类和第 3 组 6×37 类力学性能

第 2 组　6×19 类

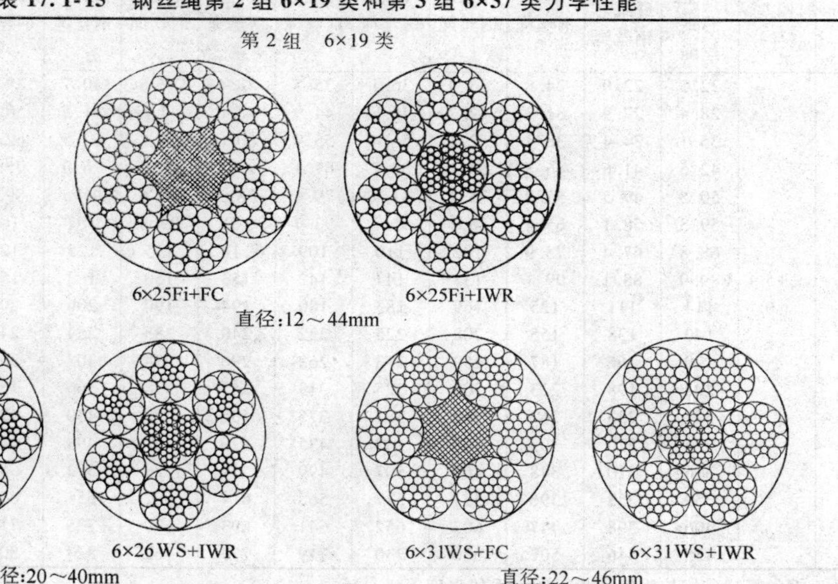

6×25Fi+FC　　6×25Fi+IWR

直径:12～44mm

6×26WS+FC　　6×26WS+IWR

直径:20～40mm

6×31WS+FC　　6×31WS+IWR

直径:22～46mm

（续）

第 3 组　6×37 类

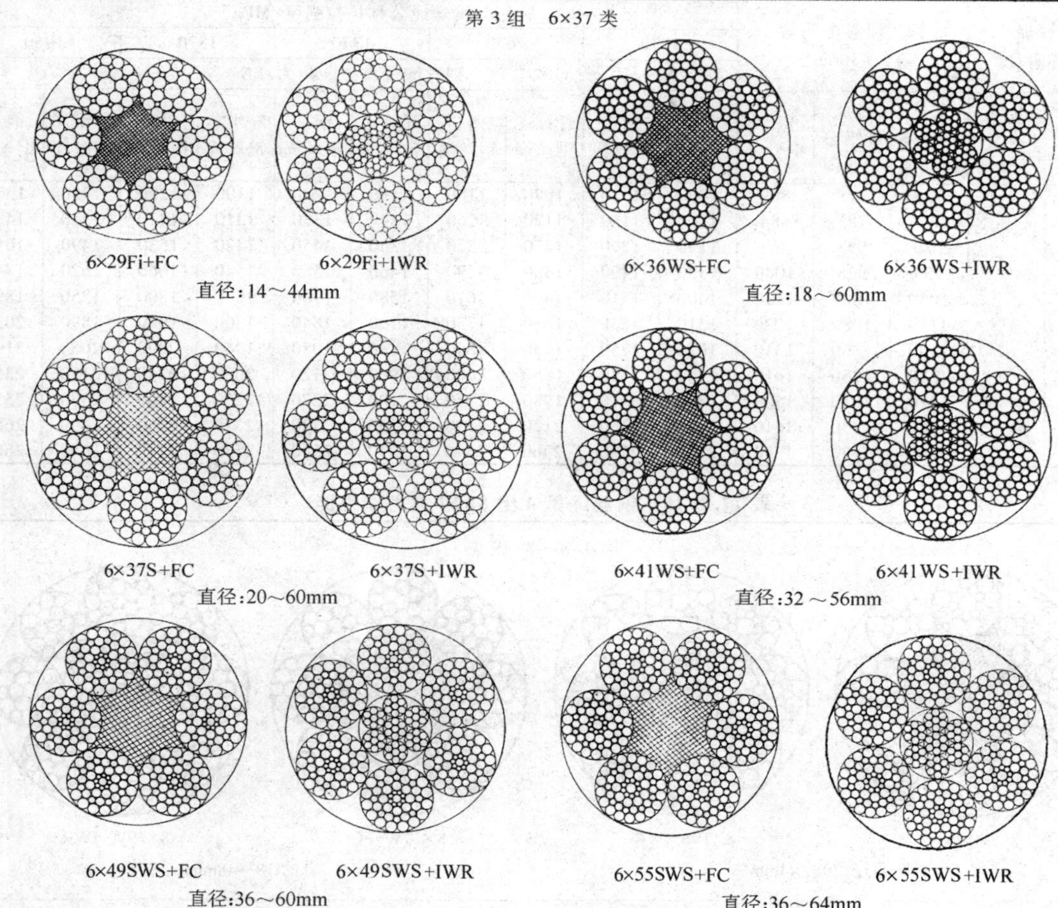

6×29Fi+FC　6×29Fi+IWR　直径：14～44mm

6×36WS+FC　6×36WS+IWR　直径：18～60mm

6×37S+FC　6×37S+IWR　直径：20～60mm

6×41WS+FC　6×41WS+IWR　直径：32～56mm

6×49SWS+FC　6×49SWS+IWR　直径：36～60mm

6×55SWS+FC　6×55SWS+IWR　直径：36～64mm

钢丝绳公称直径		钢丝绳参考质量/kg·(100m)$^{-1}$			钢丝绳公称抗拉强度/MPa									
					1570		1670		1770		1870		1960	
					钢丝绳最小破断拉力/kN									
D/mm	允许偏差(%)	天然纤维芯钢丝绳	合成纤维芯钢丝绳	钢芯钢丝绳	纤维芯钢丝绳	钢芯钢丝绳	纤维芯钢丝绳	钢芯钢丝绳	纤维芯钢丝绳	钢芯钢丝绳	纤维芯钢丝绳	钢芯钢丝绳	纤维芯钢丝绳	钢芯钢丝绳
12		54.7	53.4	60.2	74.6	80.5	79.4	85.6	84.1	90.7	88.9	95.9	93.1	100
13		64.2	62.7	70.6	87.6	94.5	93.1	100	98.7	106	104	113	109	118
14		74.5	72.7	81.9	102	110	108	117	114	124	121	130	127	137
16		97.3	95.0	107	133	143	141	152	150	161	158	170	166	179
18		123	120	135	168	181	179	193	189	204	200	216	210	226
20		152	148	167	207	224	220	238	234	252	247	266	259	279
22		184	180	202	251	271	267	288	283	305	299	322	313	338
24		219	214	241	298	322	317	342	336	363	355	383	373	402
26	+5 0	257	251	283	350	378	373	402	395	426	417	450	437	472
28		298	291	328	406	438	432	466	458	494	484	522	507	547
30		342	334	376	466	503	496	535	526	567	555	599	582	628
32		389	380	428	531	572	564	609	598	645	632	682	662	715
34		439	429	483	599	646	637	687	675	728	713	770	748	807
36		492	481	542	671	724	714	770	757	817	800	863	838	904
38		549	536	604	748	807	796	858	843	910	891	961	934	1010
40		608	594	669	829	894	882	951	935	1010	987	1070	1030	1120
42		670	654	737	914	986	972	1050	1030	1110	1090	1170	1140	1230

（续）

钢丝绳公称直径		钢丝绳参考质量 /kg·(100m)$^{-1}$			钢丝绳公称抗拉强度/MPa									
					1570		1670		1770		1870		1960	
					钢丝绳最小破断拉力/kN									
D/mm	允许偏差(%)	天然纤维芯钢丝绳	合成纤维芯钢丝绳	钢芯钢丝绳	纤维芯钢丝绳	钢芯钢丝绳	纤维芯钢丝绳	钢芯钢丝绳	纤维芯钢丝绳	钢芯钢丝绳	纤维芯钢丝绳	钢芯钢丝绳	纤维芯钢丝绳	钢芯钢丝绳
44	+5 0	736	718	809	1000	1080	1070	1150	1130	1220	1190	1290	1250	1350
46		804	785	884	1100	1180	1170	1260	1240	1330	1310	1410	1370	1480
48		876	855	963	1190	1290	1270	1370	1350	1450	1420	1530	1490	1610
50		950	928	1040	1300	1400	1380	1490	1460	1580	1540	1660	1620	1740
52		1030	1000	1130	1400	1510	1490	1610	1580	1700	1670	1800	1750	1890
54		1110	1080	1220	1510	1630	1610	1730	1700	1840	1800	1940	1890	2030
56		1190	1160	1310	1620	1750	1730	1860	1830	1980	1940	2090	2030	2190
58		1280	1250	1410	1740	1880	1850	2000	1960	2120	2080	2240	2180	2350
60		1370	1340	1500	1870	2010	1980	2140	2100	2270	2220	2400	2330	2510
62		1460	1430	1610	1990	2150	2120	2290	2250	2420	2370	2560	2490	2680
64		1560	1520	1710	2120	2290	2260	2440	2390	2580	2530	2730	2650	2860

表 17.1-16　钢丝绳第4组 8×19 类力学性能

第4组　8×19类

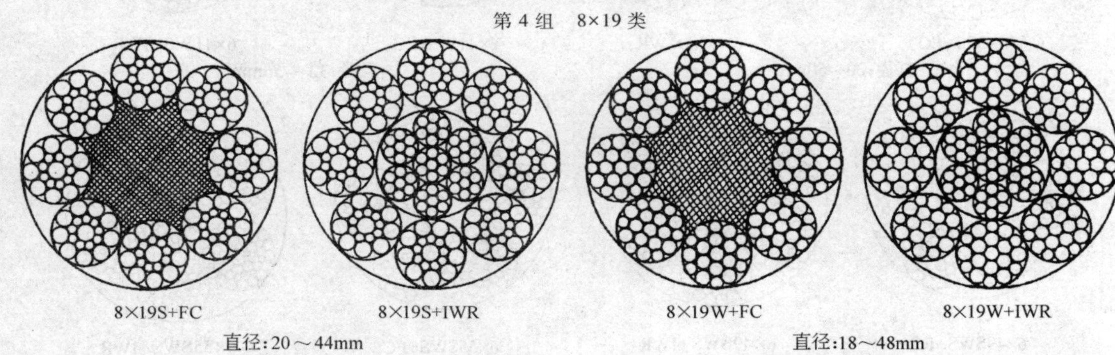

8×19S+FC　　8×19S+IWR　　8×19W+FC　　8×19W+IWR

直径:20～44mm　　直径:18～48mm

钢丝绳公称直径		钢丝绳参考质量 /kg·(100m)$^{-1}$			钢丝绳公称抗拉强度/MPa									
					1570		1670		1770		1870		1960	
					钢丝绳最小破断拉力/kN									
D/mm	允许偏差(%)	天然纤维芯钢丝绳	合成纤维芯钢丝绳	钢芯钢丝绳	纤维芯钢丝绳	钢芯钢丝绳	纤维芯钢丝绳	钢芯钢丝绳	纤维芯钢丝绳	钢芯钢丝绳	纤维芯钢丝绳	钢芯钢丝绳	纤维芯钢丝绳	钢芯钢丝绳
18	+5 0	112	108	137	149	176	159	187	168	198	178	210	186	220
20		139	133	169	184	217	196	231	207	245	219	259	230	271
22		168	162	204	223	263	237	280	251	296	265	313	278	328
24		199	192	243	265	313	282	333	299	353	316	373	331	391
26		234	226	285	311	367	331	391	351	414	370	437	388	458
28		271	262	331	361	426	384	453	407	480	430	507	450	532
30		312	300	380	414	489	440	520	467	551	493	582	517	610
32		355	342	432	471	556	501	592	531	627	561	663	588	694
34		400	386	488	532	628	566	668	600	708	633	748	664	784
36		449	432	547	596	704	634	749	672	794	710	839	744	879
38		500	482	609	664	784	707	834	749	884	791	934	829	979
40		554	534	675	736	869	783	925	830	980	877	1040	919	1090
42		611	589	744	811	958	863	1020	915	1080	967	1140	1010	1200
44		670	646	817	891	1050	947	1120	1000	1190	1060	1250	1110	1310
46		733	706	893	973	1150	1040	1220	1100	1300	1160	1370	1220	1430
48		798	769	972	1060	1250	1130	1330	1190	1410	1260	1490	1320	1560

表 17.1-17　钢丝绳第 4 组 8×19 类和第 5 组 8×37 类力学性能

第 4 组　8×19 类和第 5 组　8×37 类

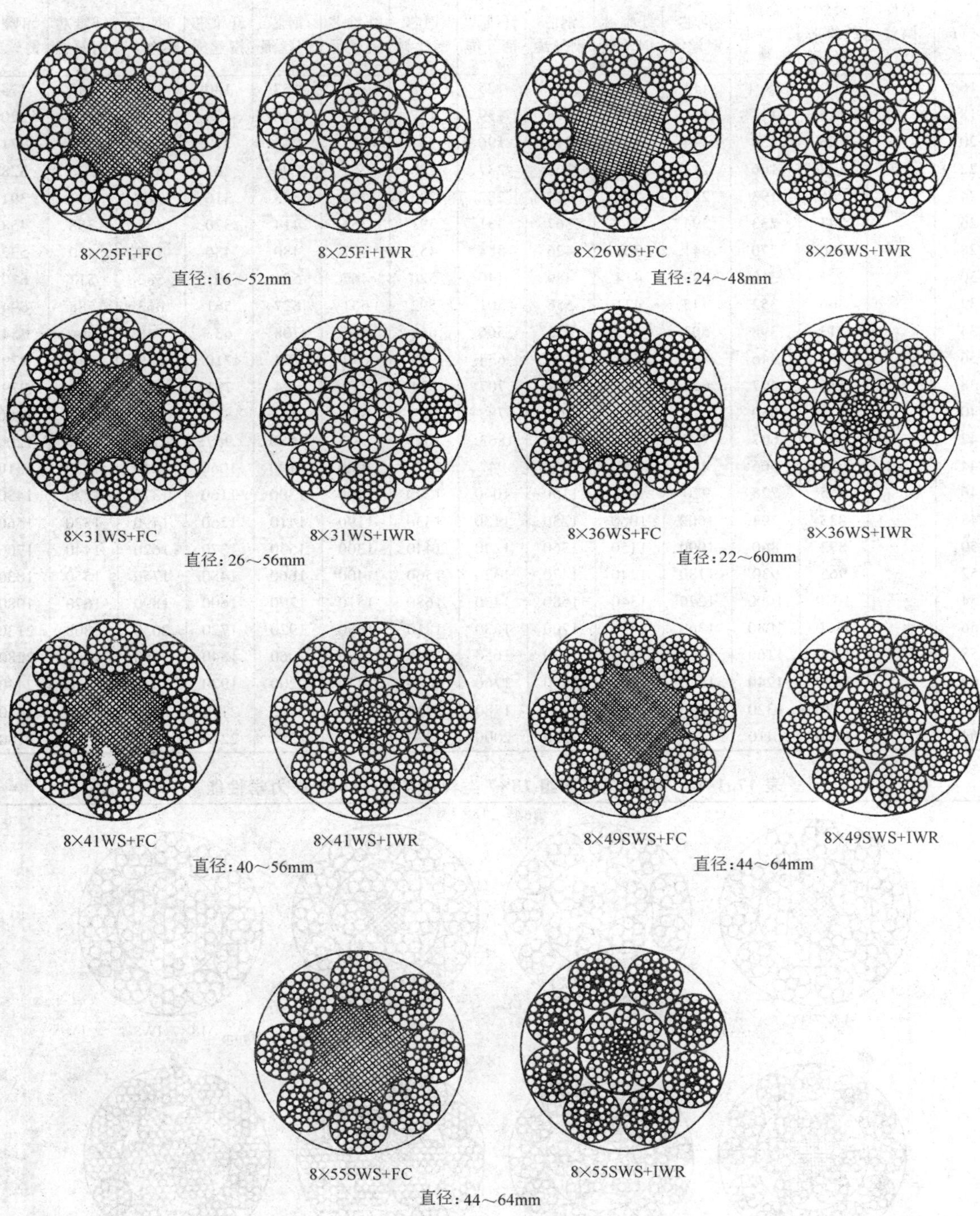

（续）

钢丝绳公称直径		钢丝绳参考质量/kg·(100m)$^{-1}$			钢丝绳公称抗拉强度/MPa									
					1570		1670		1770		1870		1960	
					钢丝绳最小破断拉力/kN									
D/mm	允许偏差(%)	天然纤维芯钢丝绳	合成纤维芯钢丝绳	钢芯钢丝绳	纤维芯钢丝绳	钢芯钢丝绳	纤维芯钢丝绳	钢芯钢丝绳	纤维芯钢丝绳	钢芯钢丝绳	纤维芯钢丝绳	钢芯钢丝绳	纤维芯钢丝绳	钢芯钢丝绳
16		91.4	88.1	111	118	139	125	148	133	157	140	166	147	174
18		116	111	141	149	176	159	187	168	198	178	210	186	220
20		143	138	174	184	217	196	231	207	245	219	259	230	271
22		173	166	211	223	263	237	280	251	296	265	313	278	328
24		206	198	251	265	313	282	333	299	353	316	373	331	391
26		241	233	294	311	367	331	391	351	414	370	437	388	458
28		280	270	341	361	426	384	453	407	480	430	507	450	532
30		321	310	392	414	489	440	520	467	551	493	582	517	610
32		366	352	445	471	556	501	592	531	627	561	663	588	694
34		413	398	503	532	628	566	668	600	708	633	748	664	784
36		463	446	564	596	704	634	749	672	794	710	839	744	879
38		516	497	628	664	784	707	834	749	884	791	934	829	979
40	+5 0	571	550	696	736	869	783	925	830	980	877	1040	919	1090
42		630	607	767	811	958	863	1020	915	1080	967	1140	1010	1200
44		691	666	842	891	1050	947	1120	1000	1190	1060	1250	1110	1310
46		755	728	920	973	1150	1040	1220	1100	1300	1160	1370	1220	1430
48		823	793	1000	1060	1250	1130	1330	1190	1410	1260	1490	1320	1560
50		892	860	1090	1150	1360	1220	1440	1300	1530	1370	1620	1440	1700
52		965	930	1180	1240	1470	1320	1560	1400	1660	1480	1750	1550	1830
54		1040	1000	1270	1340	1580	1430	1680	1510	1790	1600	1890	1670	1980
56		1120	1080	1360	1440	1700	1530	1810	1630	1920	1720	2030	1800	2130
58		1200	1160	1460	1550	1830	1650	1940	1740	2060	1840	2180	1930	2280
60		1290	1240	1570	1660	1960	1760	2080	1870	2200	1970	2330	2070	2440
62		1370	1320	1670	1770	2090	1880	2220	1990	2350	2110	2490	2210	2610
64		1460	1410	1780	1880	2230	2000	2370	2120	2510	2240	2650	2350	2780

表 17.1-18 钢丝绳第 6 组 18×7 类和第 7 组 18×19 类力学性能

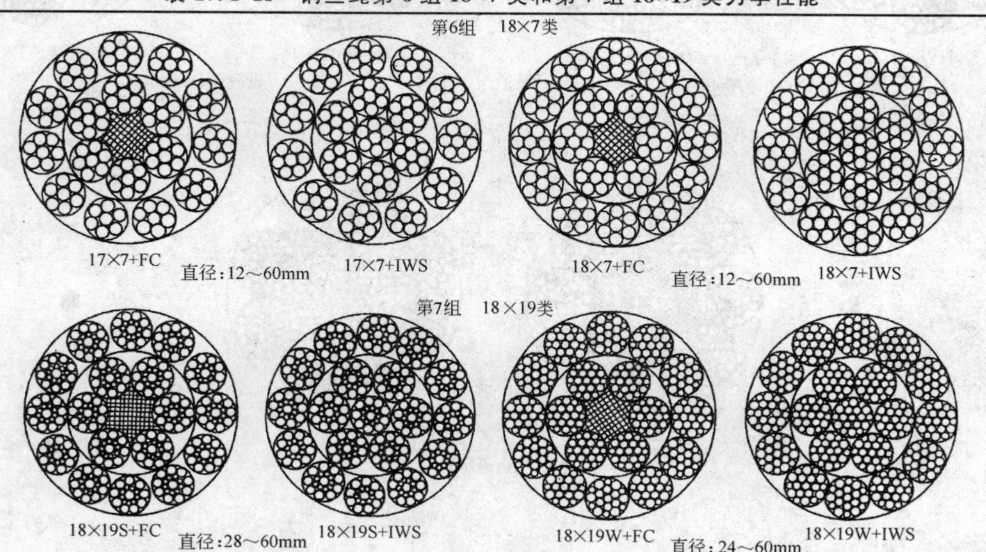

（续）

钢丝绳公称直径		钢丝绳参考质量/kg·(100m)$^{-1}$		钢丝绳公称抗拉强度/MPa									
				1570		1670		1770		1870		1960	
				钢丝绳最小破断拉力/kN									
D/mm	允许偏差(%)	纤维芯钢丝绳	钢芯钢丝绳	纤维芯钢丝绳	钢芯钢丝绳	纤维芯钢丝绳	钢芯钢丝绳	纤维芯钢丝绳	钢芯钢丝绳	纤维芯钢丝绳	钢芯钢丝绳	纤维芯钢丝绳	钢芯钢丝绳
12		56.2	61.9	70.1	74.2	74.5	78.9	79.0	83.6	83.5	88.3	87.5	92.6
13		65.9	72.7	82.3	87.0	87.5	92.6	92.7	98.1	98.0	104	103	109
14		76.4	84.3	95.4	101	101	107	108	114	114	120	119	126
16		99.8	110	125	132	133	140	140	149	148	157	156	165
18		126	139	158	167	168	177	178	188	188	199	197	208
20		156	172	195	206	207	219	219	232	232	245	243	257
22		189	208	236	249	251	265	266	281	281	297	294	311
24		225	248	280	297	298	316	316	334	334	353	350	370
26		264	291	329	348	350	370	371	392	392	415	411	435
28		306	337	382	404	406	429	430	455	454	481	476	504
30		351	387	438	463	466	493	494	523	522	552	547	579
32		399	440	498	527	530	561	562	594	594	628	622	658
34	+5	451	497	563	595	598	633	634	671	670	709	702	743
36	0	505	557	631	667	671	710	711	752	751	795	787	833
38		563	621	703	744	748	791	792	838	837	886	877	928
40		624	688	779	824	828	876	878	929	928	981	972	1030
42		688	759	859	908	913	966	968	1020	1020	1080	1070	1130
44		755	832	942	997	1000	1060	1060	1120	1120	1190	1180	1240
46		825	910	1030	1090	1100	1160	1160	1230	1230	1300	1290	1360
48		899	991	1120	1190	1190	1260	1260	1340	1340	1410	1400	1480
50		975	1080	1220	1290	1290	1370	1370	1450	1450	1530	1520	1610
52		1050	1160	1320	1390	1400	1480	1480	1570	1570	1660	1640	1740
54		1140	1250	1420	1500	1510	1600	1600	1690	1690	1790	1770	1870
56		1220	1350	1530	1610	1620	1720	1720	1820	1820	1920	1910	2020
58		1310	1450	1640	1730	1740	1840	1850	1950	1950	2060	2040	2160
60		1400	1550	1750	1850	1860	1970	1980	2090	2090	2210	2190	2310

表 17.1-19　钢丝绳第 8 组 34×7 类力学性能

第 8 组　34×7 类

34×7+FC

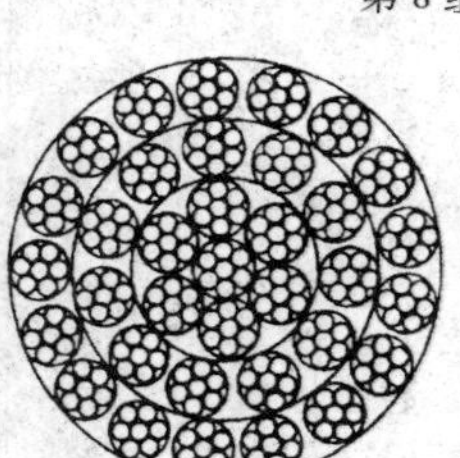

34×7+IWS

直径：16～60mm

36×7+FC

36×7+IWS

直径：16～60mm

钢丝绳公称直径		钢丝绳参考质量/kg·(100m)$^{-1}$		钢丝绳公称抗拉强度/MPa									
				1570		1670		1770		1870		1960	
				钢丝绳最小破断拉力/kN									
D/mm	允许偏差(%)	纤维芯钢丝绳	钢芯钢丝绳	纤维芯钢丝绳	钢芯钢丝绳	纤维芯钢丝绳	钢芯钢丝绳	纤维芯钢丝绳	钢芯钢丝绳	纤维芯钢丝绳	钢芯钢丝绳	纤维芯钢丝绳	钢芯钢丝绳
16	+5	99.8	110	124	128	132	136	140	144	147	152	155	160
18	0	126	139	157	162	167	172	177	182	187	193	196	202
20		156	172	193	200	206	212	218	225	230	238	241	249

（续）

钢丝绳公称直径		钢丝绳参考质量/kg·(100m)$^{-1}$		钢丝绳公称抗拉强度/MPa									
				1570		1670		1770		1870		1960	
				钢丝绳最小破断拉力/kN									
D/mm	允许偏差（%）	纤维芯钢丝绳	钢芯钢丝绳	纤维芯钢丝绳	钢芯钢丝绳	纤维芯钢丝绳	钢芯钢丝绳	纤维芯钢丝绳	钢芯钢丝绳	纤维芯钢丝绳	钢芯钢丝绳	纤维芯钢丝绳	钢芯钢丝绳
22		189	208	234	242	249	257	264	272	279	288	292	302
24		225	248	279	288	296	306	314	324	332	343	348	359
26		264	291	327	337	348	359	369	380	389	402	408	421
28		306	337	379	391	403	416	427	441	452	466	473	489
30		351	387	435	449	463	478	491	507	518	535	543	561
32		399	440	495	511	527	544	558	576	590	609	618	638
34		451	497	559	577	595	614	630	651	666	687	698	721
36		505	557	627	647	667	688	707	729	746	771	782	808
38		563	621	698	721	743	767	787	813	832	859	872	900
40	+5	624	688	774	799	823	850	872	901	922	951	966	997
42	0	688	759	853	881	907	937	962	993	1020	1050	1060	1100
44		755	832	936	967	996	1030	1060	1090	1120	1150	1170	1210
46		825	910	1020	1060	1090	1120	1150	1190	1220	1260	1280	1320
48		899	991	1110	1150	1190	1220	1260	1300	1330	1370	1390	1440
50		975	1080	1210	1250	1290	1330	1360	1410	1440	1490	1510	1560
52		1050	1160	1310	1350	1390	1440	1470	1520	1560	1610	1630	1690
54		1140	1250	1410	1460	1500	1550	1590	1640	1680	1730	1760	1820
56		1220	1350	1520	1570	1610	1670	1710	1770	1810	1860	1890	1950
58		1310	1450	1630	1680	1730	1790	1830	1890	1940	2000	2030	2100
60		1400	1550	1740	1800	1850	1910	1960	2030	2070	2140	2170	2240

表 17.1-20　钢丝绳第 9 组 35W×7 类力学性能

第 9 组　35W×7类

35W×7

24W×7

直径:16～60mm

钢丝绳公称直径		钢丝绳参考质量/kg·(100m)$^{-1}$	钢丝绳公称抗拉强度/MPa				
D/mm	允许偏差（%）		1570	1670	1770	1870	1960
			钢丝绳最小破断拉力/kN				
16		118	145	154	163	172	181
18		149	183	195	206	218	229
20		184	226	240	255	269	282
22		223	274	291	308	326	342
24		265	326	346	367	388	406
26		311	382	406	431	455	477
28		361	443	471	500	528	553
30		414	509	541	573	606	635
32		471	579	616	652	689	723
34		532	653	695	737	778	816
36	+5	596	732	779	826	872	914
38	0	664	816	868	920	972	1020
40		736	904	962	1020	1080	1130
42		811	997	1060	1120	1190	1240
44		891	1090	1160	1230	1300	1370
46		973	1200	1270	1350	1420	1490
48		1060	1300	1390	1470	1550	1630
50		1150	1410	1500	1590	1680	1760
52		1240	1530	1630	1720	1820	1910
54		1340	1650	1750	1860	1960	2060
56		1440	1770	1890	2000	2110	2210
58		1550	1900	2020	2140	2260	2370
60		1660	2030	2160	2290	2420	2540

表 17.1-21　钢丝绳第 10 组 6V×7 类力学性能

第 10 组　6V×7 类

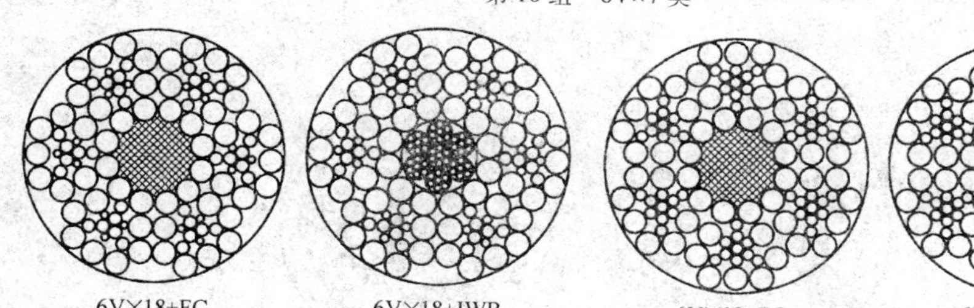

6V×18+FC　6V×18+IWR　6V×19+FC　6V×19+IWR

直径:20～36mm　直径:20～36mm

钢丝绳公称直径		钢丝绳参考质量/kg·(100m)$^{-1}$			钢丝绳公称抗拉强度/MPa									
					1570		1670		1770		1870		1960	
					钢丝绳最小破断拉力/kN									
D/mm	允许偏差(%)	天然纤维芯钢丝绳	合成纤维芯钢丝绳	钢芯钢丝绳	纤维芯钢丝绳	钢芯钢丝绳	纤维芯钢丝绳	钢芯钢丝绳	纤维芯钢丝绳	钢芯钢丝绳	纤维芯钢丝绳	钢芯钢丝绳	纤维芯钢丝绳	钢芯钢丝绳
20	+6 0	165	162	175	236	250	250	266	266	282	280	298	294	312
22		199	196	212	285	302	303	322	321	341	339	360	356	378
24		237	233	252	339	360	361	383	382	406	404	429	423	449
26		279	273	295	398	422	423	449	449	476	474	503	497	527
28		323	317	343	462	490	491	521	520	552	550	583	576	612
30		371	364	393	530	562	564	598	597	634	631	670	662	702
32		422	414	447	603	640	641	681	680	721	718	762	753	799
34		476	467	505	681	722	724	768	767	814	811	860	850	902
36		534	524	566	763	810	812	861	860	913	909	965	953	1010

表 17.1-22　钢丝绳第 11 组 6V×19 类力学性能（直径：18～36mm）

第 11 组　6V×19 类

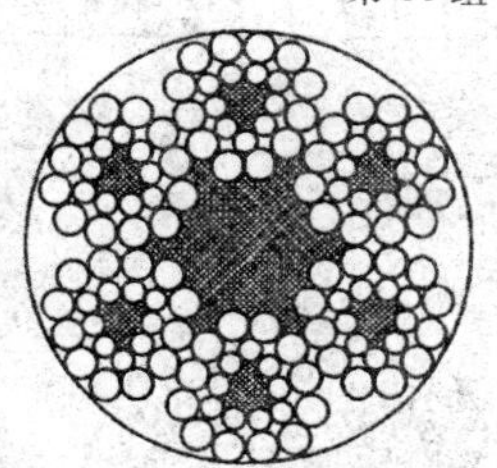

6V×21+7FC

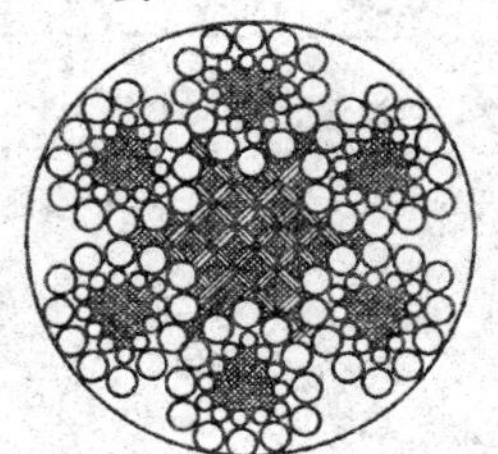

6V×24+7FC

直径:18～36mm

钢丝绳公称直径		钢丝绳参考质量/kg·(100m)$^{-1}$		钢丝绳公称抗拉强度/MPa				
				1570	1670	1770	1870	1960
D/mm	允许偏差(%)	天然纤维芯钢丝绳	合成纤维芯钢丝绳	钢丝绳最小破断拉力/kN				
18	+6 0	121	118	168	179	190	201	210
20		149	146	208	221	234	248	260
22		180	177	252	268	284	300	314
24		215	210	300	319	338	357	374
26		252	247	352	374	396	419	439
28		292	286	408	434	460	486	509
30		335	329	468	498	528	557	584
32		382	374	532	566	600	634	665
34		431	422	601	639	678	716	750
36		483	473	674	717	760	803	841

表 17.1-23　钢丝绳第 11 组 6V×19 类力学性能（直径：20～38mm）

第 11 组　6V×19 类

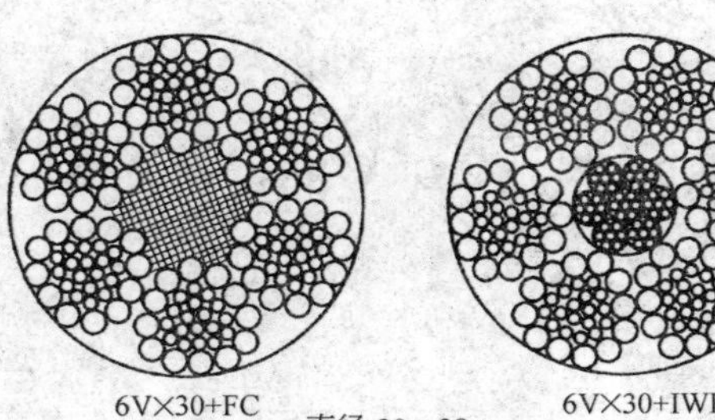

钢丝绳公称直径		钢丝绳参考质量/kg·(100m)$^{-1}$			钢丝绳公称抗拉强度/MPa									
					1570		1670		1770		1870		1960	
					钢丝绳最小破断拉力/kN									
D/mm	允许偏差(%)	天然纤维芯钢丝绳	合成纤维芯钢丝绳	钢芯钢丝绳	纤维芯钢丝绳	钢芯钢丝绳	纤维芯钢丝绳	钢芯钢丝绳	纤维芯钢丝绳	钢芯钢丝绳	纤维芯钢丝绳	钢芯钢丝绳	纤维芯钢丝绳	钢芯钢丝绳
20		162	159	172	203	216	216	230	229	243	242	257	254	270
22		196	192	208	246	261	262	278	278	295	293	311	307	326
24		233	229	247	293	311	312	331	330	351	349	370	365	388
26		274	268	290	344	365	366	388	388	411	410	435	429	456
28	+6	318	311	336	399	423	424	450	450	477	475	504	498	528
30	0	365	357	386	458	486	487	517	516	548	545	579	572	606
32		415	407	439	521	553	554	588	587	623	620	658	650	690
34		468	459	496	588	624	625	664	663	703	700	743	734	779
36		525	515	556	659	700	701	744	743	789	785	833	823	873
38		585	573	619	735	779	781	829	828	879	875	928	917	973

表 17.1-24　钢丝绳第 11 组 6V×19 类和第 12 组 6V×37 类力学性能

第 11 组　6V×19 类和第 12 组　6V×37 类

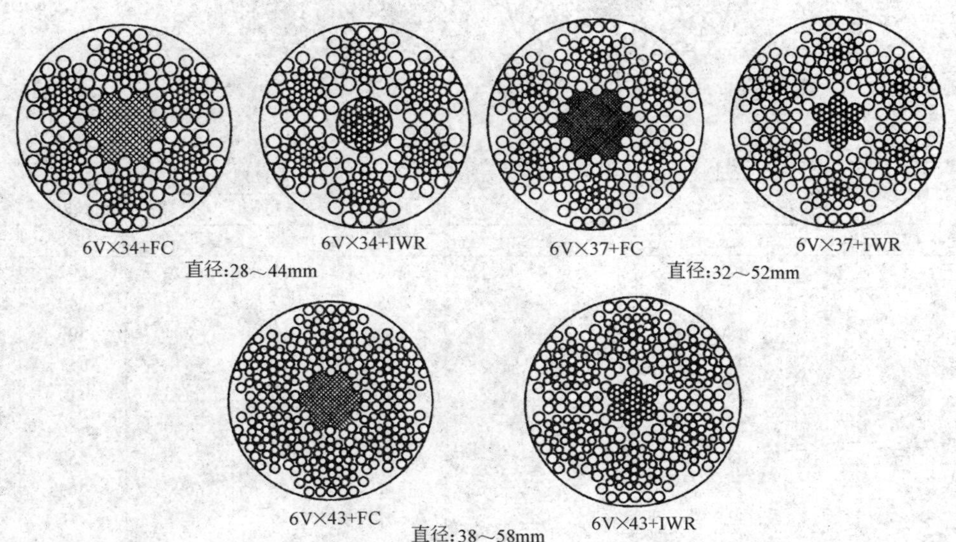

（续）

钢丝绳公称直径		钢丝绳参考质量/kg·(100m)$^{-1}$			钢丝绳公称抗拉强度/MPa									
					1570		1670		1770		1870		1960	
					钢丝绳最小破断拉力/kN									
D/mm	允许偏差(%)	天然纤维芯钢丝绳	合成纤维芯钢丝绳	钢芯钢丝绳	纤维芯钢丝绳	钢芯钢丝绳	纤维芯钢丝绳	钢芯钢丝绳	纤维芯钢丝绳	钢芯钢丝绳	纤维芯钢丝绳	钢芯钢丝绳	纤维芯钢丝绳	钢芯钢丝绳
28		318	311	336	443	470	471	500	500	530	528	560	553	587
30		364	357	386	509	540	541	574	573	609	606	643	635	674
32		415	407	439	579	614	616	653	652	692	689	731	723	767
34		468	459	496	653	693	695	737	737	782	778	826	816	866
36		525	515	556	732	777	779	827	826	876	872	926	914	970
38		585	573	619	816	866	868	921	920	976	972	1030	1020	1080
40		648	635	686	904	960	962	1020	1020	1080	1080	1140	1130	1200
42	+6	714	700	757	997	1060	1060	1130	1120	1190	1190	1260	1240	1320
44	0	784	769	831	1090	1160	1160	1240	1230	1310	1300	1380	1370	1450
46		857	840	908	1200	1270	1270	1350	1350	1430	1420	1510	1490	1580
48		933	915	988	1300	1380	1390	1470	1470	1560	1550	1650	1630	1730
50		1010	993	1070	1410	1500	1500	1590	1590	1690	1680	1790	1760	1870
52		1100	1070	1160	1530	1620	1630	1720	1720	1830	1820	1930	1910	2020
54		1180	1160	1250	1650	1750	1750	1860	1860	1970	1960	2080	2060	2180
56		1270	1240	1350	1770	1880	1890	2000	2000	2120	2110	2240	2210	2350
58		1360	1340	1440	1900	2020	2020	2150	2140	2270	2260	2400	2370	2520

表 17.1-25　钢丝绳第 12 组 6V×37 类力学性能

第 12 组　6V×37 类

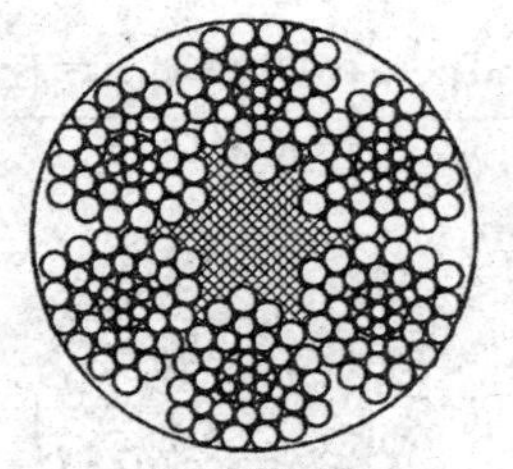

6V×37S+FC

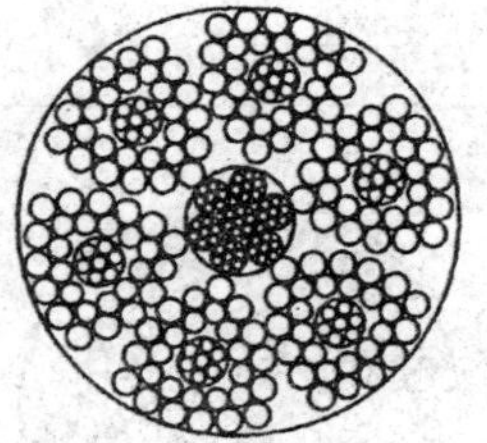

6V×37S+IWR

直径：32～52mm

钢丝绳公称直径		钢丝绳参考质量/kg·(100m)$^{-1}$			钢丝绳公称抗拉强度/MPa									
					1570		1670		1770		1870		1960	
					钢丝绳最小破断拉力/kN									
D/mm	允许偏差(%)	天然纤维芯钢丝绳	合成纤维芯钢丝绳	钢芯钢丝绳	纤维芯钢丝绳	钢芯钢丝绳	纤维芯钢丝绳	钢芯钢丝绳	纤维芯钢丝绳	钢芯钢丝绳	纤维芯钢丝绳	钢芯钢丝绳	纤维芯钢丝绳	钢芯钢丝绳
32		427	419	452	596	633	634	673	672	713	710	753	744	790
34		482	473	511	673	714	716	760	759	805	802	851	840	891
36		541	530	573	754	801	803	852	851	903	899	954	942	999
38		602	590	638	841	892	894	949	948	1010	1000	1060	1050	1110
40	+6	667	654	707	931	988	991	1050	1050	1110	1110	1180	1160	1230
42	0	736	721	779	1030	1090	1060	1160	1160	1230	1220	1300	1280	1360
44		808	792	855	1130	1200	1200	1270	1270	1350	1340	1420	1410	1490
46		883	865	935	1230	1310	1310	1390	1390	1470	1470	1560	1540	1630
48		961	942	1020	1340	1420	1430	1510	1510	1600	1600	1700	1670	1780
50		1040	1020	1100	1460	1540	1550	1640	1640	1740	1730	1840	1820	1930
52		1130	1110	1190	1570	1670	1670	1780	1770	1880	1870	1990	1970	2090

表 17.1-26　钢丝绳第 13 组 4V×39 类力学性能

第 13 组　4V×39 类

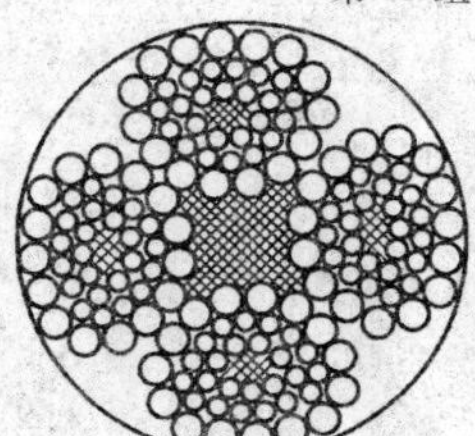

4V×39S+5FC
直径:16～36mm

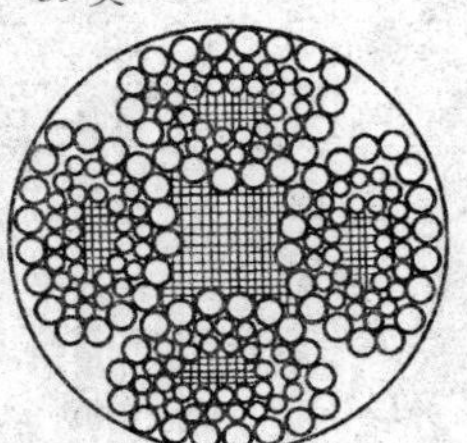

4V×48S+5FC
直径:20～40mm

钢丝绳公称直径		钢丝绳参考质量 /kg·(100m)$^{-1}$		钢丝绳公称抗拉强度/MPa				
				1570	1670	1770	1870	1960
D/mm	允许偏差(%)	天然纤维芯钢丝绳	合成纤维芯钢丝绳	钢丝绳最小破断拉力/kN				
16	+6 0	105	103	145	154	163	172	181
18		133	130	183	195	206	218	229
20		164	161	226	240	255	269	282
22		198	195	274	291	308	326	342
24		236	232	326	346	367	388	406
26		277	272	382	406	431	455	477
28		321	315	443	471	500	528	553
30		369	362	509	541	573	606	635
32		420	412	579	616	652	689	723
34		474	465	653	695	737	778	816
36		531	521	732	779	826	872	914
38		592	580	816	868	920	972	1020
40		656	643	904	962	1020	1080	1130

表 17.1-27　钢丝绳第 14 组 6Q×19+6V×21 类力学性能

第 14 组　6Q×19+6V×21 类

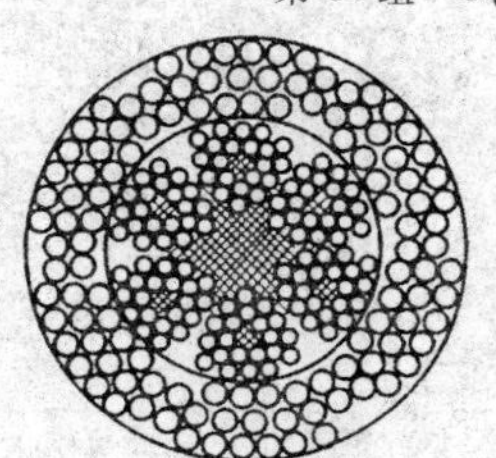

6Q×19+6V×21+7FC
直径:40～52mm

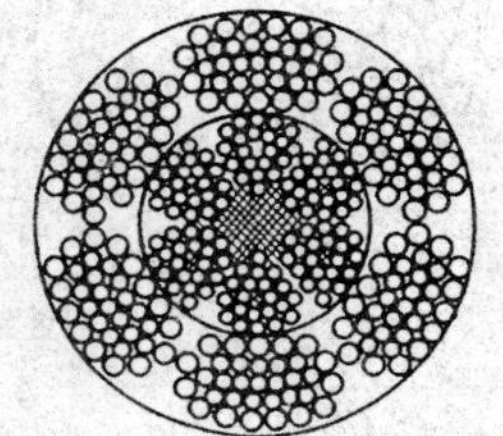

6Q×33+6V×21+7FC
直径:40～60mm

钢丝绳公称直径		钢丝绳参考质量 /kg·(100m)$^{-1}$		钢丝绳公称抗拉强度/MPa				
				1570	1670	1770	1870	1960
D/mm	允许偏差（%）	天然纤维芯钢丝绳	合成纤维芯钢丝绳	钢丝绳最小破断拉力/kN				
40	+6 0	656	643	904	962	1020	1080	1130
42		723	709	997	1060	1120	1190	1240
44		794	778	1090	1160	1230	1300	1370
46		868	851	1200	1270	1350	1420	1490
48		945	926	1300	1390	1470	1550	1630
50		1030	1010	1410	1500	1590	1680	1760
52		1110	1090	1530	1630	1720	1820	1910
54		1200	1170	1650	1750	1860	1960	2060
56		1290	1260	1770	1890	2000	2110	2210
58		1380	1350	1900	2020	2140	2260	2370
60		1480	1450	2030	2160	2290	2420	2540

2.5 一般用途钢丝绳（摘自 GB/T 20118—2006）

（1）适用范围

一般用途钢丝绳适用于机械、建筑、船舶、渔业、林业、矿业和货运索道等行业使用的各种圆股钢丝绳。

（2）力学性能（见表 17.1-28～表 17.1-46）

表 17.1-28　钢丝绳第 1 组 1×7 单股绳类力学性能

第 1 组　单股绳类

1×7

钢丝绳公称直径/mm	参考质量/kg·(100m)$^{-1}$	钢丝绳公称抗拉强度/MPa 1570	1670	1770	1870
		钢丝绳最小破断拉力/kN			
0.6	0.19	0.31	0.32	0.34	0.36
1.2	0.75	1.22	1.30	1.38	1.45
1.5	1.17	1.91	2.03	2.15	2.27
1.8	1.69	2.75	2.92	3.10	3.27
2.1	2.30	3.74	3.98	4.22	4.45
2.4	3.01	4.88	5.19	5.51	5.82
2.7	3.80	6.18	6.57	6.97	7.36
3	4.70	7.63	8.12	8.60	9.09
3.3	5.68	9.23	9.82	10.4	11.0
3.6	6.77	11.0	11.7	12.4	13.1
3.9	7.94	12.9	13.7	14.5	15.4
4.2	9.21	15.0	15.9	16.9	17.8
4.5	10.6	17.2	18.3	19.4	20.4
4.8	12.0	19.5	20.8	22.0	23.3
5.1	13.6	22.1	23.5	24.9	26.3
5.4	15.2	24.7	26.3	27.9	29.4
6	18.8	30.5	32.5	34.4	36.4
6.6	22.7	36.9	39.3	41.6	44.0
7.2	27.1	43.9	46.7	49.5	52.3
7.8	31.8	51.6	54.9	58.2	61.4
8.4	36.8	59.8	63.6	67.4	71.3
9	42.3	68.7	73.0	77.4	81.8
9.6	48.1	78.1	83.1	88.1	93.1
10.5	57.6	93.5	99.4	105	111
11.5	69.0	112	119	126	134
12	75.2	122	130	138	145

注：最小钢丝破断拉力总和=钢丝绳最小破断拉力×1.111。

表 17.1-29　钢丝绳第 1 组 1×19 单股绳类力学性能

第 1 组　单股绳类

1×19

钢丝绳公称直径/mm	参考质量/kg·(100m)$^{-1}$	钢丝绳公称抗拉强度/MPa 1570	1670	1770	1870
		钢丝绳最小破断拉力/kN			
1	0.51	0.83	0.89	0.94	0.99
1.5	1.14	1.87	1.99	2.11	2.23
2	2.03	3.33	3.54	3.75	3.96
2.5	3.17	5.20	5.53	5.86	6.19
3	4.56	7.49	7.97	8.44	8.92
3.5	6.21	10.2	10.8	11.5	12.1
4	8.11	13.3	14.2	15.0	15.9
4.5	10.3	16.9	17.9	19.0	20.1
5	12.7	20.8	22.1	23.5	24.8
5.5	15.3	25.2	26.8	28.4	30.0
6	18.3	30.0	31.9	33.8	35.7
6.5	21.4	35.2	37.4	39.6	41.9
7	24.8	40.8	43.4	46.0	48.6
7.5	28.5	46.8	49.8	52.8	55.7
8	32.4	56.6	56.6	60.0	63.4
8.5	36.6	60.1	63.9	67.8	71.6
9	41.1	67.4	71.7	76.0	80.3
10	50.7	83.2	88.6	93.8	99.1
11	61.3	101	107	114	120
12	73.0	120	127	135	143
13	85.7	141	150	159	167
14	99.4	163	173	184	194
15	114	187	199	211	223
16	130	213	227	240	254

注：最小钢丝破断拉力总和=钢丝绳最小破断拉力×1.111。

表 17.1-30 钢丝绳第 1 组 1×37 单股绳类力学性能

第 1 组 单股绳类

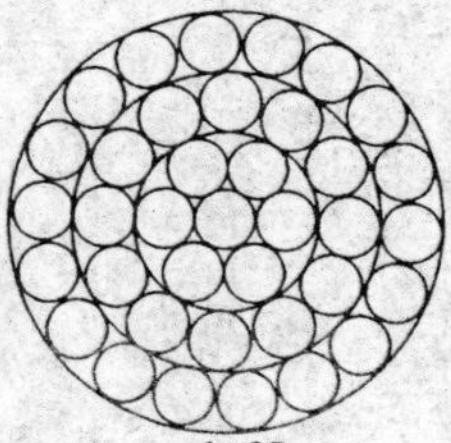

1×37

钢丝绳公称直径/mm	参考质量/kg·(100m)$^{-1}$	钢丝绳公称抗拉强度/MPa			
		1570	1670	1770	1870
		钢丝绳最小破断拉力/kN			
1.4	0.98	1.51	1.60	1.70	1.80
2.1	2.21	3.39	3.61	3.82	4.04
2.8	3.93	6.03	6.42	6.80	7.18
3.5	6.14	9.42	10.0	10.6	11.2
4.2	8.84	13.6	14.4	15.3	16.2
4.9	12.0	18.5	19.6	20.8	22.0
5.6	15.7	24.1	25.7	27.2	28.7
6.3	19.9	30.5	32.5	34.4	36.4
7	24.5	37.7	40.1	42.5	44.9
7.7	29.7	45.6	48.5	51.4	54.3
8.4	35.4	54.3	57.7	61.2	64.7
9.1	41.5	63.7	67.8	71.8	75.9
9.8	48.1	73.9	78.6	83.3	88.0
10.5	55.2	84.8	90.2	95.6	101
11	60.6	93.1	99.0	105	111
12	72.1	111	118	125	132
12.5	78.3	120	128	136	143
14	98.2	151	160	170	180
15.5	120	185	197	208	220
17	145	222	236	251	265
18	162	249	265	281	297
19.5	191	292	311	330	348
21	221	339	361	382	404
22.5	254	389	414	439	464

注：最小钢丝破断拉力总和=钢丝绳最小破断拉力×1.176。

表 17.1-31 钢丝绳第 2 组 6×7 类力学性能

第 2 组 6×7 类

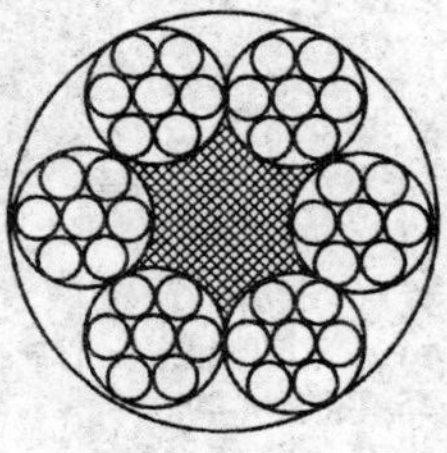

6×7+FC

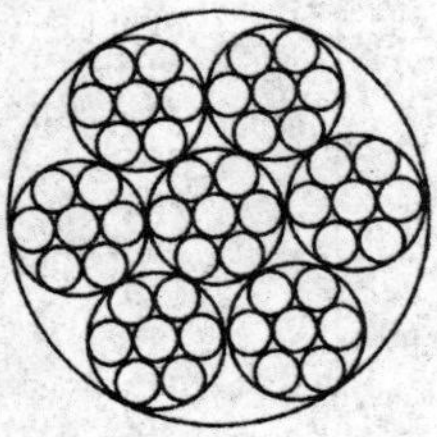

6×7+IWS

直径:1.8～36mm

6×7+IWR

6×9W+FC

直径:14～36mm

6×9W+IWR

（续）

钢丝绳公称直径/mm	参考质量/kg·(100m)$^{-1}$			钢丝绳公称抗拉强度/MPa							
				1570		1670		1770		1870	
				钢丝绳最小破断拉力/kN							
	天然纤维芯钢丝绳	合成纤维芯钢丝绳	钢芯钢丝绳	纤维芯钢丝绳	钢芯钢丝绳	纤维芯钢丝绳	钢芯钢丝绳	纤维芯钢丝绳	钢芯钢丝绳	纤维芯钢丝绳	钢芯钢丝绳
1.8	1.14	1.11	1.25	1.69	1.83	1.80	1.94	1.90	2.06	2.01	2.18
2	1.40	1.38	1.55	2.08	2.25	2.22	2.40	2.35	2.54	2.48	2.69
3	3.16	3.10	3.48	4.69	5.07	4.99	5.40	5.29	5.72	5.59	6.04
4	5.62	5.50	6.19	8.34	9.02	8.87	9.59	9.40	10.2	9.93	10.7
5	8.78	8.60	9.68	13.0	14.1	13.9	15.0	14.7	15.9	15.5	16.8
6	12.6	12.4	13.9	18.8	20.3	20.0	21.6	21.2	22.9	22.4	24.2
7	17.2	16.9	19.0	25.5	27.6	27.2	29.4	28.8	31.1	30.4	32.9
8	22.5	22.0	24.8	33.4	36.1	35.5	38.4	37.6	40.7	39.7	43.0
9	28.4	27.9	31.3	42.2	45.7	44.9	48.6	47.6	51.5	50.3	54.4
10	35.1	34.4	38.7	52.1	56.4	55.4	60.0	58.8	63.5	62.1	67.1
11	42.5	41.6	46.8	63.1	68.2	67.1	72.5	71.1	76.9	75.1	81.2
12	50.5	49.5	55.7	75.1	81.2	79.8	86.3	84.6	91.5	89.4	96.7
13	59.3	58.1	65.4	88.1	95.3	93.7	101	99.3	107	105	113
14	68.8	67.4	75.9	102	110	109	118	115	125	122	132
16	89.9	88.1	99.1	133	144	142	153	150	163	159	172
18	114	111	125	169	183	180	194	190	206	201	218
20	140	138	155	208	225	222	240	235	254	248	269
22	170	166	187	252	273	268	290	284	308	300	325
24	202	198	223	300	325	319	345	338	366	358	387
26	237	233	262	352	381	375	405	397	430	420	454
28	275	270	303	409	442	435	470	461	498	487	526
30	316	310	348	469	507	499	540	529	572	559	604
32	359	352	396	534	577	568	614	602	651	636	687
34	406	398	447	603	652	641	693	679	735	718	776
36	455	446	502	676	730	719	777	762	824	805	870

注：最小钢丝破断拉力总和＝钢丝绳最小破断拉力×1.134（纤维芯）或 1.214（钢芯）。

表 17.1-32　钢丝绳第 3 组 6×19（a）类力学性能

第 3 组　6×19(a)类

6×19S+FC

6×19S+IWR

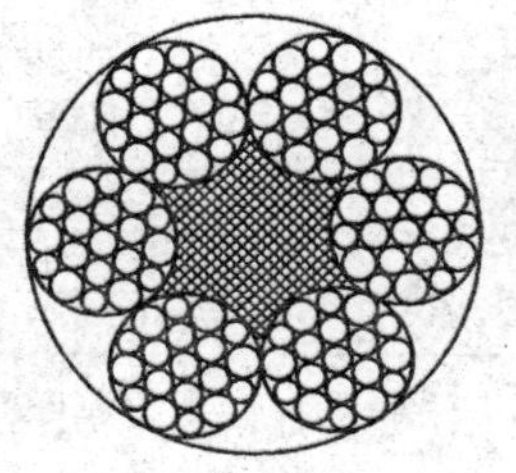

6×19W+FC

6×19W+IWR

直径:6～36mm　　直径:6～40mm

（续）

钢丝绳公称直径/mm	参考质量/kg·(100m)$^{-1}$			钢丝绳公称抗拉强度/MPa											
				1570		1670		1770		1870		1960		2160	
				钢丝绳最小破断拉力/kN											
	天然纤维芯钢丝绳	合成纤维芯钢丝绳	钢芯钢丝绳	纤维芯钢丝绳	钢芯钢丝绳	纤维芯钢丝绳	钢芯钢丝绳	纤维芯钢丝绳	钢芯钢丝绳	纤维芯钢丝绳	钢芯钢丝绳	纤维芯钢丝绳	钢芯钢丝绳	纤维芯钢丝绳	钢芯钢丝绳
6	13.3	13.0	14.6	18.7	20.1	19.8	21.4	21.0	22.7	22.2	24.0	23.3	25.1	25.7	27.7
7	18.1	17.6	19.9	25.4	27.4	27.0	29.1	28.6	30.9	30.2	32.6	31.7	34.2	34.9	37.7
8	23.6	23.0	25.9	33.2	35.8	35.3	38.0	37.4	40.3	39.5	42.6	41.4	44.6	45.6	49.2
9	29.9	29.1	32.8	42.0	45.3	44.6	48.2	47.3	51.0	50.0	53.9	52.4	56.5	57.7	62.3
10	36.9	36.0	40.6	51.8	55.9	55.1	59.5	58.4	63.0	61.7	66.6	64.7	69.8	71.3	76.9
11	44.6	43.5	49.1	62.7	67.6	66.7	71.9	70.7	76.2	74.7	80.6	78.3	84.4	86.2	93.0
12	53.1	51.8	58.4	74.6	80.5	79.4	85.6	84.1	90.7	88.9	95.9	93.1	100	103	111
13	62.3	60.8	68.5	87.6	94.5	93.1	100	98.7	106	104	113	109	118	120	130
14	72.2	70.5	79.5	102	110	108	117	114	124	121	130	127	137	140	151
16	94.4	92.1	104	133	143	141	152	150	161	158	170	166	179	182	197
18	119	117	131	168	181	179	193	189	204	200	216	210	226	231	249
20	147	144	162	207	224	220	238	234	252	247	266	259	279	285	308
22	178	174	196	251	271	267	288	283	305	299	322	313	338	345	372
24	212	207	234	298	322	317	342	336	363	355	383	373	402	411	443
26	249	243	274	350	378	373	402	395	426	417	450	437	472	482	520
28	289	282	318	406	438	432	466	458	494	484	522	507	547	559	603
30	332	324	365	466	503	496	535	526	567	555	599	582	628	642	692
32	377	369	415	531	572	564	609	598	645	632	682	662	715	730	787
34	426	416	469	599	646	637	687	675	728	713	770	748	807	824	889
36	478	466	525	671	724	714	770	757	817	800	863	838	904	924	997
38	532	520	585	748	807	796	858	843	910	891	961	934	1010	1030	1110
40	590	576	649	829	894	882	951	935	1010	987	1070	1030	1120	1140	1230

注：最小钢丝破断拉力总和=钢丝绳最小破断拉力×1.214（纤维芯）或 1.308（钢芯）。

表 17.1-33　钢丝绳第 3 组 6×19（b）类力学性能

第 3 组　6×19(b)类

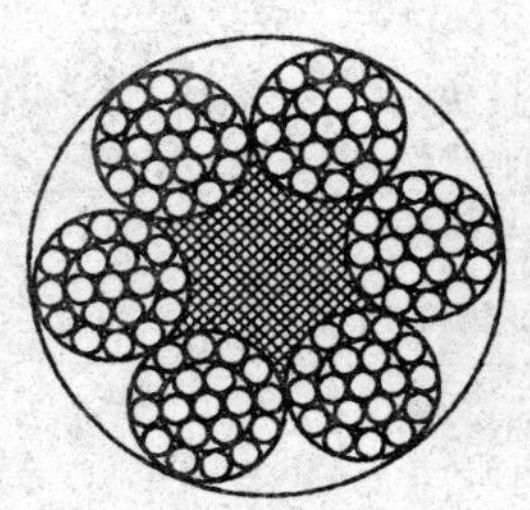

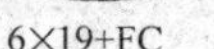

6×19+FC

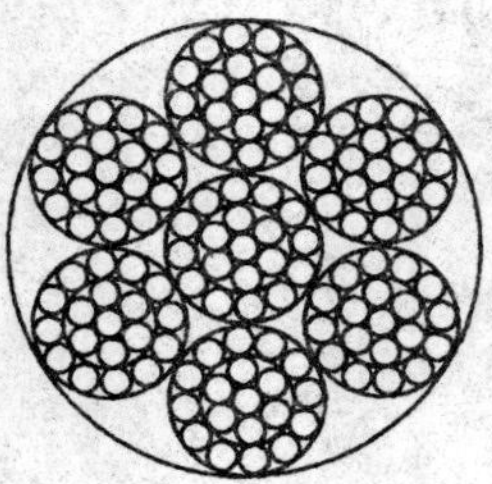

6×19+IWS

6×19+IWR

直径:3～46mm

钢丝绳公称直径/mm	参考质量/kg·(100m)$^{-1}$			钢丝绳公称抗拉强度/MPa							
				1570		1670		1770		1870	
				钢丝绳最小破断拉力/kN							
	天然纤维芯钢丝绳	合成纤维芯钢丝绳	钢芯钢丝绳	纤维芯钢丝绳	钢芯钢丝绳	纤维芯钢丝绳	钢芯钢丝绳	纤维芯钢丝绳	钢芯钢丝绳	纤维芯钢丝绳	钢芯钢丝绳
3	3.16	3.10	3.60	4.34	4.69	4.61	4.99	4.89	5.29	5.17	5.59
4	5.62	5.50	6.40	7.71	8.34	8.20	8.87	8.69	9.40	9.19	9.93
5	8.78	8.60	10.0	12.0	13.0	12.8	13.9	13.6	14.7	14.4	15.5

（续）

钢丝绳公称直径/mm	参考质量/kg·(100m)$^{-1}$			钢丝绳公称抗拉强度/MPa							
				1570		1670		1770		1870	
				钢丝绳最小破断拉力/kN							
	天然纤维芯钢丝绳	合成纤维芯钢丝绳	钢芯钢丝绳	纤维芯钢丝绳	钢芯钢丝绳	纤维芯钢丝绳	钢芯钢丝绳	纤维芯钢丝绳	钢芯钢丝绳	纤维芯钢丝绳	钢芯钢丝绳
6	12.6	12.4	14.4	17.4	18.8	18.5	20.0	19.6	21.2	20.7	22.4
7	17.2	16.9	19.6	23.6	25.5	25.1	27.2	26.6	28.8	28.1	30.4
8	22.5	22.0	25.6	30.8	33.4	32.8	35.5	34.8	37.6	36.7	39.7
9	28.4	27.9	32.4	39.0	42.2	41.6	44.9	44.0	47.6	46.5	50.3
10	35.1	34.4	40.0	48.2	52.1	51.3	55.4	54.4	58.8	57.4	62.1
11	42.5	41.6	48.4	58.3	63.1	62.0	67.1	65.8	71.1	69.5	75.1
12	50.5	50.0	57.6	69.4	75.1	73.8	79.8	78.2	84.6	82.7	89.4
13	59.3	58.1	67.6	81.5	88.1	86.6	93.7	91.8	99.3	97.0	105
14	68.8	67.4	78.4	94.5	102	100	109	107	115	113	122
16	89.9	88.1	102	123	133	131	142	139	150	147	159
18	114	111	130	156	169	166	180	176	190	186	201
20	140	138	160	193	208	205	222	217	235	230	248
22	170	166	194	233	252	248	268	263	284	278	300
24	202	198	230	278	300	295	319	313	338	331	358
26	237	233	270	326	352	346	375	367	397	388	420
28	275	270	314	378	409	402	435	426	461	450	487
30	316	310	360	434	469	461	499	489	529	517	559
32	359	352	410	494	534	525	568	557	602	588	636
34	406	398	462	557	603	593	641	628	679	664	718
36	455	446	518	625	676	664	719	704	762	744	805
38	507	497	578	696	753	740	801	785	849	829	896
40	562	550	640	771	834	820	887	869	940	919	993
42	619	607	706	850	919	904	978	959	1040	1010	1100
44	680	666	774	933	1010	993	1070	1050	1140	1110	1200
46	743	728	846	1020	1100	1080	1170	1150	1240	1210	1310

注：最小钢丝破断拉力总和=钢丝绳最小破断拉力×1.226（纤维芯）或 1.321（钢芯）。

表 17.1-34　钢丝绳第 3 组 6×19（a）类和第 4 组 6×37（a）类力学性能

第 3 组 6×19（a）类

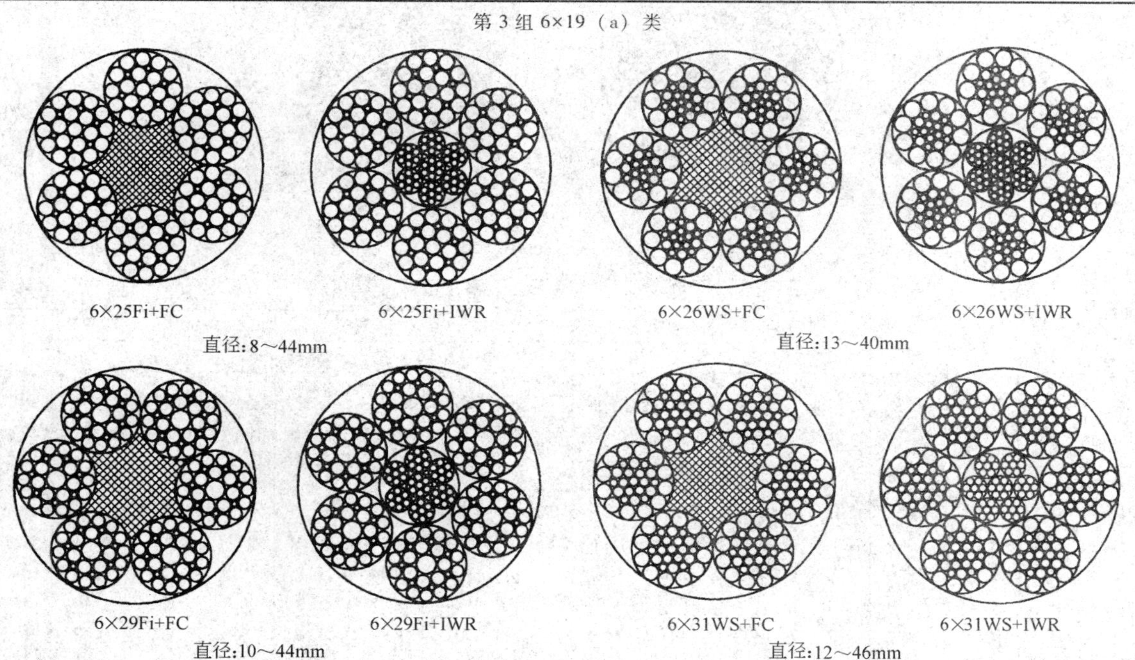

6×25Fi+FC　6×25Fi+IWR

直径:8～44mm

6×26WS+FC　6×26WS+IWR

直径:13～40mm

6×29Fi+FC　6×29Fi+IWR

直径:10～44mm

6×31WS+FC　6×31WS+IWR

直径:12～46mm

（续）

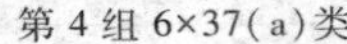

第 4 组 6×37(a)类

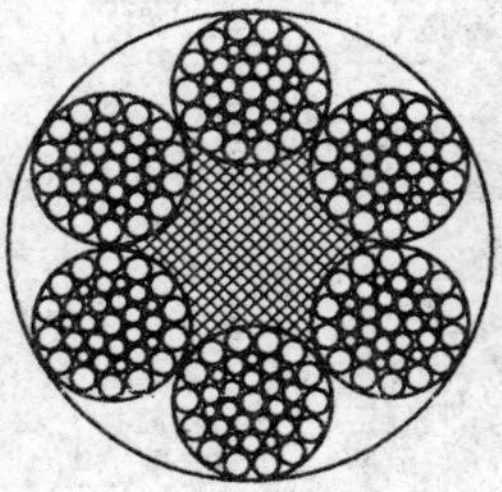

6×36WS+FC 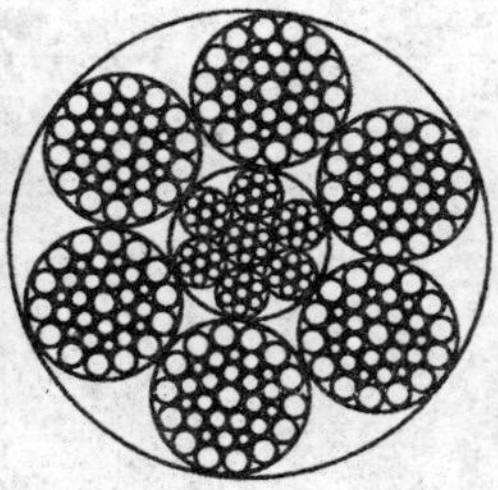　　6×36WS+IWR

直径：12～60mm

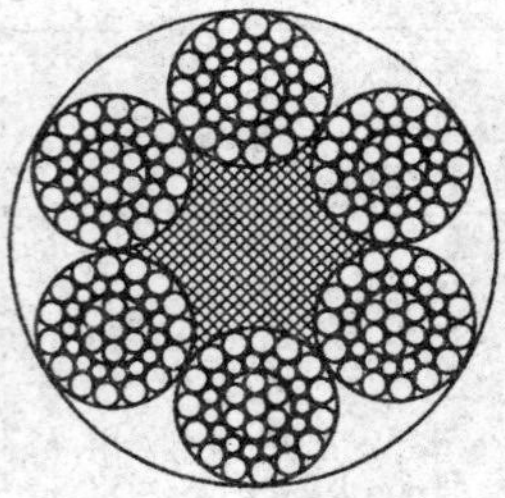

6×37S+FC 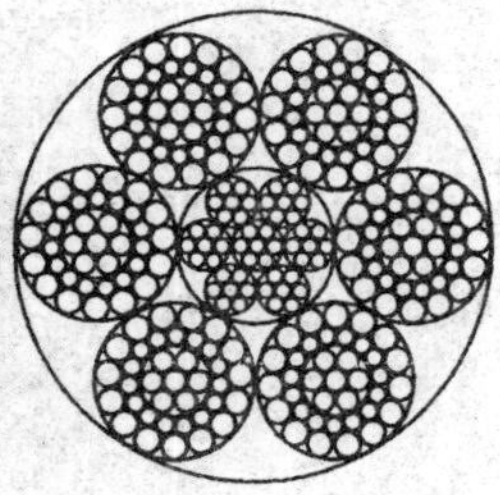　　6×37S+IWR

直径：10～60mm

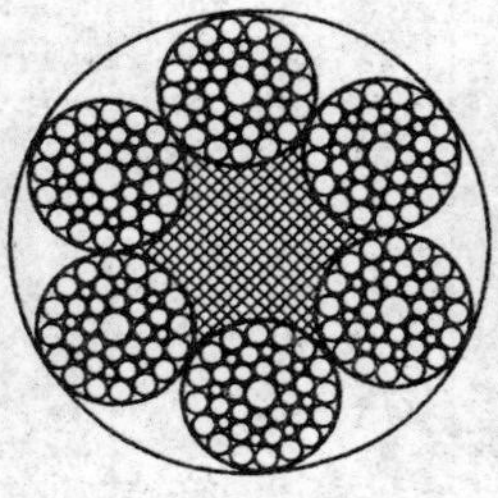

6×41WS+FC 　　6×41WS+IWR

直径:32～60mm

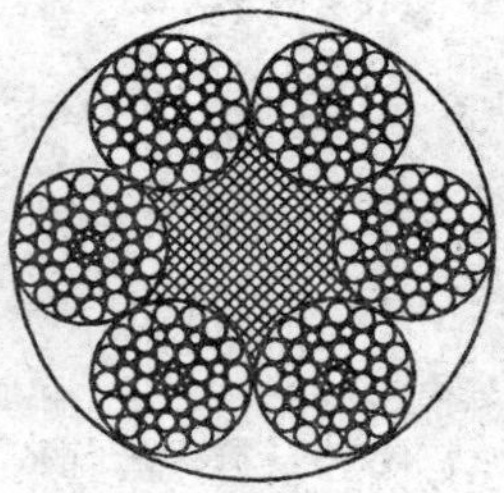

6×49SWS+FC 　　6×49SWS+IWR

直径:36～60mm

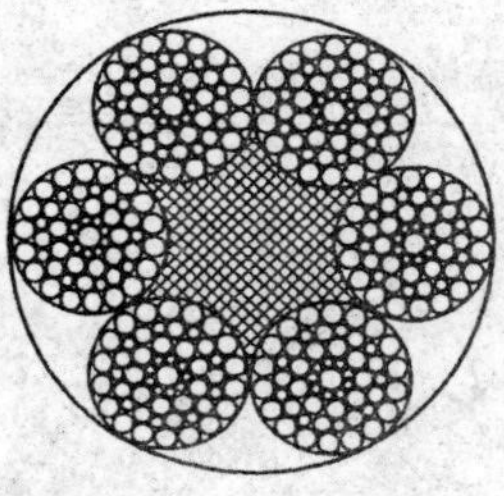

6×55SWS+FC 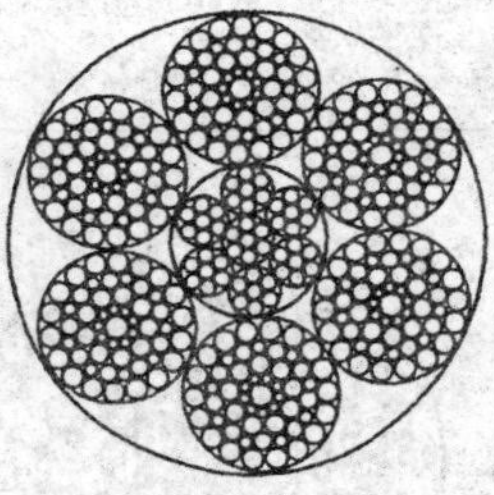　　6×55SWS+IWR

直径:36～60mm

钢丝绳公称直径/mm	参考质量/kg·(100m)$^{-1}$			钢丝绳公称抗拉强度/MPa											
				1570		1670		1770		1870		1960		2160	
				钢丝绳最小破断拉力/kN											
	天然纤维芯钢丝绳	合成纤维芯钢丝绳	钢芯钢丝绳	纤维芯钢丝绳	钢芯钢丝绳	纤维芯钢丝绳	钢芯钢丝绳	纤维芯钢丝绳	钢芯钢丝绳	纤维芯钢丝绳	钢芯钢丝绳	纤维芯钢丝绳	钢芯钢丝绳	纤维芯钢丝绳	钢芯钢丝绳
8	24.3	23.7	26.8	33.2	35.8	35.3	38.0	37.4	40.3	39.5	42.6	41.4	44.7	45.6	49.2
10	38.0	37.1	41.8	51.8	55.9	55.1	59.5	58.4	63.0	61.7	66.6	64.7	69.8	71.3	76.9
12	54.7	53.4	60.2	74.6	80.5	79.4	85.6	84.1	90.7	88.9	95.9	93.1	100	103	111
13	64.2	62.7	70.6	87.6	94.5	93.1	100	98.7	106	104	113	109	118	120	130
14	74.5	72.7	81.9	102	110	108	117	114	124	121	130	127	137	140	151
16	97.3	95.0	107	133	143	141	152	150	161	158	170	166	179	182	197
18	123	120	135	168	181	179	193	189	204	200	216	210	226	231	249

（续）

钢丝绳公称直径/mm	参考质量/kg·(100m)$^{-1}$			钢丝绳公称抗拉强度/MPa											
				1570		1670		1770		1870		1960		2160	
				钢丝绳最小破断拉力/kN											
	天然纤维芯钢丝绳	合成纤维芯钢丝绳	钢芯钢丝绳	纤维芯钢丝绳	钢芯钢丝绳	纤维芯钢丝绳	钢芯钢丝绳	纤维芯钢丝绳	钢芯钢丝绳	纤维芯钢丝绳	钢芯钢丝绳	纤维芯钢丝绳	钢芯钢丝绳	纤维芯钢丝绳	钢芯钢丝绳
20	152	148	167	207	224	220	238	234	252	247	266	259	279	285	308
22	184	180	202	251	271	267	288	283	305	299	322	313	338	345	372
24	219	214	241	298	322	317	342	336	363	355	383	373	402	411	443
26	257	251	283	350	378	373	402	395	426	417	450	437	472	482	520
28	298	291	328	406	438	432	466	458	494	484	522	507	547	559	603
30	342	334	376	466	503	496	535	526	567	555	599	582	628	642	692
32	389	380	428	531	572	564	609	598	645	632	682	662	715	730	787
34	439	429	483	599	646	637	687	675	728	713	770	748	807	824	889
36	492	481	542	671	724	714	770	757	817	800	863	838	904	924	997
38	549	536	604	748	807	796	858	843	910	891	961	934	1010	1030	1110
40	608	594	669	829	894	882	951	935	1010	987	1070	1030	1120	1140	1230
42	670	654	737	914	986	972	1050	1030	1110	1090	1170	1140	1230	1260	1360
44	736	718	809	1000	1080	1070	1150	1130	1220	1190	1290	1250	1350	1380	1490
46	804	785	884	1100	1180	1170	1260	1240	1330	1310	1410	1370	1480	1510	1630
48	876	855	963	1190	1290	1270	1370	1350	1450	1420	1530	1490	1610	1640	1770
50	950	928	1040	1300	1400	1380	1490	1460	1580	1540	1660	1620	1740	1780	1920
52	1030	1000	1130	1400	1510	1490	1610	1580	1700	1670	1800	1750	1890	1930	2080
54	1110	1080	1220	1510	1630	1610	1730	1700	1840	1800	1940	1890	2030	2080	2240
56	1190	1160	1310	1620	1750	1730	1860	1830	1980	1940	2090	2030	2190	2240	2410
58	1280	1250	1410	1740	1880	1850	2000	1960	2120	2080	2240	2180	2350	2400	2590
60	1370	1340	1500	1870	2010	1980	2140	2100	2270	2220	2400	2330	2510	2570	2770

注：最小钢丝破断拉力总和=钢丝绳最小破断拉力×1.226（纤维芯）或 1.321（钢芯），其中 6×37S 纤维芯的系数为 1.191，钢芯的系数为 1.283。

表 17.1-35　钢丝绳第 4 组 6×37（b）类力学性能

第4组　6×37(b)类

6×37+FC

6×37+IWR

直径:5～60mm

钢丝绳公称直径/mm	参考质量/kg·(100m)$^{-1}$			钢丝绳公称抗拉强度/MPa							
				1570		1670		1770		1870	
				钢丝绳最小破断拉力/kN							
	天然纤维芯钢丝绳	合成纤维芯钢丝绳	钢芯钢丝绳	纤维芯钢丝绳	钢芯钢丝绳	纤维芯钢丝绳	钢芯钢丝绳	纤维芯钢丝绳	钢芯钢丝绳	纤维芯钢丝绳	钢芯钢丝绳
5	8.65	8.43	10.0	11.6	12.5	12.3	13.3	13.1	14.1	13.8	14.9
6	12.5	12.1	14.4	16.7	18.0	17.7	19.2	18.8	20.3	19.9	21.5
7	17.0	16.5	19.6	22.7	24.5	24.1	26.1	25.6	27.7	27.0	29.2
8	22.1	21.6	25.6	29.6	32.1	31.5	34.1	33.4	36.1	35.3	38.2
9	28.0	27.3	32.4	37.5	40.6	39.9	43.2	42.3	45.7	44.7	48.3
10	34.6	33.7	40.0	46.3	50.1	49.3	53.3	52.2	56.5	55.2	59.7
11	41.9	40.8	48.4	56.0	60.6	59.6	64.5	63.2	68.3	66.7	72.2
12	49.8	48.5	57.6	66.7	72.1	70.9	76.7	75.2	81.3	79.4	85.9
13	58.5	57.0	67.6	78.3	84.6	83.3	90.0	88.2	95.4	93.2	101
14	67.8	66.1	78.4	90.8	98.2	96.6	104	102	111	108	117
16	88.6	86.3	102	119	128	126	136	134	145	141	153
18	112	109	130	150	162	160	173	169	183	179	193
20	138	135	160	185	200	197	213	209	226	221	239

（续）

第4组 6×37(b)类

6×37+FC

6×37+IWR

直径:5~60mm

钢丝绳公称直径/mm	参考质量/kg·(100m)$^{-1}$			钢丝绳公称抗拉强度/MPa							
				1570		1670		1770		1870	
				钢丝绳最小破断拉力/kN							
	天然纤维芯钢丝绳	合成纤维芯钢丝绳	钢芯钢丝绳	纤维芯钢丝绳	钢芯钢丝绳	纤维芯钢丝绳	钢芯钢丝绳	纤维芯钢丝绳	钢芯钢丝绳	纤维芯钢丝绳	钢芯钢丝绳
22	167	163	194	224	242	238	258	253	273	267	289
24	199	194	230	267	288	284	307	301	325	318	344
26	234	228	270	313	339	333	360	353	382	373	403
28	271	264	314	363	393	386	418	409	443	432	468
30	311	303	360	417	451	443	479	470	508	496	537
32	354	345	410	474	513	504	546	535	578	565	611
34	400	390	462	535	579	570	616	604	653	638	690
36	448	437	518	600	649	638	690	677	732	715	773
38	500	487	578	669	723	711	769	754	815	797	861
40	554	539	640	741	801	788	852	835	903	883	954
42	610	594	706	817	883	869	940	921	996	973	1050
44	670	652	774	897	970	954	1030	1010	1090	1070	1150
46	732	713	846	980	1060	1040	1130	1100	1190	1170	1260
48	797	776	922	1070	1150	1140	1230	1200	1300	1270	1370
50	865	843	1000	1160	1250	1230	1330	1300	1410	1380	1490
52	936	911	1080	1250	1350	1330	1440	1410	1530	1490	1610
54	1010	983	1170	1350	1460	1440	1550	1520	1650	1610	1740
56	1090	1060	1250	1450	1570	1540	1670	1640	1770	1730	1870
58	1160	1130	1350	1560	1680	1660	1790	1760	1900	1860	2010
60	1250	1210	1440	1670	1800	1770	1920	1880	2030	1990	2150

注：最小钢丝破断拉力总和=钢丝绳最小破断拉力×1.249（纤维芯）或 1.336（钢芯）。

表 17.1-36 钢丝绳第 5 组 6×61 类力学性能

第5组 6×61类

6×61+FC

6×61+IWR

直径:40~60mm

钢丝绳公称直径/mm	参考质量/kg·(100m)$^{-1}$			钢丝绳公称抗拉强度/MPa							
				1570		1670		1770		1870	
				钢丝绳最小破断拉力/kN							
	天然纤维芯钢丝绳	合成纤维芯钢丝绳	钢芯钢丝绳	纤维芯钢丝绳	钢芯钢丝绳	纤维芯钢丝绳	钢芯钢丝绳	纤维芯钢丝绳	钢芯钢丝绳	纤维芯钢丝绳	钢芯钢丝绳
40	578	566	637	711	769	756	818	801	867	847	916
42	637	624	702	784	847	834	901	884	955	934	1010
44	699	685	771	860	930	915	989	970	1050	1020	1110
46	764	749	842	940	1020	1000	1080	1060	1150	1120	1210
48	832	816	917	1020	1110	1090	1180	1150	1250	1220	1320
50	903	885	995	1110	1200	1180	1280	1250	1350	1320	1430
52	976	957	1080	1200	1300	1280	1380	1350	1460	1430	1550
54	1050	1030	1160	1300	1400	1380	1490	1460	1580	1540	1670
56	1130	1110	1250	1390	1510	1480	1600	1570	1700	1660	1790
58	1210	1190	1340	1490	1620	1590	1720	1690	1820	1780	1920
60	1300	1270	1430	1600	1730	1700	1840	1800	1950	1910	2060

注：最小钢丝破断拉力总和=钢丝绳最小破断拉力×1.301（纤维芯）或 1.392（钢芯）。

表 17.1-37　钢丝绳第 6 组 8×19 类力学性能

第 6 组　8×19 类

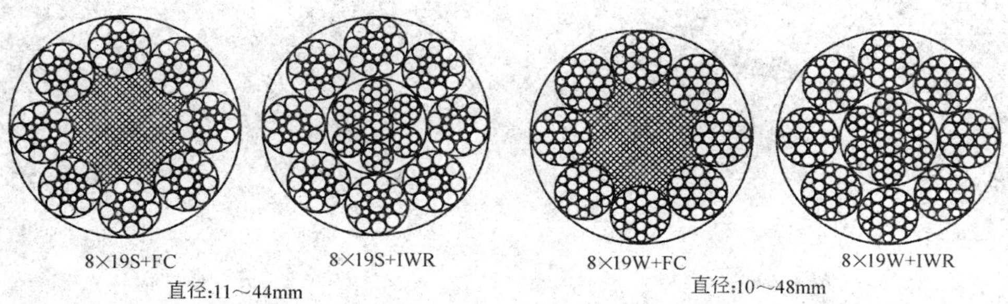

钢丝绳公称直径/mm	参考质量/kg·(100m)$^{-1}$			钢丝绳公称抗拉强度/MPa											
				1570		1670		1770		1870		1960		2160	
				钢丝绳最小破断拉力/kN											
	天然纤维芯钢丝绳	合成纤维芯钢丝绳	钢芯钢丝绳	纤维芯钢丝绳	钢芯钢丝绳	纤维芯钢丝绳	钢芯钢丝绳	纤维芯钢丝绳	钢芯钢丝绳	纤维芯钢丝绳	钢芯钢丝绳	纤维芯钢丝绳	钢芯钢丝绳	纤维芯钢丝绳	钢芯钢丝绳
10	34.6	33.4	42.2	46.0	54.3	48.9	57.8	51.9	61.2	54.8	64.7	57.4	67.8	63.3	74.7
11	41.9	40.4	51.1	55.7	65.7	59.2	69.9	62.8	74.1	66.3	78.3	69.5	82.1	76.6	90.4
12	49.9	48.0	60.8	66.2	78.2	70.5	83.2	74.7	88.2	78.9	93.2	82.7	97.7	91.1	108
13	58.5	56.4	71.3	77.7	91.8	82.7	97.7	87.6	103	92.6	109	97.1	115	107	126
14	67.9	65.4	82.7	90.2	106	95.9	113	102	120	107	127	113	133	124	146
16	88.7	85.4	108	118	139	125	148	133	157	140	166	147	174	162	191
18	112	108	137	149	176	159	187	168	198	178	210	186	220	205	242
20	139	133	169	184	217	196	231	207	245	219	259	230	271	253	299
22	168	162	204	223	263	237	280	251	296	265	313	278	328	306	362
24	199	192	243	265	313	282	333	299	353	316	373	331	391	365	430
26	234	226	285	311	367	331	391	351	414	370	437	388	458	428	505
28	271	262	331	361	426	384	453	407	480	430	507	450	532	496	586
30	312	300	380	414	489	440	520	467	551	493	582	517	610	570	673
32	355	342	432	471	556	501	592	531	627	561	663	588	694	648	765
34	400	386	488	532	628	566	668	600	708	633	748	664	784	732	864
36	449	432	547	596	704	634	749	672	794	710	839	744	879	820	969
38	500	482	609	664	784	707	834	749	884	791	934	829	979	914	1080
40	554	534	675	736	869	783	925	830	980	877	1040	919	1090	1010	1200
42	611	589	744	811	958	863	1020	915	1080	967	1140	1010	1200	1120	1320
44	670	646	817	891	1050	947	1120	1000	1190	1060	1250	1110	1310	1230	1450
46	733	706	893	973	1150	1040	1220	1100	1300	1160	1370	1220	1430	1340	1580
48	798	769	972	1060	1250	1130	1330	1190	1410	1260	1490	1320	1560	1460	1720

注：最小钢丝破断拉力总和=钢丝绳最小破断拉力×1.214（纤维芯）或 1.360（钢芯）。

表 17.1-38 钢丝绳第 6 组 8×19 类和第 7 组 8×37 类力学性能

第 6 组 8×19 类和第 7 组 8×37 类

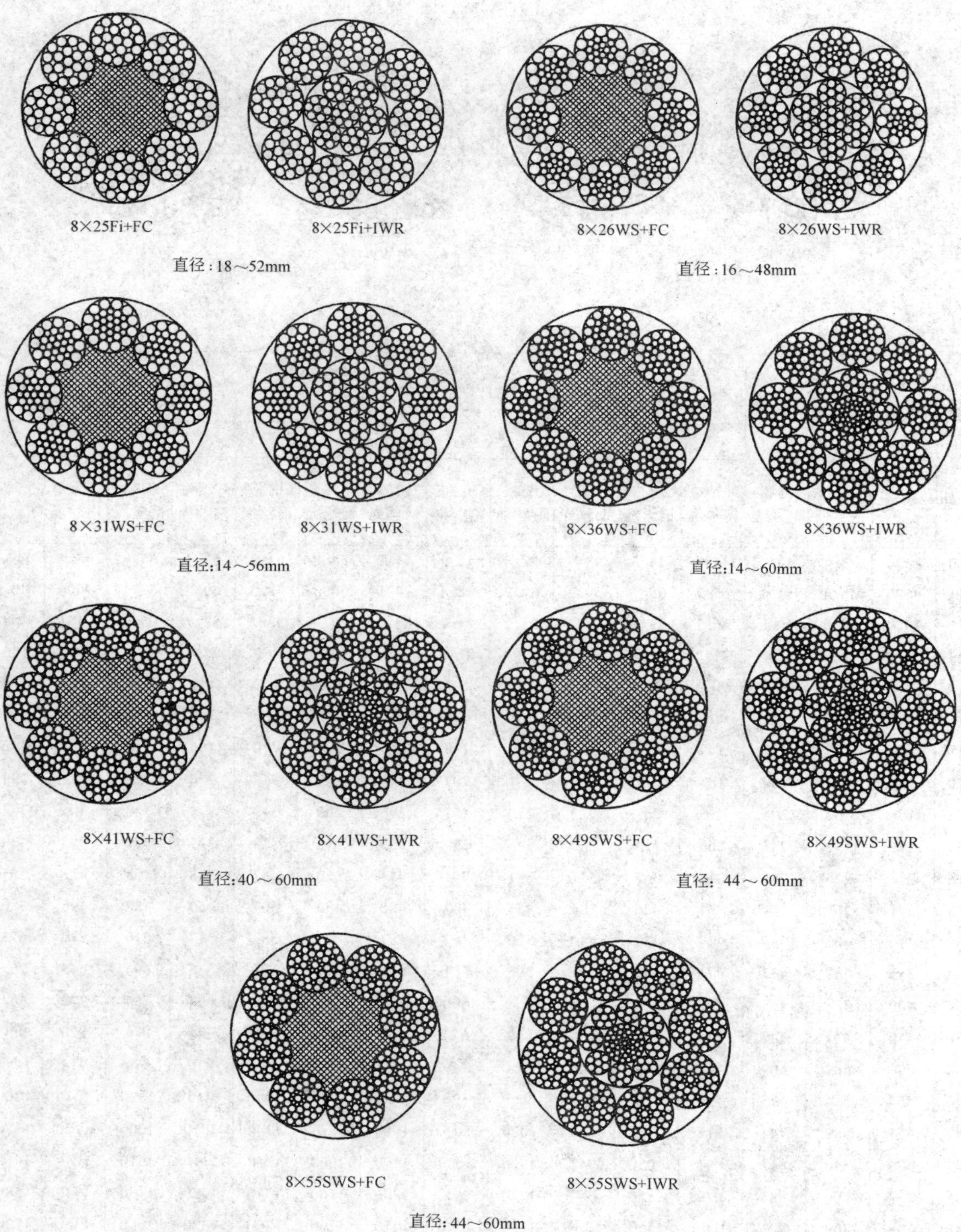

（续）

钢丝绳公称直径/mm	参考质量/kg·(100m)$^{-1}$			钢丝绳公称抗拉强度/MPa											
				1570		1670		1770		1870		1960		2160	
				钢丝绳最小破断拉力/kN											
	天然纤维芯钢丝绳	合成纤维芯钢丝绳	钢芯钢丝绳	纤维芯钢丝绳	钢芯钢丝绳	纤维芯钢丝绳	钢芯钢丝绳	纤维芯钢丝绳	钢芯钢丝绳	纤维芯钢丝绳	钢芯钢丝绳	纤维芯钢丝绳	钢芯钢丝绳	纤维芯钢丝绳	钢芯钢丝绳
14	70.0	67.4	85.3	90.2	106	95.9	113	102	120	107	127	113	133	124	146
16	91.4	88.1	111	118	139	125	148	133	157	140	166	147	174	162	191
18	116	111	141	149	176	159	187	168	198	178	210	186	220	205	242
20	143	138	174	184	217	196	231	207	245	219	259	230	271	253	299
22	173	166	211	223	263	237	280	251	296	265	313	278	328	306	362
24	206	198	251	265	313	282	333	299	353	316	373	331	391	365	430
26	241	233	294	311	367	331	391	351	414	370	437	388	458	428	505
28	280	270	341	361	426	384	453	407	480	430	507	450	532	496	586
30	321	310	392	414	489	440	520	467	551	493	582	517	610	570	673
32	366	352	445	471	556	501	592	531	627	561	663	588	694	648	765
34	413	398	503	532	628	566	668	600	708	633	748	664	784	732	864
36	463	446	564	596	704	634	749	672	794	710	839	744	879	820	969
38	516	497	628	664	784	707	834	749	884	791	934	829	979	914	1080
40	571	550	696	736	869	783	925	830	980	877	1040	919	1090	1010	1230
42	630	607	767	811	958	863	1020	915	1080	967	1140	1010	1200	1120	1320
44	691	666	842	890	1050	947	1120	1000	1190	1060	1250	1110	1310	1230	1450
46	755	728	920	973	1150	1040	1220	1100	1300	1160	1370	1220	1430	1340	1580
48	823	793	1000	1060	1250	1130	1330	1190	1410	1260	1490	1320	1560	1460	1720
50	892	860	1090	1150	1360	1220	1440	1300	1530	1370	1620	1440	1700	1580	1870
52	965	930	1180	1240	1470	1320	1560	1400	1660	1480	1750	1550	1830	1710	2020
54	1040	1000	1270	1340	1580	1430	1680	1510	1790	1600	1890	1670	1980	1850	2180
56	1120	1080	1360	1440	1700	1530	1810	1630	1920	1720	2030	1800	2130	1980	2340
58	1200	1160	1460	1550	1830	1650	1940	1740	2060	1840	2180	1930	2280	2130	2510
60	1290	1240	1570	1660	1960	1760	2080	1870	2200	1970	2330	2070	2440	2280	2690

注：最小钢丝破断拉力总和=钢丝绳最小破断拉力×1.226（纤维芯）或 1.374（钢芯）。

表 17.1-39　钢丝绳第 8 组 18×7 类和第 9 组 18×19 类力学性能

第8组 18×7类

17×7+FC

17×7+IWS

直径：6～44mm

18×7+FC

18×7+IWS

直径：6～44mm

（续）

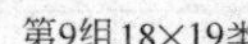
第9组18×19类

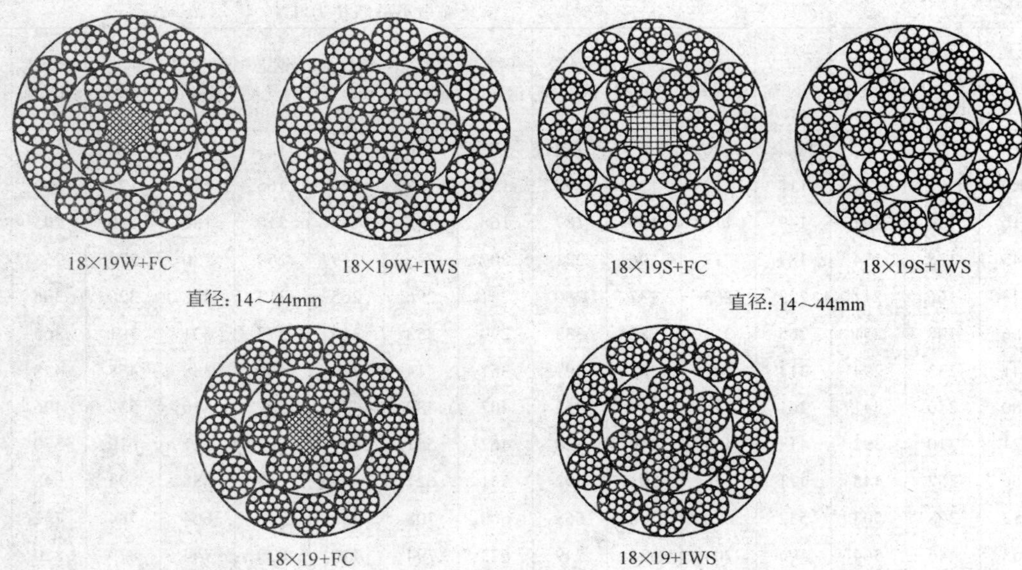

18×19W+FC　　18×19W+IWS　　18×19S+FC　　18×19S+IWS

直径：14～44mm　　直径：14～44mm

18×19+FC　　18×19+IWS

直径：10～44mm

钢丝绳公称直径/mm	参考质量/kg·(100m)$^{-1}$		钢丝绳公称抗拉强度/MPa											
			1570		1670		1770		1870		1960		2160	
			钢丝绳最小破断拉力/kN											
	纤维芯钢丝绳	钢芯钢丝绳	纤维芯钢丝绳	钢芯钢丝绳	纤维芯钢丝绳	钢芯钢丝绳	纤维芯钢丝绳	钢芯钢丝绳	纤维芯钢丝绳	钢芯钢丝绳	纤维芯钢丝绳	钢芯钢丝绳	纤维芯钢丝绳	钢芯钢丝绳
6	14.0	15.5	17.5	18.5	18.6	19.7	19.8	20.9	20.9	22.1	21.9	23.1	24.1	25.5
7	19.1	21.1	23.8	25.2	25.4	26.8	26.9	28.4	28.4	30.1	29.8	31.5	32.8	34.7
8	25.0	27.5	31.1	33.0	33.1	35.1	35.1	37.2	37.1	39.3	38.9	41.1	42.9	45.3
9	31.6	34.8	39.4	41.7	41.9	44.4	44.4	47.0	47.0	49.7	49.2	52.1	54.2	57.4
10	39.0	43.0	48.7	51.5	51.8	54.8	54.9	58.1	58.0	61.3	60.8	64.3	67.0	70.8
11	47.2	52.0	58.9	62.3	62.6	66.3	66.4	70.2	70.1	74.2	73.5	77.8	81.0	85.7
12	56.2	61.9	70.1	74.2	74.5	78.9	79.0	83.6	83.5	88.3	87.5	92.6	96.4	102
13	65.9	72.7	82.3	87.0	87.5	92.6	92.7	98.1	98.0	104	103	109	113	120
14	76.4	84.3	95.4	101	101	107	108	114	114	120	119	126	131	139
16	99.8	110	125	132	133	140	140	149	148	157	156	165	171	181
18	126	139	158	167	168	177	178	188	188	199	197	208	217	230
20	156	172	195	206	207	219	219	232	232	245	243	257	268	283
22	189	208	236	249	251	265	266	281	281	297	294	311	324	343
24	225	248	280	297	298	316	316	334	334	353	350	370	386	408
26	264	291	329	348	350	370	371	392	392	415	411	435	453	479
28	306	337	382	404	406	429	430	455	454	481	476	504	525	555
30	351	387	438	463	466	493	494	523	522	552	547	579	603	638
32	399	440	498	527	530	561	562	594	594	628	622	658	686	725
34	451	497	563	595	598	633	634	671	670	709	702	743	774	819
36	505	557	631	667	671	710	711	752	751	795	787	833	868	918
38	563	621	703	744	748	791	792	838	837	886	877	928	967	1020
40	624	688	779	824	828	876	878	929	928	981	972	1030	1070	1130
42	688	759	859	908	913	966	968	1020	1020	1080	1070	1130	1180	1250
44	755	832	942	997	1000	1060	1060	1120	1120	1190	1180	1240	1300	1370

注：最小钢丝破断拉力总和=钢丝绳最小破断拉力×1.283，其中 17×7 的系数为 1.250。

表 17.1-40　钢丝绳第 10 组 34×7 类力学性能

第10组 34×7类

34×7+FC

34×7+IWS

直径: 16～44mm

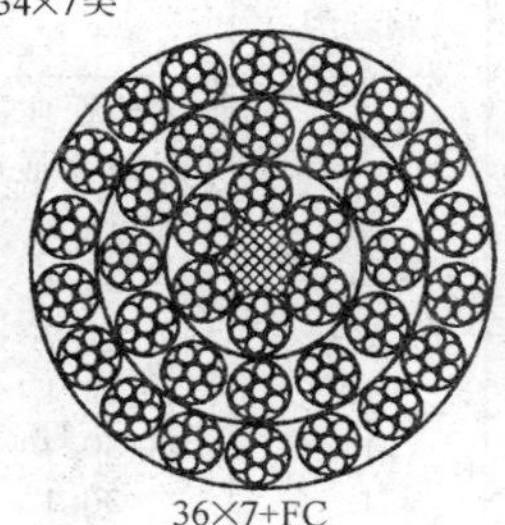

36×7+FC

36×7+IWS

直径:16～44mm

钢丝绳公称直径/mm	参考质量/kg·(100m)^-1		钢丝绳公称抗拉强度/MPa							
			1570		1670		1770		1870	
			钢丝绳最小破断拉力/kN							
	纤维芯钢丝绳	钢芯钢丝绳	纤维芯钢丝绳	钢芯钢丝绳	纤维芯钢丝绳	钢芯钢丝绳	纤维芯钢丝绳	钢芯钢丝绳	纤维芯钢丝绳	钢芯钢丝绳
16	99.8	110	124	128	132	136	140	144	147	152
18	126	139	157	162	167	172	177	182	187	193
20	156	172	193	200	206	212	218	225	230	238
22	189	208	234	242	249	257	264	272	279	288
24	225	248	279	288	296	306	314	324	332	343
26	264	291	327	337	348	359	369	380	389	402
28	306	337	379	391	403	416	427	441	452	466
30	351	387	435	449	463	478	491	507	518	535
32	399	440	495	511	527	544	558	576	590	609
34	451	497	559	577	595	614	630	651	666	687
36	505	557	627	647	667	688	707	729	746	771
38	563	621	698	721	743	767	787	813	832	859
40	624	688	774	799	823	850	872	901	922	951
42	688	759	853	881	907	937	962	993	1020	1050
44	755	832	936	967	996	1030	1060	1090	1120	1150

注：最小钢丝破断拉力总和=钢丝绳最小破断拉力×1.334，其中 34×7 的系数为 1.300。

表 17.1-41　钢丝绳第 11 组 35W×7 类力学性能

第11组 34W×7类

35W×7

24W×7

直径:12～50mm

钢丝绳公称直径/mm	参考质量/kg·(100m)^-1	钢丝绳公称抗拉强度/MPa					
		1570	1670	1770	1870	1960	2160
		钢丝绳最小破断拉力/kN					
12	66.2	81.4	86.6	91.8	96.9	102	112
14	90.2	111	118	125	132	138	152
16	118	145	154	163	172	181	199
18	149	183	195	206	218	229	252
20	184	226	240	255	269	282	311
22	223	274	291	308	326	342	376
24	265	326	346	367	388	406	448
26	311	382	406	431	455	477	526
28	361	443	471	500	528	553	610
30	414	509	541	573	606	635	700
32	471	579	616	652	689	723	796
34	532	653	695	737	778	816	899
36	596	732	779	826	872	914	1010
38	664	816	868	920	972	1020	1120
40	736	904	962	1020	1080	1130	1240
42	811	997	1060	1120	1190	1240	1370
44	891	1090	1160	1230	1300	1370	1510
46	973	1200	1270	1350	1420	1490	1650
48	1060	1300	1390	1470	1550	1630	1790
50	1150	1410	1500	1590	1680	1760	1940

注：最小钢丝破断拉力总和=钢丝绳最小破断拉力×1.287。

表 17.1-42　钢丝绳第 12 组 6×12 类力学性能

第12组　6×12类

6×12+7FC
直径:8～32mm

钢丝绳公称直径/mm	参考质量/kg·(100m)$^{-1}$		钢丝绳公称抗拉强度/MPa			
			1470	1570	1670	1770
	天然纤维芯钢丝绳	合成纤维芯钢丝绳	钢丝绳最小破断拉力/kN			
8	16.1	14.8	19.7	21.0	22.3	23.7
9	20.3	18.7	24.9	26.6	28.3	30.0
9.3	21.7	20.0	26.6	28.4	30.2	32.0
10	25.1	23.1	30.7	32.8	34.9	37.0
11	30.4	28.0	37.2	39.7	42.2	44.8
12	36.1	33.3	44.2	47.3	50.3	53.3
12.5	39.2	36.1	48.0	51.3	54.5	57.8
13	42.4	39.0	51.9	55.5	59.0	62.5
14	49.2	45.3	60.2	64.3	68.4	72.5
15.5	60.3	55.5	73.8	78.8	83.9	88.9
16	64.3	59.1	78.7	84.0	89.4	94.7
17	72.5	66.8	88.8	94.8	101	107
18	81.3	74.8	99.5	106	113	120
18.5	85.9	79.1	105	112	119	127
20	100	92.4	123	131	140	148
21.5	116	107	142	152	161	171
22	121	112	149	159	169	179
24	145	133	177	189	201	213
24.5	151	139	184	197	210	222
26	170	156	208	222	236	250
28	197	181	241	257	274	290
32	257	237	315	336	357	379

注：最小钢丝破断拉力总和=钢丝绳最小破断拉力×1.136。

表 17.1-43　钢丝绳第 13 组 6×24 类力学性能

第13组　6×24 类

6×24+7FC
直径: 8～40mm

钢丝绳公称直径/mm	参考质量/kg·(100m)$^{-1}$		钢丝绳公称抗拉强度/MPa			
			1470	1570	1670	1770
	天然纤维芯钢丝绳	合成纤维芯钢丝绳	钢丝绳最小破断拉力/kN			
8	20.4	19.5	26.3	28.1	29.9	31.7
9	25.8	24.6	33.3	35.6	37.9	40.1
10	31.8	30.4	41.2	44.0	46.8	49.6
11	38.5	36.8	49.8	53.2	56.6	60.0
12	45.8	43.8	59.3	63.3	67.3	71.4
13	53.7	51.4	69.6	74.3	79.0	83.8
14	62.3	59.6	80.7	86.2	91.6	97.1
16	81.4	77.8	105	113	120	127
18	103	98.5	133	142	152	161
20	127	122	165	176	187	198
22	154	147	199	213	226	240
24	183	175	237	253	269	285
26	215	206	278	297	316	335
28	249	238	323	345	367	389
30	286	274	370	396	421	446
32	326	311	421	450	479	507
34	368	351	476	508	541	573
36	412	394	533	570	606	642
38	459	439	594	635	675	716
40	509	486	659	703	748	793

注：最小钢丝破断拉力总和=钢丝绳最小破断拉力×1.150（纤维芯）。

表 17.1-44　钢丝绳第 13 组 6×24 类力学性能

第13组　6×24类

6×24S+7FC

6×24W+7FC

直径:10～44mm

钢丝绳公称直径/mm	参考质量/kg·(100m)$^{-1}$		钢丝绳公称抗拉强度/MPa			
			1470	1570	1670	1770
	天然纤维芯钢丝绳	合成纤维芯钢丝绳	钢丝绳最小破断拉力/kN			
10	33.1	31.6	42.8	45.7	48.6	51.5
11	40.0	38.2	51.8	55.3	58.8	62.3
12	47.7	45.5	61.6	65.8	70.0	74.2
13	55.9	53.4	72.3	77.2	82.1	87.0
14	64.9	61.9	83.8	90.0	95.3	101
16	84.7	80.9	110	117	124	132
18	107	102	139	148	157	167
20	132	126	171	183	194	206
22	160	153	207	221	235	249
24	191	182	246	263	280	297
26	224	214	289	309	329	348
28	260	248	335	358	381	404
30	298	284	385	411	437	464
32	339	324	438	468	498	527
34	383	365	495	528	562	595
36	429	410	554	592	630	668
38	478	456	618	660	702	744
40	530	506	684	731	778	824
42	584	557	755	806	857	909
44	641	612	828	885	941	997

注：最小钢丝破断拉力总和=钢丝绳最小破断拉力×1.150（纤维芯）。

表 17.1-45　钢丝绳第 14 组 6×15 类力学性能

第14组　6×15类

6×15+7FC

直径:10～32mm

钢丝绳公称直径/mm	参考质量/kg·(100m)$^{-1}$		钢丝绳公称抗拉强度/MPa			
			1470	1570	1670	1770
	天然纤维芯钢丝绳	合成纤维芯钢丝绳	钢丝绳最小破断拉力/kN			
10	20.0	18.5	26.5	28.3	30.1	31.9
12	28.8	26.6	38.1	40.7	43.3	45.9
14	39.2	36.3	51.9	55.4	58.9	62.4
16	51.2	47.4	67.7	72.3	77.0	81.6
18	64.8	59.9	85.7	91.6	97.4	103
20	80.0	74.0	106	113	120	127
22	96.8	89.5	128	137	145	154
24	115	107	152	163	173	184
26	135	125	179	191	203	215
28	157	145	207	222	236	250
30	180	166	238	254	271	287
32	205	189	271	289	308	326

注：最小钢丝破断拉力总和=钢丝绳最小破断拉力×1.136。

表 17.1-46　第 15 组 4×19 类和第 16 组 4×37 类力学性能

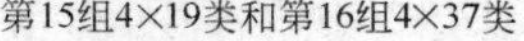
第15组4×19类和第16组4×37类

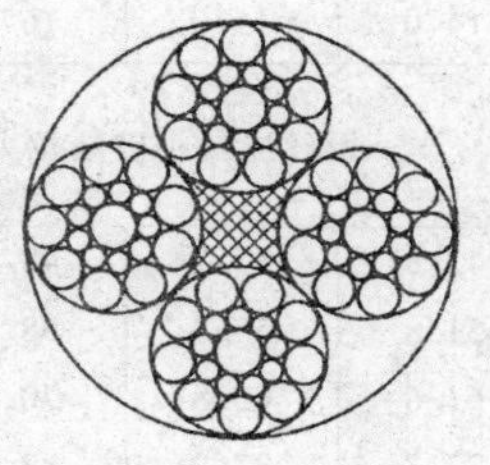
4×19S+FC
直径:8～28mm

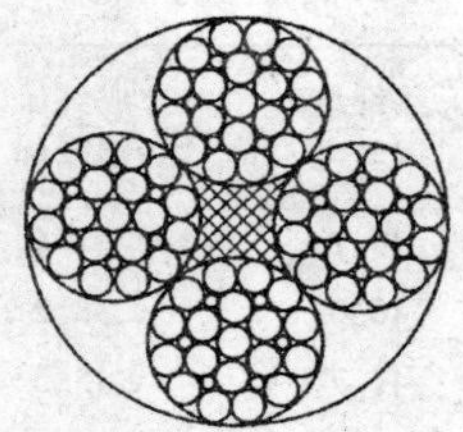
4×25Fi+FC
直径:12～34mm

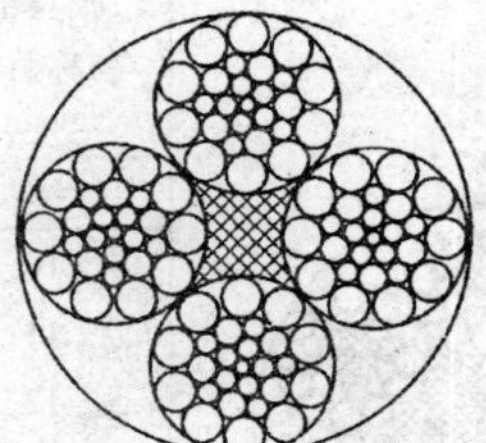
4×26WS+FC
直径:12～31mm

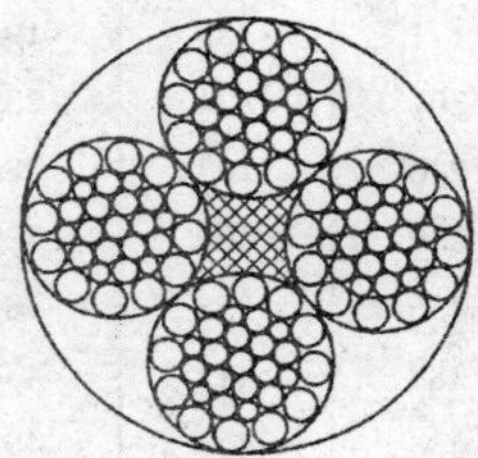
4×31WS+FC
直径:12～36mm

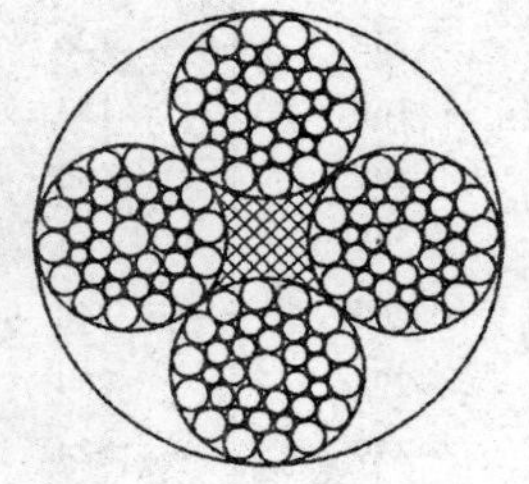
4×36WS+FC
直径:14～42mm

4×41WS+FC
直径:26～46mm

钢丝绳公称直径/mm	参考质量/kg·(100m)$^{-1}$	钢丝绳公称抗拉强度/MPa					
		1570	1670	1770	1870	1960	2160
		钢丝绳最小破断拉力/kN					
8	26.2	36.2	38.5	40.8	43.1	45.2	49.8
10	41.0	56.5	60.1	63.7	67.3	70.6	77.8
12	59.0	81.5	86.6	91.8	96.9	102	112
14	80.4	111	118	125	132	138	152
16	105	145	154	163	172	181	199
18	133	183	195	206	218	229	252
20	164	226	240	255	269	282	311
22	198	274	291	308	326	342	376
24	236	326	346	367	388	406	448
26	277	382	406	431	455	477	526
28	321	443	471	500	528	553	610
30	369	509	541	573	606	635	700
32	420	579	616	652	689	723	796
34	474	653	695	737	778	816	899
36	531	732	779	826	872	914	1010
38	592	816	868	920	972	1020	1120
40	656	904	962	1020	1080	1130	1240
42	723	997	1060	1120	1190	1240	1370
44	794	1090	1160	1230	1300	1370	1510
46	868	1200	1270	1350	1420	1490	1650

注：最小钢丝破断拉力总和=钢丝绳最小破断拉力×1.191。

表 17.1-47　扁钢丝绳的典型结构和公称尺寸

断面图	公称尺寸 宽×厚 $b\times h$	子绳钢丝公称直径	子绳钢丝断面积总和	扁钢丝绳参考质量	扁钢丝绳公称抗拉强度/MPa			编织方式
					1370	1470	1570	
					最小钢丝破断拉力总和			
	mm		mm^2	kg·(100m)$^{-1}$	kN			
扁钢丝绳典型结构 6×4×7，子绳股结构（1+6）								
PD6×4×7扁钢丝绳断面图	58×13	1.3	223	210	306	328	350	双纬绳两侧各2条
	62×14	1.4	258	240	353	379	405	
	67×15	1.5	297	280	407	437	466	
	71×16	1.6	338	320	463	497	531	
	75×17	1.7	381	360	522	560	598	
扁钢丝绳典型结构 8×4×7，子绳股结构（1+6）								
PD8×4×7扁钢丝绳断面图	88×15	1.5	396	370	543	582	622	双纬绳两侧各2条
	94×16	1.6	450	420	616	662	706	
	100×17	1.7	508	470	696	747	798	
	107×18	1.8	570	530	781	838	895	
	113×19	1.9	635	580	870	933	997	
	119×20	2	703	650	963	1030	1100	
扁钢丝绳典型结构 8×4×9，子绳股结构（FC+9）								
PD8×4×9扁钢丝绳断面图	132×21	1.7	653	700	895	960	1030	双纬绳两侧各4条
	139×23	1.8	732	770	1000	1080	1150	
	143×24	1.85	774	800	1060	1140	1220	
	147×24	1.9	816	840	1120	1200	1280	
	155×26	2	904	940	1240	1330	1420	
	163×27	2.1	997	1050	1370	1470	1570	
	170×28	2.2	1090	1160	1490	1600	1710	
扁钢丝绳典型结构 8×4×14，子绳股结构（4+10）								
PD8×4×14扁钢丝绳断面图	145×24	1.7	1020	960	1400	1500	1600	双纬绳两侧各4条
	154×25	1.8	1140	1080	1560	1680	1790	
	158×26	1.85	1200	1140	1640	1760	1880	
	162×27	1.9	1270	1190	1740	1870	1990	
	171×28	2	1410	1330	1930	2070	2210	
	180×30	2.1	1550	1480	2120	2280	2430	
	188×31	2.2	1700	1610	2330	2500	2670	
扁钢丝绳典型结构 8×4×19，子绳股结构（1+6+12）								
PD8×4×19扁钢丝绳断面图	148×24	1.5	1070	980	1470	1570	1680	双纬绳两侧各4条
	157×25	1.6	1220	1120	1670	1790	1920	
	166×26	1.7	1380	1260	1890	2030	2170	
	177×28	1.8	1550	1420	2120	2280	2430	
	187×29	1.9	1720	1560	2360	2530	2700	
	196×31	2	1910	1740	2620	2810	3000	
	206×33	2.1	2100	1950	2880	3090	3300	
	216×34	2.2	2310	2120	3160	3400	3630	

注：1. 子绳钢丝公称直径允许在±0.20mm 范围内调整。
2. 若纬绳钢丝损坏是钢丝绳报废的主要原因时，纬绳可以用其他构件代替，但应按标准的规定进行检验与验收。
3. 表中钢丝绳的参考质量为未涂油的质量，涂油钢丝绳的单位长度质量应双方协议。

2.6 平衡用扁钢丝绳（摘自 GB/T 20119—2006）

（1）适用范围

平衡用扁钢丝绳适用于竖井提升设备平衡用的扁钢丝绳（简称扁钢丝绳）。

（2）订货内容

订货的合同应包括标准号、产品名称、结构（标记代号）、公称尺寸、表面状态、公称抗拉强度、数量（长度）、是否涂油及（需方提出的）其他要求。

（3）标记

扁钢丝绳的标记方法按 GB/T 8706—2006 的规定。

如图 17.1-2 所示，由六条子绳，每条子绳四股，每股（1+6）丝制成的双纬绳平衡用扁钢丝绳，其全称标记为：

PD6[4(1+6)+FC]

扁钢丝绳的典型结构和公称尺寸见表 17.1-47。

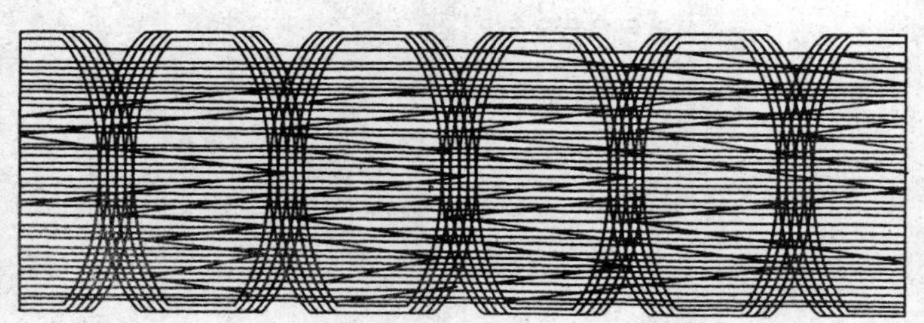

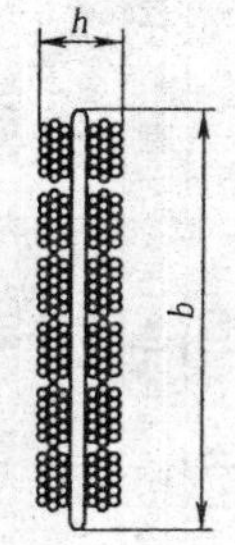

图 17.1-2 PD6[4(1+6)+FC]平衡用扁钢丝绳

2.7 密封钢丝绳（摘自 YB/T 5295—2010）

主要用途：用于客运和货运索道承载索、矿井罐道、缆索起重机承载索、挖掘机绷绳和吊桥主索等场合。

标记示例：

公称直径为 20mm，由一层 Z 型钢丝和线接触（1×25Fi）绳芯构成，抗拉强度级别为 1470MPa、右捻镀锌密封钢丝绳标记为：

密封钢丝绳20Zn-WSC(1×25Fi)+18Z-1470Z YB/T 5295—2010

公称直径为 60mm，由三层 Z 型钢丝和点接触（1×37）绳芯构成，抗拉强度级别为 1370MPa、左捻光面密封钢丝绳标记为：

密封钢丝绳60U-WSC(1×37)+22Z+26Z+33Z-1370S YB/T 5295—2010

密封钢丝绳的结构和力学性能见表 17.1-48。

表 17.1-48 密封钢丝绳的结构和力学性能

用途	结构	钢丝绳公称直径/mm	参考质量/kg·(100m)$^{-1}$	钢丝实测破断拉力总和/kN 不小于				
				钢丝绳公称抗拉强度/MPa				
				1370	1470	1570	1670	1770
客运索道	WSC+n_1Z	22	278	463	497	531	564	605
		24	331	511	598	639	679	720
		26	388	647	694	741	788	835
		28	451	751	806	860	915	970
		30	518	862	925	988	1050	1113
		32	589	980	1051	1123	1194	1266
		34	664	1107	1188	1269	1349	1430
		36	745	1240	1330	1421	1511	1602
	WSC+n_1Z+n_2Z	28	470	767	823	879	935	991
		30	538	881	945	1010	1074	1138
		32	609	1001	1075	1148	1221	1294
		34	692	1132	1214	1297	1397	1462
		36	782	1269	1361	1454	1546	1639
		38	871	1311	1517	1620	1723	1827
		40	958	1566	1680	1795	1909	2023
		42	1040	1726	1852	1978	2104	2230
		44	1140	1852	1987	2122	2258	2393
		46	1259	2070	2221	2372	2523	2674

（续）

用途	结构	钢丝绳公称直径/mm	参考质量/kg·(100m)$^{-1}$	钢丝实测破断拉力总和/kN 不小于				
				钢丝绳公称抗拉强度/MPa				
				1370	1470	1570	1670	1770
客运索道	WSC+n_1Z+n_2Z+n_3Z	46	1240	2082	2234	2386	2538	2690
		48	1360	2267	2433	2598	2764	2929
		50	1460	2461	2640	2820	2999	3179
		52	1640	2661	2855	3049	3243	3437
		54	1750	2869	3078	3288	3497	3706
		56	1870	3087	3312	3547	3763	3988
		58	2002	3312	3554	3795	4037	4279
	WSC+n_1Z+n_2Z+n_3Z+n_4Z	58	2010	3278	3518	3757	3996	4236
		60	2130	3507	3763	4019	4275	4531
		62	2270	3746	4019	4292	4566	4839
		64	2430	3991	4282	4573	4865	5156
		66	2570	4244	4554	4864	5174	5484
		68	2710	4506	4835	5164	5493	5822
		70	2860	4774	5123	5471	5820	6168
	WSC+n_1Z+n_2Z+n_3Z+n_4Z+n_5Z	60	2148	3524	3781	4038	4295	4552
		62	2284	3762	4037	4311	4586	4860
		64	2435	4009	4301	4594	4886	5179
		66	2589	4263	4575	4886	5197	5508
		68	2745	4525	4855	5186	5516	5846
		70	2889	4795	5145	5495	5845	6195

用途	结构	钢丝绳公称直径/mm	参考质量/kg·(100m)$^{-1}$	钢丝实测破断拉力总和/kN 不小于			
				钢丝绳公称抗拉强度/MPa			
				1270	1370	1470	1570
其他用途（包括矿井罐道、塔式起重机主索、挖掘机绷绳、吊桥主索等）	WSC+n_1H-n_1Φ	20	225	347	376	402	431
		22	271	420	450	486	516
		24	322	499	536	578	614
		26	367	586	612	679	702
		28	426	680	706	787	809
		30	476	781	792	851	908
		32	557	888	949	1028	1088
		34	623	1003	1020	1094	1169
		36	693	1124	1131	1211	1296
		38	771	1252	1272	1366	1457
		40	864	1388	1437	1541	1647
		42	936	1394	1502	1610	1721
		44	1030	1544	1665	1787	1908
		46	1110	1664	1789	1926	2050
		48	1231	1812	1944	2089	2244
		50	1324	1966	2123	2276	2433

注：半密封钢丝绳最小破断拉力=钢丝实测破断拉力总和×0.88

（续）

用途	结　构	钢丝绳公称直径/mm	参考质量/kg·(100m)$^{-1}$	钢丝实测破断拉力总和/kN　不小于				
				钢丝绳公称抗拉强度/MPa				
				1180	1270	1370	1470	1570
其他用途（包括矿井罐道、塔式起重机主索、挖掘机绷绳、吊桥主索等）	WSC+n_1Z	16	141	202	217	234	251	268
		18	178	255	274	296	318	339
		20	220	315	339	366	392	419
		22	266	381	410	443	475	507
		24	316	454	488	526	564	603
		26	371	532	573	618	663	708
		28	430	617	664	717	769	821
		30	494	709	763	823	883	944
		32	562	806	867	936	1004	1072
		34	634	910	979	1056	1133	1210
		36	712	1020	1099	1185	1272	1358
		38	793	1135	1222	1318	1414	1511
		40	878	1258	1354	1460	1567	1674
		42	968	1387	1493	1610	1728	1845
	WSC+n_1Z+n_2Z	24	322	462	496	536	575	614
		26	378	542	583	629	675	721
		28	438	628	676	729	782	835
		30	503	721	776	837	898	959
		32	572	820	883	952	1022	1091
		34	646	926	997	1075	1154	1232
		36	724	1038	1118	1206	1294	1382
		38	807	1157	1246	1344	1442	1540
		40	894	1282	1379	1488	1596	1705
		42	985	1413	1521	1641	1761	1881
		44	1074	1542	1660	1790	1921	2052
		46	1178	1690	1819	1963	2107	2250
		48	1286	1840	1980	2136	2292	2448
		50	1395	1996	2149	2318	2487	2656
		52	1509	2159	2324	2507	2690	2873
	WSC+n_1Z+n_2Z+n_3Z	48	1310	1878	2022	2180	2340	2499
		50	1421	2038	2193	2366	2539	2711
		52	1538	2204	2372	2559	2746	2933
		54	1657	2377	2558	2759	2961	3162
		56	1782	2566	2751	2967	3184	3401
		58	1912	2742	2951	3184	3416	3649
		60	2046	2935	3158	3407	3656	3905
		62	2184	3133	3372	3637	3903	4168
		64	2328	3339	3594	3877	4160	4443
		66	2474	3550	3821	4122	4423	4724
		68	2626	3769	4056	4375	4695	5014
		70	2783	3994	4298	4637	4975	5314

（续）

用途	结　构	钢丝绳公称直径/mm	参考质量/kg·(100m)$^{-1}$	钢丝实测破断拉力总和/kN　不小于				
				钢丝绳公称抗拉强度/MPa				
				1180	1270	1370	1470	1570
其他用途（包括矿井罐道、塔式起重机主索、挖掘机绷绳、吊桥主索等）	WSC+n_1Z+n_2Z+n_3Z+n_4Z	56	1803	2556	2751	2968	3185	3401
		58	1934	2742	2951	3184	3416	3648
		60	2069	2934	3158	3407	3656	3904
		62	2210	3133	3372	3638	3903	4169
		64	2354	3339	3595	3876	4159	4442
		66	2504	3550	3822	4123	4423	4724
		68	2658	3769	4057	4376	4696	5015
		70	2817	3994	4299	4637	4976	5314
		72	2981	4225	4547	4905	5263	5622
		74	3149	4463	4803	5182	5560	5938
		76	3321	4708	5067	5466	5865	6263
		78	3498	4959	5337	5757	6177	6597
		80	3680	5216	5614	6056	6498	6940
	WSC+n_1Z+n_2Z+n_3Z+n_4Z+n_5Z	60	2093	2968	3194	3446	3697	3949
		62	2235	3169	3411	3679	3948	4216
		64	2381	3377	3634	3920	4207	4493
		66	2532	3591	3865	4193	4474	4778
		68	2688	3812	4103	4426	4749	5072
		70	2849	4039	4348	4690	5032	5375
		72	2981	4273	4599	4962	5324	5686
		74	3149	4514	4858	5241	5624	6006
		76	3321	4761	5125	5528	5932	6335
		78	3498	5015	5398	5823	6248	6673
		80	3680	5276	5678	6125	6572	7020

注：1. 除表中注明者外，密封绳最小破断拉力＝钢丝实测破断拉力总和×0.86。

2. 密封绳按结构分为点接触、点线接触和线接触三种。外层包捻 1~5 层异形钢丝。如果需方没有明确要求密封绳的结构时，则密封绳结构由供方确定。

3. 密封绳按钢丝表面状态分为光面和镀锌两种。

4. 密封绳捻向按最外层钢丝捻向确定，分为左捻（S）和右捻（Z）两种。如需方无要求，按右捻供货。

5. 根据力学性能，制绳钢丝分为两个韧性级别：特级、普通级。

2.8　不锈钢丝绳（摘自 GB/T 9944—2015）（见表 17.1-49）

表 17.1-49　不锈钢丝绳的结构和力学性能

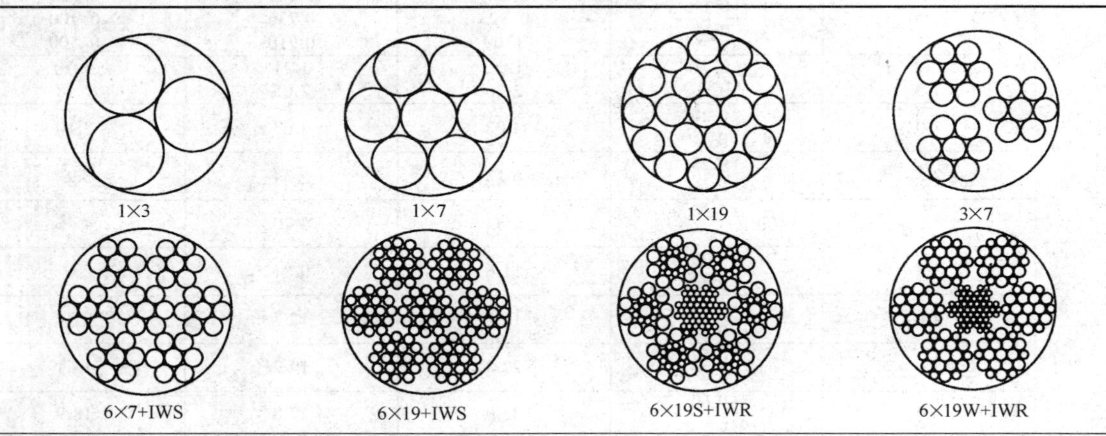

（续）

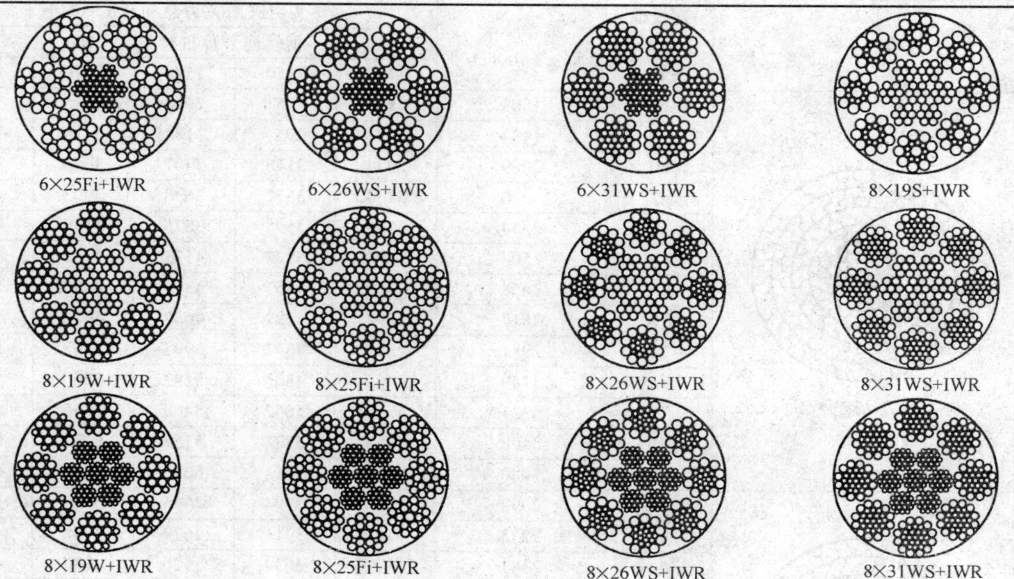

6×25Fi+IWR　6×26WS+IWR　6×31WS+IWR　8×19S+IWR

8×19W+IWR　8×25Fi+IWR　8×26WS+IWR　8×31WS+IWR

8×19W+IWR　8×25Fi+IWR　8×26WS+IWR　8×31WS+IWR

标记示例：
6×7-WSC结构，公称直径为1.6mm、右交互捻、材料牌号12Cr18Ni9的钢丝绳标记为：1.6 6×7-WSC SZ302 GB/T　9944

结构	公称直径/mm	允许偏差/mm	最小破断拉力/kN		参考质量/(kg/100m)
			12Cr18Ni9 06Cr19Ni10	06Cr17Ni12Mo2	
1×3	0.15 0.25 0.35 0.45	+0.03 0	0.022 0.056 0.113 0.185	—	0.012 0.029 0.055 0.089
	0.55 0.65	+0.06 0	0.284 0.393	—	0.135 0.186
1×7	0.15 0.25 0.30 0.35 0.40 0.45	+0.03 0	0.025 0.063 0.093 0.127 0.157 0.200	—	0.011 0.031 0.044 0.061 0.080 0.100
	0.50 0.60 0.70	+0.06 0	0.255 0.382 0.540	0.231 0.333 0.445	0.125 0.180 0.245
	0.80 0.90 1.0	+0.08 0	0.667 0.823 1.00	0.588 0.736 0.910	0.327 0.400 0.500
	1.2 1.5	+0.10 0	1.32 2.26	1.21 2.05	0.70 1.18
	2.0	+0.20 0	4.02	3.63	2.10
	2.5	+0.25 0	6.13	5.34	3.27
	3.0	+0.30 0	8.83	7.70	4.71
	3.5	+0.35 0	11.6	9.81	6.67
	4.0	+0.40 0	15.1	12.7	8.34
	5.0	+0.50 0	22.8	19.2	13.1
	6.0	+0.60 0	33.0	27.8	18.9

（续）

结构	公称直径/mm	允许偏差/mm	最小破断拉力/kN		参考质量/(kg/100m)
			12Cr18Ni9 06Cr19Ni10	06Cr17Ni12Mo2	
1×19	0.60	+0.08 0	0.343	—	0.175
	0.70		0.470		0.240
	0.80		0.617		0.310
	0.90	+0.09 0	0.774	—	0.390
	1.0	+0.10 0	0.950	0.814	0.500
	1.2	+0.12 0	1.27	1.17	0.70
	1.5		2.25	1.81	1.10
	2.0	+0.20 0	3.82	3.24	2.00
	2.5	+0.25 0	5.58	5.10	3.13
	3.0	+0.30 0	8.03	7.31	4.50
	3.5	+0.35 0	10.6	9.32	6.13
	4.0	+0.40 0	13.9	12.2	8.19
	5.0	+0.50 0	21.0	17.8	12.9
	6.0	+0.60 0	30.4	25.5	18.5
3×7	0.70	+0.08 0	0.323	—	0.182
	0.80		0.488		0.238
	1.0	+0.12 0	0.686	—	0.375
	1.2		0.931		0.540
6×7-WSC	0.45	+0.09 0	0.142	—	0.08
	0.50		0.176	—	0.12
	0.60		0.253	—	0.15
	0.70		0.345	—	0.20
	0.80		0.461	0.384	0.26
	0.90		0.539	0.485	0.32
	1.0	+0.15 0	0.637	0.599	0.40
	1.2*		1.20	0.915	0.65
	1.5	+0.20 0	1.67	1.47	0.93
	1.6*		2.15	1.63	1.20
	1.8		2.25	1.94	1.35
	2.0		2.94	2.55	1.65
	2.4*	+0.30 0	4.10	3.45	2.40
	3.0		6.37	5.39	3.70
	3.2		7.15	6.14	4.20
	3.5	+0.40 0	7.64	6.81	5.10
	4.0		9.51	8.90	6.50
	4.5		12.1	11.3	8.30
	5.0	+0.50 0	14.7	13.9	10.5
	6.0	+0.60 0	18.6	18.6	15.1
	8.0		40.6	35.6	26.6
6×19-WSC	1.5	+0.20 0	1.63	1.37	0.93
	1.6		1.85	1.56	1.12
	2.4*	+0.30 0	4.10	3.52	2.60
	3.2*		7.85	6.08	4.30

（续）

结构	公称直径 /mm	允许偏差 /mm	最小破断拉力/kN		参考质量 /(kg/100m)
			12Cr18Ni9 06Cr19Ni10	06Cr17Ni12Mo2	
6×19-WSC	4.0*	+0.40 0	10.7	9.51	6.70
	4.8*		16.5	13.69	9.70
	5.0		17.4	14.9	10.5
	5.6*		22.3	18.6	12.8
	6.0		23.5	20.8	14.9
	6.4*		28.5	23.7	16.4
	7.2*	+0.50 0	34.7	29.9	20.8
	8.0*	+0.56 0	40.1	36.1	25.8
	9.5*	+0.68 0	53.4	47.9	36.2
6×19-IWRC	11.0	+0.76 0	72.5	64.3	53.0
	12.7	+0.84 0	101	85.7	68.2
	14.3	+0.91 0	127	109	87.8
	16.0	+0.99 0	156	136	106
	19.0	+1.14 0	221	192	157
	22.0	+1.22 0	295	249	213
	25.4	+1.27 0	380	321	278
	28.5	+1.37 0	474	413	357
	30.0	+1.50 0	499	448	396

结构	公称直径 /mm	允许偏差 /mm	最小破断拉力/kN	参考质量 /(kg/100m)
			12Cr18Ni9 06Cr19Ni10	
6×19S 6×19W 6×25Fi 6×26WS 6×31WS	6.0	+0.42 0	23.9	15.4
	7.0		32.6	20.7
	8.0	+0.56 0	42.6	27.0
	8.75		54.0	32.4
	9.0		54.0	34.2
	10.0		63.0	42.2
	11.0	+0.66 0	76.2	53.1
	12.0		85.6	60.8
	13.0	+0.82 0	106	71.4
	14.0		123	82.8
	16.0		161	108
	18.0	+1.10 0	192	137
	20.0		237	168
	22.0	+1.20 0	304	216
	24.0		342	241
	26.0	+1.40 0	401	282
	28.0		466	327
	30.0	+1.60 0	503	376
	32.0		572	428
	35.0	+1.75 0	687	512

（续）

结构	公称直径/mm	允许偏差/mm	最小破断拉力/kN 12Cr18Ni9 06Cr19Ni10	参考质量/(kg/100m)
8×19S 8×19W 8×25Fi 8×26WS 8×31WS	8.0	+0.56 0	42.6	28.3
	8.75		54.0	33.9
	9.0		54.0	35.8
	10.0		61.2	44.2
	11.0	+0.66 0	74.0	53.5
	12.0		83.3	63.7
	13.0	+0.82 0	103	74.8
	14.0		120	86.7
	16.0		156	113
	18.0	+1.10 0	187	143
	20.0		231	176
	22.0	+1.20 0	296	219
	24.0		332	252
	26.0	+1.40 0	390	296
	28.0		453	343
	30.0	+1.60 0	489	392
	32.0		556	445
	35.0	+1.75 0	651	533

注：1. 表中带“*”的钢丝绳（12Cr18Ni9、06Cr19Ni10 材质）规格适用于飞机操纵用钢丝绳。

2. 公称直径为 8.75mm 的钢丝绳主要用于电气化铁路接触网滑轮补偿装置。

3. 公称直径≤8.0mm 为钢丝股芯，≥8.75mm 为钢丝绳芯。

2.9　电梯用钢丝绳（摘自 GB 8903—2005）

GB 8903—2005《电梯用钢丝绳》适用于载客电梯或载货电梯的曳引用钢丝绳、液压电梯用悬挂钢丝绳、补偿用钢丝绳和限速器用钢丝绳，以及杂物电梯和在导轨中运行的人力升降机等用的钢丝绳；不适用于建筑工地升降机、矿井升降机以及不在永久性导轨中间运行的临时升降机用钢丝绳。

单强度钢丝绳指外层绳股的外层钢丝具有和内层钢丝相同的抗拉强度。双强度钢丝绳指外层绳股的外层钢丝的抗拉强度比内层钢丝小，如外层钢丝为 1370MPa，内层钢丝为 1770MPa。

标记示例：结构为 8×19 西鲁式股、绳芯为纤维芯，公称直径为 13mm，钢丝公称抗拉强度为1370/1770(1500)MPa，表面状态光面，双强度配制，捻制方法为右交互捻的电梯用钢丝绳标记为：

电梯用钢丝绳：13 NAT 8×19S+FC-1500(双) ZS—GB 8903—2005。

表 17.1-50 给出了表 17.1-51～表 17.1-55 列出的五种电梯用钢丝绳的适用场合。

电梯用钢丝绳的公称长度参考质量 m(kg/100m) 按式（17.1-6）计算

$$m=Wd^2 \qquad (17.1\text{-}6)$$

公称金属截面积 A（mm^2）按式（17.1-7）计算

$$A=Cd^2 \qquad (17.1\text{-}7)$$

式中　W——经润滑的钢丝绳的单位长度参考质量系数；

C——公称金属截面积系数；

d——钢丝绳的公称直径（mm）。

W、C 的下标 1 表示纤维芯钢丝绳，下标 2 表示钢芯钢丝绳，W、C 的值由表 7.1-51～表 7.1-55 中查得。

表 17.1-51～表 17.1-55 列出了普通类别、直径和抗拉强度级别钢丝绳的最小破断拉力。

表 17.1-50　几种电梯用钢丝绳的适用场合

钢丝绳种类	表 17.1-51	表 17.1-52	表 17.1-53	表 17.1-54	表 17.1-55
曳引用钢丝绳和液压电梯用悬挂钢丝绳	△	△	△		
限速器用钢丝绳	△	△			
补偿用钢丝绳	△	△		△	△

注：△表示推荐使用。

表 17.1-51　光面钢丝、纤维芯、结构为 6×19 类别的电梯用钢丝绳

截面结构示例

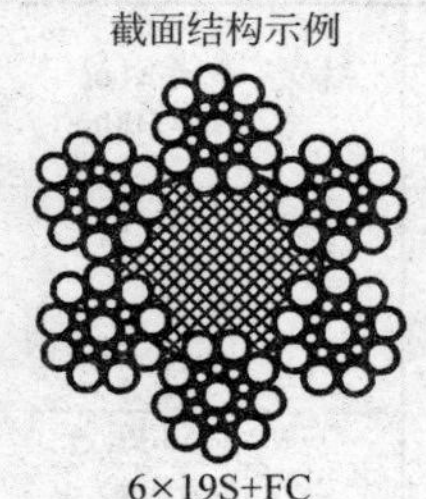
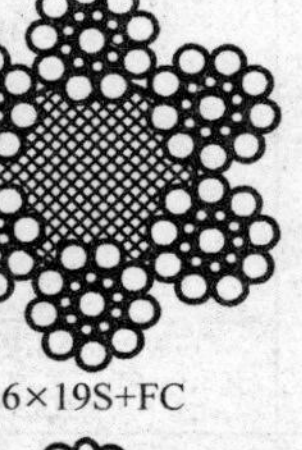

6×19S+FC

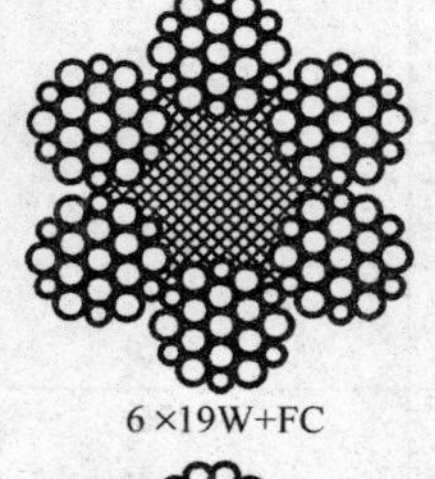

6×19W+FC

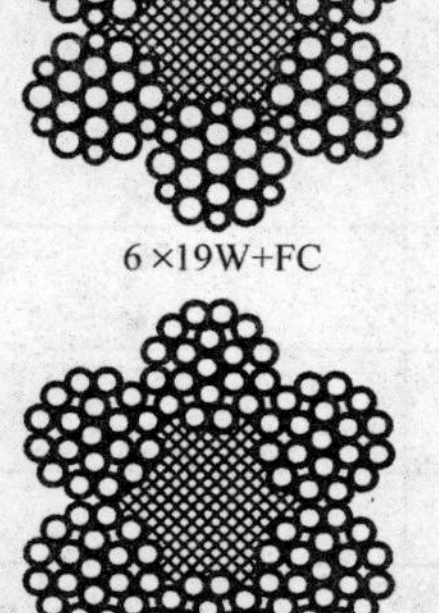

6×25Fi+FC

钢丝绳结构		股结构	
项　目	数　量	项　目	数　量
股数	6	钢丝	19～25
外股	6	外层钢丝	9～12
股的层数	1	钢丝层数	2
钢丝绳钢丝数	114～150		

典型例子		外层钢丝的数量			外层钢丝系数[③]
钢丝绳	股	总数	每股		a
6×19S	1+9+9	54	9		0.080
6×19W	1+6+6/6	72	12	6	0.0738
				6	0.0556
6×25Fi	1+6+6F+12	72	12		0.064

最小破断拉力系数　$K_1=0.330$

单位质量系数[①]　$W_1=0.359$

金属截面积系数[①]　$C_1=0.384$

钢丝绳公称直径 /mm	参考质量[①] /kg·(100m)$^{-1}$	最小破断拉力/kN 双强度/MPa 1180/1770 等级	1320/1620 等级	1370/1770 等级	1570/1770 等级	单强度/MPa 1570 等级	1620 等级	1770 等级
6	12.9	16.3	16.8	17.8	19.5	18.7	19.2	21.0
6.3	14.2	17.9	—	—	21.5	—	21.2	23.2
6.5[②]	15.2	19.1	19.7	20.9	22.9	21.9	22.6	24.7
8[②]	23.0	28.9	29.8	31.7	34.6	33.2	34.2	37.4
9	29.1	36.6	37.7	40.1	43.8	42.0	43.3	47.3
9.5	32.4	40.8	42.0	44.7	48.8	46.8	48.2	52.7
10[②]	35.9	45.2	46.5	49.5	54.1	51.8	53.5	58.4
11[②]	43.4	54.7	54.3	59.9	65.5	62.7	64.7	70.7
12	51.7	65.1	67.0	71.3	77.9	74.6	77.0	84.1
12.7	57.9	72.9	75.0	79.8	87.3	83.6	86.2	94.2
13[②]	60.7	76.4	78.6	83.7	91.5	87.6	90.3	98.7
14	70.4	88.6	91.2	97.0	106	102	105	114
14.3	73.4	92.4	—	—	111	—	—	119
15	80.8	102	—	111	122	117	—	131
16[②]	91.9	116	119	127	139	133	137	150
17.5	110	138	—	—	166	—	—	179
18	116	146	151	160	175	168	173	189
19[②]	130	163	168	179	195	187	193	211
20	144	181	186	198	216	207	214	234
20.6	152	192	—	—	230	—	—	248
22[②]	174	219	225	240	262	251	259	283

注：公称直径钢丝绳的最小破断拉力 F_{min}（kN）由式 $F_{min}=Kd^2R_r/1000$ 计算，式中，d 为钢丝绳公称直径（mm）；K 为最小破断拉力系数，K_1 表示纤维芯钢丝绳，K_2 表示钢芯钢丝绳；R_r 为钢丝绳等级，用 MPa 表示，双强度钢丝绳等级见 GB 8903—2005 中的附录 B。后同。

① 只作为参考，见式（17.1-6）和式（17.1-7）。

② 对新电梯的优先尺寸。

③ 外层钢丝系数 a 是给定结构的钢丝绳公称外层钢丝近似直径 δ_a 的经验系数，$\delta_a=ad$，d 为钢丝绳的公称直径（mm），后同。

表 17.1-52　光面钢丝、纤维芯、结构为 8×19 类别的电梯用钢丝绳

截面结构示例

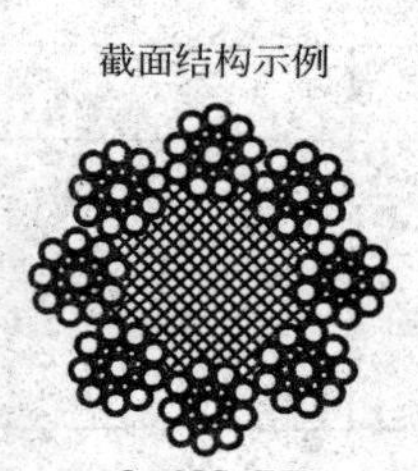
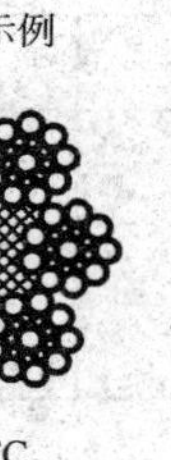

8×19S+FC

8×19W+FC

8×25Fi+FC

钢丝绳结构		绳股结构	
项　目	数　量	项　目	数　量
股数	8	钢丝	19~25
外股	8	外层钢丝	9~12
股的层数	1	钢丝层数	2
钢丝绳钢丝数	152~200		

典型例子		外层钢丝的数量			外层钢丝系数①
钢丝绳	股	总数	每股		a
8×19S	1+9+9	72	9		0.0655
8×19W	1+6+6/6	96	12	6	0.0606
				6	0.0450
8×25Fi	1+6+6F+12	96	12		0.0525
最小破断拉力系数	$K_1=0.293$				
单位质量系数①	$W_1=0.340$				
金属截面积系数①	$C_1=0.349$				

钢丝绳公称直径/mm	参考质量①/kg·(100m)$^{-1}$	最小破断拉力/kN						
		双强度/MPa				单强度/MPa		
		1180/1770等级	1320/1620等级	1370/1770等级	1570/1770等级	1570等级	1620等级	1770等级
8②	21.8	25.7	26.5	28.1	30.8	29.4	30.4	33.2
9	27.5	32.5	—	35.6	38.9	37.3	—	42.0
9.5	30.7	36.2	37.3	39.7	43.6	41.5	42.8	46.8
10②	34.0	40.1	41.3	44.0	48.1	46.0	47.5	51.9
11②	41.1	48.6	50.0	53.2	58.1	55.7	57.4	62.8
12	49.0	57.8	59.5	63.3	69.2	66.2	68.4	74.7
12.7	54.8	64.7	66.6	70.9	77.5	74.2	76.6	83.6
13②	57.5	67.8	69.8	74.3	81.2	77.7	80.2	87.6
14	66.6	78.7	81.0	86.1	94.2	90.2	93.0	102
14.3	69.5	82.1	—	—	98.3	—	—	—
15	76.5	90.3	—	98.9	108	104	—	117
16②	87.0	103	106	113	123	118	122	133
17.5	104	123	—	—	147	—	—	—
18	110	130	134	142	156	149	154	168
19②	123	145	149	159	173	166	171	187
20	136	161	165	176	192	184	190	207
20.6	144	170	—	—	204	—	—	—
22②	165	194	200	213	233	223	230	251

① 只作为参考，见式（17.1-6）和式（17.1-7）。

② 对新电梯的优先尺寸。

表 17.1-53　光面钢丝、钢芯、8×19 结构类别的电梯用钢丝绳

截面结构示例

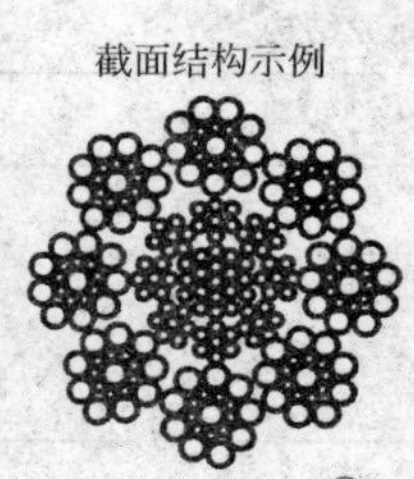

8×19S+IWR③

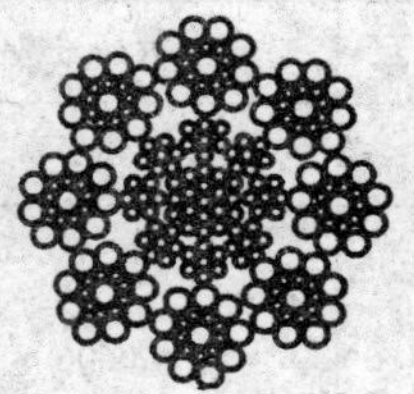

8×19W+IWR③

8×25Fi+IWR③

钢丝绳结构		股结构	
项　目	数　量	项　目	数　量
股数	8	钢丝	19~25
外股	8	外层钢丝	9~12
股的层数	1	钢丝层数	2
外股钢丝数	152~200		

典型例子		外层钢丝的数量		外层钢丝系数
钢丝绳	股	总数	每股	a
8×19S	1+9+9	72	9	0.0655
8×19W	1+6+6/6	96	12　6	0.0606
			6	0.0450
8×25Fi	1+6+6F+12	96	12	0.0525

最小破断拉力系数　$K_2=0.356$

单位质量系数①　$W_2=0.407$

金属截面积系数①　$C_2=0.457$

钢丝绳公称直径/mm	参考质量①/kg·(100m)$^{-1}$	最小破断拉力/kN				
		双强度/MPa			单强度/MPa	
		1180/1770等级	1370/1770等级	1570/1770等级	1570等级	1770等级
8②	26.0	33.6	35.8	38.0	35.8	40.3
9	33.0	42.5	45.3	48.2	45.3	51.0
9.5	36.7	47.4	50.4	53.7	50.4	56.9
10②	40.7	52.5	55.9	59.5	55.9	63.0
11②	49.2	63.5	67.6	79.1	67.6	76.2
12	58.6	75.6	80.5	85.6	80.5	90.7
12.7	65.6	84.7	90.1	95.9	90.1	102
13②	68.8	88.7	94.5	100	94.5	106
14	79.8	102	110	117	110	124
15	91.6	118	126	134	126	142
16②	104	134	143	152	143	161
18	132	170	181	193	181	204
19②	147	190	202	215	202	227
20	163	210	224	238	224	252
22②	197	254	271	288	271	305

① 只作为参考，见式（17.1-6）和式（17.1-7）。

② 对新电梯的优先尺寸。

③ 钢丝绳外股与钢丝绳芯分层捻制。

表 17.1-54　光面钢丝、钢芯、8×19 结构类别的钢丝绳

截面结构示例

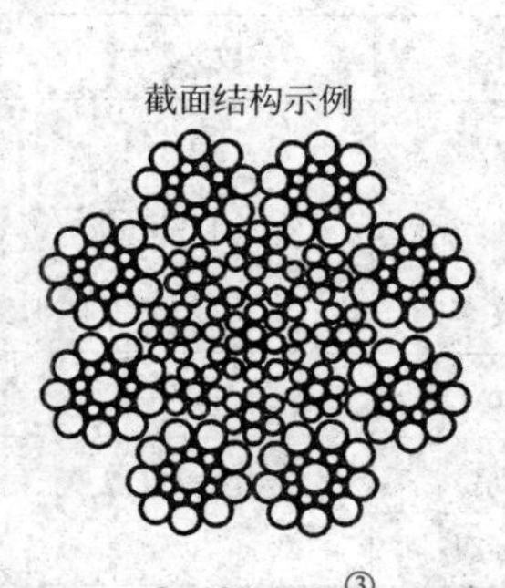

8×19S+IWR③

8×19W+IWR③

钢丝绳结构		股结构	
项　目	数　量	项　目	数　量
股数	8	钢丝	19~25
外股	8	外层钢丝	9~12
股的层数	1	钢丝层数	2
外股钢丝数	152~200		

典型例子		外层钢丝的数量		外层钢丝系数
钢丝绳	股	总数	每股	a
8×19S	1+9+9	72	9	0.0655
8×19W	1+6+6/6	96	12　6	0.0606
			6	0.0450
8×25Fi	1+6+6F+12	96	12	0.0525

最小破断拉力系数　$K_2 = 0.405$

单位质量系数①　$W_2 = 0.457$

金属截面积系数①　$C_2 = 0.488$

钢丝绳公称直径/mm	参考质量①/kg·(100m)$^{-1}$	最小破断拉力/kN				
		双强度/MPa			单强度/MPa	
		1180/1770等级	1370/1770等级	1570/1770等级	1570等级	1770等级
8	29.2	38.2	40.7	43.3	40.7	45.9
9	37.0	48.4	51.5	54.8	51.5	58.1
9.5	41.2	53.9	57.4	61.0	57.4	64.7
10②	45.7	59.7	63.6	67.6	63.6	71.7
11②	55.3	72.3	76.9	81.8	76.9	86.7
12	65.8	86.0	91.6	97.4	91.6	103
12.7	73.7	96.4	103	109	103	116
13②	77.2	101	107	114	107	121
14	89.6	117	125	133	125	141
15	103	134	143	152	143	161
16②	117	153	163	173	163	184
18	148	194	206	219	206	232
19②	165	216	230	244	230	259
20	183	239	254	271	254	287
22②	221	289	308	327	308	347

① 只作为参考，见式（17.1-6）和式（17.1-7）。

② 对新电梯的优先尺寸。

③ 钢丝绳外股与钢丝绳芯一次平行捻制。

表 17.1-55　光面钢丝、大直径的补偿用钢丝绳

截面结构示例

6×29Fi+FC

6×36WS+FC

钢丝绳结构		股结构	
项　　目	数　　量	项　　目	数　　量
股数	6	钢丝	25~41
外股	6	外层钢丝	12~16
股的层数	1	钢丝层数	2~3
钢丝绳钢丝数	150~246		

典型例子		外层钢丝的数量		外层钢丝系数 a
钢丝绳	股	总数	每股	
6×29Fi 6×36WS	1+7+7F+14 1+7+7/7+14	84	14	0.056

钢丝绳类别：6×36	
最小破断拉力系数	$K_1=0.330$
单位质量系数①	$W_1=0.367$
金属截面积系数①	$C_1=0.393$

钢丝绳公称直径 /mm	参考质量① /kg·(100m)$^{-1}$	钢丝绳类别	最小破断拉力/kN 1570MPa 等级	1770MPa 等级	1960MPa 等级
24	211	6×36 类别 (包括 6×36WS 和 6×29Fi)	298	336	373
25	229		324	365	404
26	248		350	395	437
27	268		378	426	472
28	288		406	458	507
29	309		436	491	544
30	330		466	526	582
31	353		498	561	622
32	376		531	598	662
33	400		564	636	704
34	424		599	675	748
35	450		635	716	792
36	476		671	757	838
37	502		709	800	885
38	530		748	843	934

① 只作为参考，见式（17.1-6）和式（17.1-7）。

3　绳具

3.1　钢丝绳夹（见表 17.1-56、表 17.1-57）

表 17.1-56　钢丝绳夹（摘自 GB/T 5976—2006㊀）

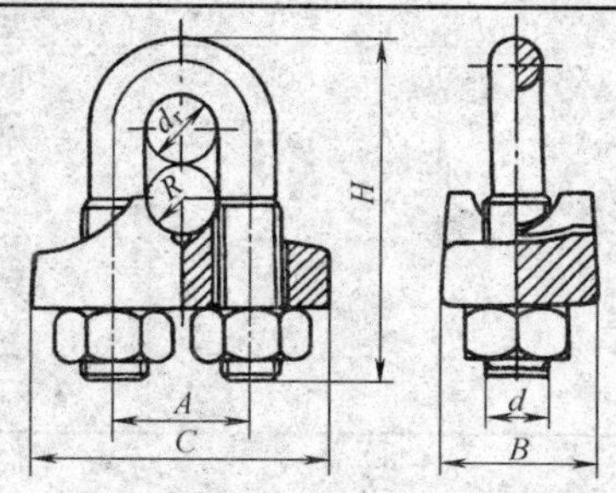

标记示例：

钢丝绳为右捻 6 股，规格为 20mm（钢丝绳公称直径 d_r>18~20mm），夹座材料为 KTH 350-10 的钢丝绳夹标记为：

绳夹　GB/T 5976-20 KTH

钢丝绳为左捻 6 股时，标记为：

绳夹　GB/T 5976-20 左 KTH

㊀ GB/T 5976—2006 中引用的标准部分已经更新，读者在引用该标准时应予以注意。

（续）

绳夹规格（钢丝绳公称直径）d_r/mm	适用钢丝绳公称直径 d_r/mm	尺寸/mm					螺　母（GB/T 41—2000）d	单组质量/kg
		A	B	C	R	H		
6	6	13.0	14	27	3.5	31	M6	0.034
8	>6～8	17.0	19	36	4.5	41	M8	0.073
10	>8～10	21.0	23	44	5.5	51	M10	0.140
12	>10～12	25.0	28	53	6.5	62	M12	0.243
14	>12～14	29.0	32	61	7.5	72	M14	0.372
16	>14～16	31.0	32	63	8.5	77	M14	0.402
18	>16～18	35.0	37	72	9.5	87	M16	0.601
20	>18～20	37.0	37	74	10.5	92	M16	0.624
22	>20～22	43.0	46	89	12.0	108	M20	1.122
24	>22～24	45.5	46	91	13.0	113	M20	1.205
26	>24～26	47.5	46	93	14.0	117	M20	1.244
28	>26～28	51.5	51	102	15.0	127	M22	1.605
32	>28～32	55.5	51	106	17.0	136	M22	1.727
36	>32～36	61.5	55	116	19.5	151	M24	2.286
40	>36～40	69.0	62	131	21.5	168	M27	3.133
44	>40～44	73.0	62	135	23.5	178	M27	3.470
48	>44～48	80.0	69	149	25.5	196	M30	4.701
52	>48～52	84.5	69	153	28.0	205	M30	4.897
56	>52～56	88.5	69	157	30.0	214	M30	5.075
60	>56～60	98.5	83	181	32.0	237	M36	7.921

注：适用于起重机、矿山运输、船舶和建筑业等重型工况中使用的 GB 8918—2006 和 GB/T 20118—2006 中圆股钢丝绳的绳端固定或连接用的钢丝绳夹。

表 17.1-57　钢丝绳夹零件材料（摘自 GB/T 5976—2006）

零件名称		材　料
夹　座	锻造	GB/T 700—1988 规定的 Q235-B
	铸造	GB/T 1348—1988 规定的 QT450-10
		GB/T 9440—1988 规定的 KTH350-10
		GB/T 11352—1989 规定的 ZG270-500
U 形螺栓		GB/T 700—1988 规定的 Q235-B
螺母		GB/T 41—2000 规定的性能等级 5 级

注：1. 允许采用性能不低于表中的材料代用。
2. 当绳夹用于起重机上时，夹座材料推荐采用 Q235-B 钢或 ZG 270-500 制造。

钢丝绳夹的使用方法介绍如下：

（1）钢丝绳夹的布置

钢丝绳夹应把夹座扣在钢丝绳的工作段上，U 形螺栓扣在钢丝绳的尾段上。钢丝绳夹不得在钢丝绳上交替布置，如图 17.1-3 所示。

（2）钢丝绳夹的数量

对于符合 GB/T 5976—2006 标准规定的适用场合，每一连接处所需钢丝绳夹的最少数量推荐见表 17.1-58。

表 17.1-58　钢丝绳夹最少数量推荐

绳夹规格（钢丝绳公称直径）d_r/mm	钢丝绳夹的最少数量（组）
≤18	3
>18～26	4
>26～36	5
>36～44	6
>44～60	7

（3）钢丝绳夹间的距离

钢丝绳夹间的距离 A 等于 6～7 倍钢丝绳直径（见图 17.1-3）。

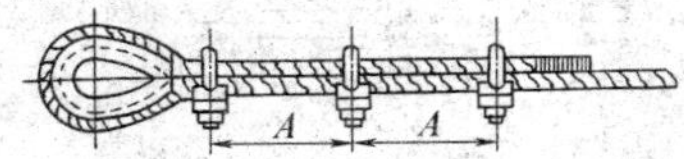

图 17.1-3　钢丝绳夹的布置

（4）绳夹固定处的强度

按上述固定方法正确布置和夹紧，固定处的强度至少为钢丝绳自身强度的 80%。

（5）钢丝绳夹的紧固方法

紧固绳夹时必须考虑每个绳夹的合理受力，离套环最远处的绳夹不得首先单独紧固。离套环最近处的绳夹（第一个绳夹）应尽可能地靠紧套环，但仍必须保证绳夹的正确拧紧，不得损坏钢丝绳的外层钢丝。

3.2　钢丝绳用楔形接头（见表 17.1-59）

表 17.1-59　钢丝绳用楔形接头（摘自 GB/T 5973—2006[㊀]）

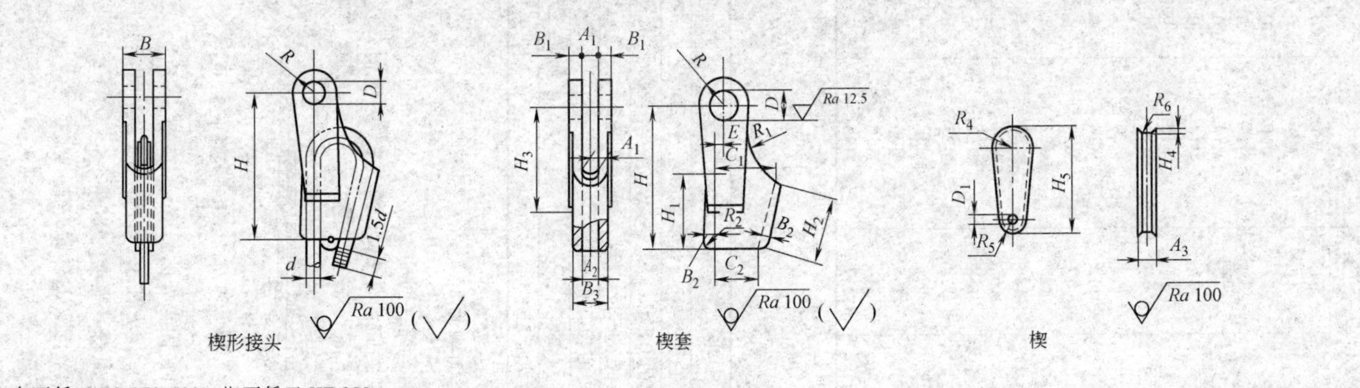

楔形接头　　楔套　　楔

材料：楔套不低于 ZG 270-500，楔不低于 HT 200

标记示例：

规格为 20mm（钢丝绳公称直径 d>18~20mm）的楔形接头标记为：楔形接头　GB/T 5973-20

楔套标记为：楔套　GB/T 5973-20；楔标记为：楔　GB/T 5973-20

规格（钢丝绳公称直径）d/mm	适用钢丝绳公称直径 d/mm	楔形接头、楔套尺寸/mm																						楔套的单件质量/kg
		A_1		A_2		B	B_1	B_2	B_3	C_1		C_2		D (H10)	E	H	H_1	H_2	H_3	R	R_1	R_2	
		公称尺寸	极限偏差	公称尺寸	极限偏差					公称尺寸	极限偏差	公称尺寸	极限偏差										
6	6	13	$^{+1.0}_{0}$	11	$^{+1.0}_{0}$	29	8	7	25	30	$^{+1.0}_{0}$	20.5	$^{+1.0}_{0}$	16	3.0	105	45	43.0	60	16	40	2	0.452
8	>6~8	15		13		31	8	7	27	39		27.0		18	3.5	125	55	51.0	80	25	50	2	0.623
10	>8~10	18		16		38	10	8	30	49		32.5		20	4.5	150	75	71.0	100	25	60	3	0.802
12	>10~12	20		18		44	12	10	36	58		40.5		25	5.5	180	80	75.0	110	30	70	3	1.309
14	>12~14	23		21		51	14	13	41	69		50.5		30	6.5	185	85	79.0	140	35	80	3	1.708
16	>14~16	26	$^{+1.5}_{0}$	24	$^{+1.5}_{0}$	60	17	15	48	77	$^{+1.5}_{0}$	56.5	$^{+1.5}_{0}$	34	7.5	195	95	88.0	140	42	90	4	2.379
18	>16~18	28		26		64	18	17	52	87		65.5		36	8.5	195	100	92.0	150	44	100	4	2.948
20	>18~20	30		28		72	21	18	58	93		68.0		38	9.5	220	115	107.0	160	50	110	4	3.939
22	>20~22	32		29		76	22	22	64	104		80.0		40	10.5	240	115	107.0	180	52	120	5	4.571
24	>22~24	35		32		83	24	24	71	112		86.5		50	11.5	260	120	109.0	200	60	130	5	5.928
26	>24~26	38		35		92	27	25	76	120		92.5		55	12.5	280	130	118.0	210	65	140	6	7.153
28	>26~48	40		36		94	27	25	78	119		83.0		55	13.5	320	165	154.0	230	70	155	6	9.906
32	>28~32	44	$^{+2.0}_{0}$	40	$^{+2.0}_{0}$	110	33	27	84	146	$^{+2.0}_{0}$	104.0	$^{+2.0}_{0}$	65	15.0	360	190	180.0	270	77	175	7	12.948
36	>32~36	48		44		122	37	32	96	166		120.5		70	17.0	390	210	195.0	280	85	195	7	16.848
40	>36~40	55		51		145	45	32	103	184		125.5		75	19.0	470	260	246.0	340	90	210	8	23.665

㊀ GB/T 5973—2006 中引用的标准部分已经更新，读者在引用该标准时应予以注意。

（续）

规格（钢丝绳公称直径）d/mm	适用钢丝绳公称直径 d/mm	楔尺寸/mm							楔的单件质量/kg	断裂载荷/kN	许用载荷/kN	单组质量/kg
		A_3	H_4	H_5	R_4	R_5	R_6	D_1				
6	6	9	2	65	12	6.5	3.5	2	0.133	12	4	0.59
8	>6~8	11		79	15	8.0	4.5		0.179	21	7	0.80
10	>8~10	12	3	98	18	9.5	5.5		0.242	32	11	1.04
12	>10~12	14		111	21	11.5	6.5		0.421	48	16	1.73
14	>12~14	15	4	120	24	14.0	7.5	3.2	0.632	66	22	2.34
16	>14~16	17		136	26	14.5	9.0		0.889	85	28	3.27
18	>16~18	19	5	142	30	18.5	10.0		1.045	108	36	4.00
20	>18~20	21		161	31	17.0	11.0		1.513	135	45	5.45
22	>20~22	23		166	35	22.0	12.0	4	1.794	168	56	6.37
24	>22~24	25	6	180	37	22.0	13.0		2.387	190	63	8.32
26	>24~26	28		192	39	23.0	14.0		3.011	215	75	10.16
28	>26~28	30	7	229	42	21.5	15.0		4.064	270	90	13.97
32	>28~32	34		259	47	24.5	17.5	5	4.992	336	112	17.94
36	>32~36	38	8	286	54	29.5	19.5		6.178	450	150	23.03
40	>36~40	42		341	58	26.5	21.5		8.689	540	180	32.35

注：1. 适用于各类起重机上使用的符合 GB/T 8918—2006 和 GB/T 20118—2006 的绳端固定或连接的圆股钢丝绳用楔形接头。

2. 表中许用载荷和断裂载荷是根据楔套材料采用 GB/T 11352—1989 中规定的 ZG270-500 铸钢件、楔的材料采用 GB/T 9439—1988 中规定的 HT200 灰铸铁件确定的。

3.3　钢丝绳用普通套环（见表 17.1-60）

表 17.1-60　钢丝绳用普通套环（摘自 GB/T 5974.1—2006）

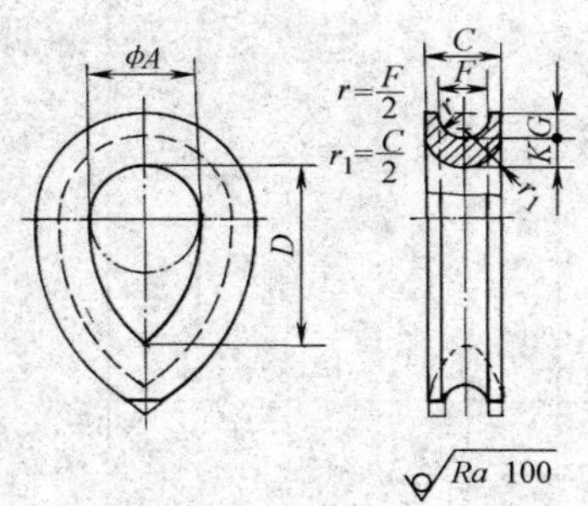

推荐材料：15 钢（抗拉强度 ≥ 375N/mm^2）、35 钢（抗拉强度 ≥ 530N/mm^2）、Q235-B（伸长率 ≥ 20%）

标记示例：

规格为 16mm（钢丝绳公称直径 d>14～16mm）的普通套环标记为：

套环　GB/T 5974.1-16

套环规格（钢丝绳公称直径）d/mm	尺寸/mm										单件质量/kg
	F	C		A		D		G min	K		
		公称尺寸	极限偏差	公称尺寸	极限偏差	公称尺寸	极限偏差		公称尺寸	极限偏差	
6	6.7±0.2	10.5	0 -1.0	15	+1.5 0	27	+2.7 0	3.3	4.2	0 -0.1	0.032
8	8.9±0.3	14.0	0 -1.4	20	+2.0 0	36	+3.6 0	4.4	5.6	0 -0.2	0.075
10	11.2±0.3	17.5		25		45		5.5	7.0		0.150
12	13.4±0.4	21.0		30		54		6.6	8.4		0.250
14	15.6±0.5	24.5		35		63		7.7	9.8		0.393
16	17.8±0.6	28.0	0 -2.8	40	+4.0 0	72	+7.2 0	8.8	11.2	0 -0.4	0.605
18	20.1±0.6	31.5		45		81		9.9	12.6		0.867
20	22.3±0.7	35.0		50		90		11.0	14.0		1.205
22	24.5±0.8	38.5		55		99		12.1	15.4		1.563
24	26.7±0.9	42.0	0 -3.4	60	+4.8 0	108	+8.6 0	13.2	16.8	0 -0.6	2.045
26	29.0±0.9	45.5		65		117		14.3	18.2		2.620
28	31.2±1.0	49.0		70		126		15.4	19.6		3.290
32	35.6±1.2	56.0		80		144		17.6	22.4		4.854
36	40.1±1.3	63.0	0 -4.4	90	+6.0 0	162	+11.3 0	19.8	25.2	0 -0.8	6.972
40	44.5±1.5	70.0		100		180		22.0	28.0		9.624
44	49.0±1.6	77.0		110		198		24.2	30.8		12.808
48	53.4±1.8	84.0		120		216		26.4	33.6		16.595
52	57.9±1.9	91.0	0 -5.5	130	+7.8 0	234	+14.0 0	28.6	36.4	0 -1.1	20.945
56	62.3±2.1	98.5		140		252		30.8	39.2		26.310
60	66.8±2.2	105.0		150		270		33.0	42.0		31.396

注：1. 适用于 GB 8918—2006 和 GB/T 20118—2006 规定的圆股钢丝绳用普通套环。

2. 套环的最大承载能力应不低于公称抗拉强度为 1770MPa 的圆股钢丝绳最小破断拉力的 32%。

3. 套环所采用的销轴直径不得小于钢丝绳直径的 2 倍。

3.4　钢丝绳用重型套环（见表 17.1-61）

表 17.1-61　钢丝绳用重型套环（摘自 GB/T 5974.2—2006）

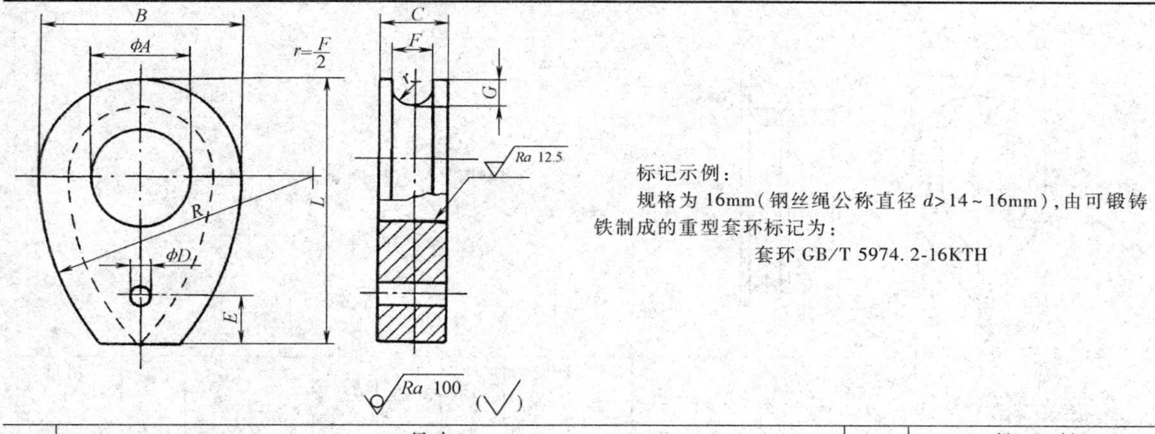

标记示例：

规格为 16mm（钢丝绳公称直径 d>14～16mm），由可锻铸铁制成的重型套环标记为：

套环 GB/T 5974.2-16KTH

<table>
<tr><th rowspan="4">套环规格（钢丝绳公称直径）d /mm</th><th colspan="15">尺寸/mm</th><th rowspan="4">单件质量 /kg</th><th colspan="3">材　料</th></tr>
<tr><th rowspan="3">F</th><th colspan="2">C</th><th colspan="2">A</th><th colspan="2">B</th><th colspan="2">L</th><th colspan="2">R</th><th rowspan="3">G min</th><th rowspan="3">D</th><th rowspan="3">E</th><th rowspan="2">可锻铸铁</th><th rowspan="2">球墨铸铁</th><th rowspan="2">铸钢</th></tr>
<tr><th rowspan="2">公称尺寸</th><th rowspan="2">极限偏差</th><th rowspan="2">公称尺寸</th><th rowspan="2">极限偏差</th><th rowspan="2">公称尺寸</th><th rowspan="2">极限偏差</th><th rowspan="2">公称尺寸</th><th rowspan="2">极限偏差</th><th rowspan="2">公称尺寸</th><th rowspan="2">极限偏差</th></tr>
<tr><th colspan="3">不低于</th></tr>
<tr><td>8</td><td>8.9±0.3</td><td>14.0</td><td rowspan="4">0
−1.4</td><td>20</td><td rowspan="3">+0.149
+0.065</td><td>40</td><td rowspan="4">±2</td><td>56</td><td rowspan="4">±3</td><td>59</td><td rowspan="4">+3
0</td><td>6.0</td><td rowspan="6">5</td><td rowspan="6">20</td><td>0.08</td><td rowspan="12">KTH370
−12</td><td rowspan="12">—</td><td rowspan="12">—</td></tr>
<tr><td>10</td><td>11.2±0.3</td><td>17.5</td><td>25</td><td>50</td><td>70</td><td>74</td><td>7.5</td><td>0.17</td></tr>
<tr><td>12</td><td>13.4±0.4</td><td>21.0</td><td>30</td><td>60</td><td>84</td><td>89</td><td>9.0</td><td>0.32</td></tr>
<tr><td>14</td><td>15.6±0.5</td><td>24.5</td><td>35</td><td rowspan="4">+0.180
+0.080</td><td>70</td><td>98</td><td>104</td><td>10.5</td><td>0.50</td></tr>
<tr><td>16</td><td>17.8±0.6</td><td>28.0</td><td rowspan="4">0
−2.8</td><td>40</td><td>80</td><td rowspan="4">±4</td><td>112</td><td rowspan="4">±6</td><td>118</td><td rowspan="4">+6
0</td><td>12.0</td><td>0.78</td></tr>
<tr><td>18</td><td>20.1±0.6</td><td>31.5</td><td>45</td><td>90</td><td>126</td><td>133</td><td>13.5</td><td>1.14</td></tr>
<tr><td>20</td><td>22.3±0.7</td><td>35.0</td><td>50</td><td>100</td><td>140</td><td>148</td><td>15.0</td><td rowspan="9">10</td><td rowspan="9">30</td><td>1.41</td></tr>
<tr><td>22</td><td>24.5±0.8</td><td>38.5</td><td>55</td><td rowspan="6">+0.220
+0.100</td><td>110</td><td>154</td><td>163</td><td>16.5</td><td>1.96</td></tr>
<tr><td>24</td><td>26.7±0.9</td><td>42.0</td><td rowspan="5">0
−3.4</td><td>60</td><td>120</td><td rowspan="5">±6</td><td>168</td><td rowspan="5">±9</td><td>178</td><td rowspan="5">+9
0</td><td>18.0</td><td>2.41</td></tr>
<tr><td>26</td><td>29.0±0.9</td><td>45.5</td><td>65</td><td>130</td><td>182</td><td>193</td><td>19.5</td><td>3.46</td></tr>
<tr><td>28</td><td>31.2±1.0</td><td>49.0</td><td>70</td><td>140</td><td>196</td><td>207</td><td>21.0</td><td>4.30</td></tr>
<tr><td>32</td><td>35.6±1.2</td><td>56.0</td><td>80</td><td>160</td><td>224</td><td>237</td><td>24.0</td><td>6.46</td></tr>
<tr><td>36</td><td>40.1±1.3</td><td>63.0</td><td rowspan="4">0
−4.4</td><td>90</td><td rowspan="4">+0.260
+0.120</td><td>180</td><td rowspan="4">±9</td><td>252</td><td rowspan="4">±13</td><td>267</td><td rowspan="4">+13
0</td><td>27.0</td><td>9.77</td><td rowspan="7">—</td><td rowspan="7">QT450
−10</td><td rowspan="7">ZG270
−500</td></tr>
<tr><td>40</td><td>44.5±1.5</td><td>70.0</td><td>100</td><td>200</td><td>280</td><td>296</td><td>30.0</td><td>12.94</td></tr>
<tr><td>44</td><td>49.0±1.6</td><td>77.0</td><td>110</td><td>220</td><td>308</td><td>326</td><td>33.0</td><td rowspan="5">15</td><td rowspan="5">45</td><td>17.02</td></tr>
<tr><td>48</td><td>53.4±1.8</td><td>84.0</td><td>120</td><td>240</td><td>336</td><td>356</td><td>36.0</td><td>22.75</td></tr>
<tr><td>52</td><td>57.9±1.9</td><td>91.0</td><td rowspan="3">0
−5.5</td><td>130</td><td rowspan="3">+0.305
+0.145</td><td>260</td><td rowspan="3">±13</td><td>364</td><td rowspan="3">±18</td><td>385</td><td rowspan="3">+19
0</td><td>39.0</td><td>28.41</td></tr>
<tr><td>56</td><td>62.3±2.1</td><td>98.0</td><td>140</td><td>280</td><td>392</td><td>415</td><td>42.0</td><td>35.56</td></tr>
<tr><td>60</td><td>66.8±2.2</td><td>105.0</td><td>150</td><td>300</td><td>420</td><td>445</td><td>45.0</td><td>48.35</td></tr>
</table>

注：1. 适用于 GB 8918—2006 和 GB/T 20118—2006 中规定的圆股钢丝绳用重型套环。

2. 套环的最大承载能力应不低于公称抗拉强度为 1870MPa 圆股钢丝绳的最小破断拉力。

3.5　钢索套环（见表 17.1-62）

表 17.1-62　钢索套环（摘自 CB/T 33—1999）　　　（mm）

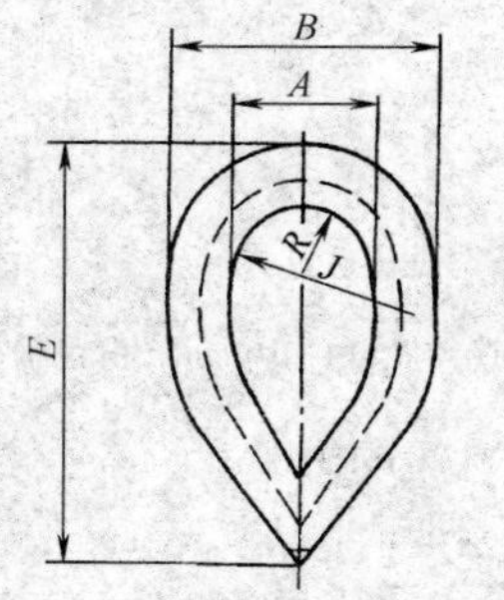

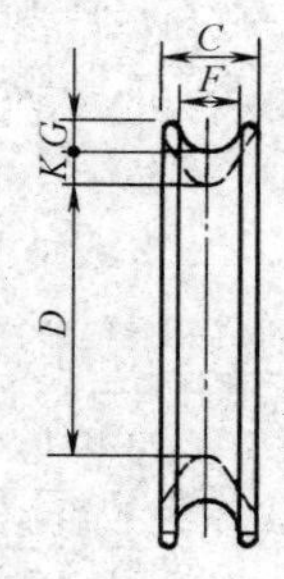

标记示例：
钢索直径为 6mm 的钢索套环标记为：
套环　WT 6　GB 560—1987

型号	钢索直径	套环的许用载荷 /kN(tf)	A	B	C	D	E	F	G	J	K	R	质量 /kg ≈
WT4	4	1.67(0.17)	10.0	19.0	6.0	20	32	4.4	2.5	14	2.0	4.4	0.011
WT5	5	2.45(0.25)	12.5	23.5	7.5	25	40	5.5	3.0	17	2.5	5.5	0.019
WT6	6	3.43(0.35)	15.0	28.0	9.0	30	47	6.6	3.5	20	3.0	6.6	0.034
WT8	8	6.27(0.64)	20.0	37.0	12.0	40	63	8.8	4.5	27	4.0	8.8	0.074
WT10	9~10	9.80(1.00)	25.0	46.0	15.0	50	79	11.0	5.5	34	5.0	11.0	0.132
WT12	11~12	14.70(1.50)	30.0	56.0	18.0	60	95	13.0	7.0	41	6.0	13.0	0.212
WT14	13~14	19.60(2.00)	35.0	65.0	21.0	70	111	15.0	8.0	48	7.0	15.0	0.311
WT16	16	26.46(2.70)	40.0	74.0	24.0	80	126	18.0	9.0	54	8.0	18.0	0.514
WT18	18	33.32(3.40)	45.0	83.0	27.0	90	142	20.0	10.0	61	9.0	20.0	0.938
WT20	20	40.18(4.10)	50.0	92.0	30.0	100	158	22.0	11.0	68	10.0	22.0	1.320
WT22	22	49.00(5.00)	55.0	101.0	33.0	110	174	24.0	12.0	75	11.0	24.0	1.750
WT25	24	63.70(6.50)	62.0	115.0	38.0	125	198	28.0	14.0	85	12.0	28.0	2.550
WT28	26~28	80.36(8.20)	70.0	129.0	42.0	140	221	31.0	15.5	95	14.0	31.0	3.530
WT32	32	104.86(10.70)	80.0	147.0	48.0	160	253	35.0	17.5	109	16.0	35.0	5.150
WT36	36	132.30(13.50)	90.0	166.0	54.0	180	284	40.0	20.0	122	18.0	40.0	7.250
WT40	40	166.60(17.00)	100.0	184.0	60.0	200	316	44.0	22.0	136	20.0	44.0	10.430
WT45	44	205.80(21.00)	112.0	207.0	68.0	225	356	50.0	25.0	153	22.5	50.0	14.810
WT50	48	264.60(27.00)	125.0	231.0	75.0	250	395	55.0	28.0	170	25.0	55.0	21.940
WT56	52~56	323.40(33.00)	140.0	258.0	84.0	280	442	62.0	31.0	190	28.0	62.0	30.240
WT63	60	392.00(40.00)	158.0	291.0	94.0	315	498	69.0	35.0	214	31.5	69.0	40.040

注：CB/T 33—1999 标准由 GB 560—1987 降为行业标准而来，但内容并未修订，供参考。

3.6　纤维索套环（见表 17.1-63）

表 17.1-63　纤维索套环（摘自 CB/T 33—1999）　　　（mm）

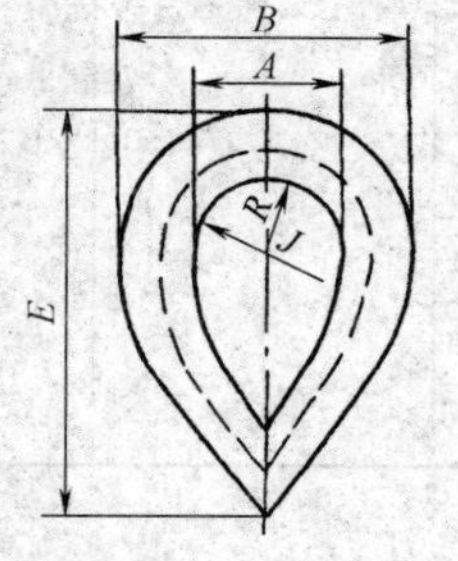

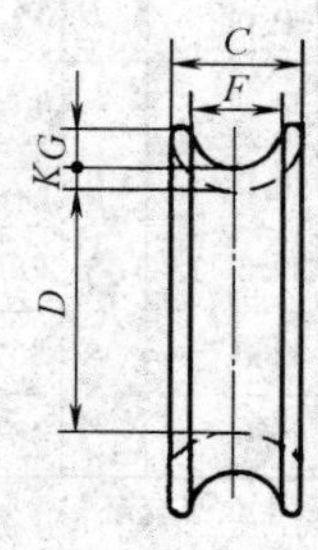

标记示例：
纤维索直径为 22mm 的纤维索套环标记为：
套环　FT 22　GB 560—1987

（续）

型号	纤维索直径	套环的许用载荷/kN(tf)	*A*	*B*	*C*	*D*	*E*	*F*	*G*	*J*	*K*	*R*	质量/kg ≈
FT6	6	0.78(0.08)	11	21	8.4	18	30	6.6	3.0	8.4	2.0	4.8	0.014
FT8	7~8	1.37(0.14)	14	26	11.0	24	40	8.8	4.0	11.0	2.0	6.4	0.033
FT10	9~10	2.06(0.21)	18	32	14.0	30	50	11.0	4.5	14.0	2.5	8.0	0.056
FT12	11~12	2.94(0.30)	22	39	17.0	36	60	13.0	5.5	17.0	3.0	9.6	0.089
FT14	13~14	3.92(0.40)	25	45	20.0	42	70	15.0	6.5	20.0	3.5	11.2	0.129
FT16	16	4.90(0.50)	29	51	22.0	48	80	18.0	7.0	22.0	4.0	12.8	0.172
FT18	18	6.37(0.65)	32	57	25.0	54	90	20.0	8.0	25.0	4.5	14.4	0.251
FT20	20	7.84(0.80)	36	64	28.0	60	100	22.0	9.0	28.0	5.0	16.0	0.345
FT22	22	9.80(1.00)	40	71	31.0	66	110	24.0	10.0	31.0	5.5	18.0	0.497
FT25	24	11.76(1.20)	45	79	35.0	75	125	28.0	11.0	35.0	6.0	20.0	0.725
FT28	26~28	14.70(1.50)	50	90	39.0	84	140	31.0	13.0	39.0	7.0	23.0	1.080
FT32	30~32	18.62(1.90)	58	102	45.0	96	160	35.0	14.0	45.0	8.0	26.0	1.560
FT36	34~36	24.50(2.50)	65	115	50.0	108	180	40.0	16.0	50.0	9.0	29.0	2.150
FT40	38~40	31.36(3.20)	72	128	56.0	120	200	44.0	18.0	56.0	10.0	32.0	3.250
FT45	44	38.22(3.90)	81	143	63.0	135	225	50.0	20.0	63.0	11.0	36.0	4.320
FT50	48	47.04(4.80)	90	159	70.0	150	250	55.0	22.0	70.0	12.5	40.0	5.750
FT56	52~56	58.80(6.00)	101	179	78.0	168	280	62.0	25.0	78.0	14.0	45.0	8.100
FT63	60	73.50(7.50)	113	201	88.0	189	315	69.0	28.0	88.0	16.0	51.0	11.240
FT70	64~68	88.20(9.00)	126	225	98.0	210	350	77.0	32.0	98.0	17.5	56.0	14.950
FT80	72、76~80	107.80(11.00)	144	256	112.0	240	400	88.0	36.0	112.0	20.0	64.0	20.820
FT90	88	137.20(14.00)	162	287	126.0	270	450	99.0	40.0	126.0	22.5	72.0	30.210
FT100	96	176.40(18.00)	180	320	140.0	300	500	110.0	45.0	140.0	25.0	80.0	46.310

3.7　一般起重用锻造卸扣（见表 17.1-64）

表 17.1-64　一般起重用锻造卸扣（摘自 GB/T 25854—2010）　　（mm）

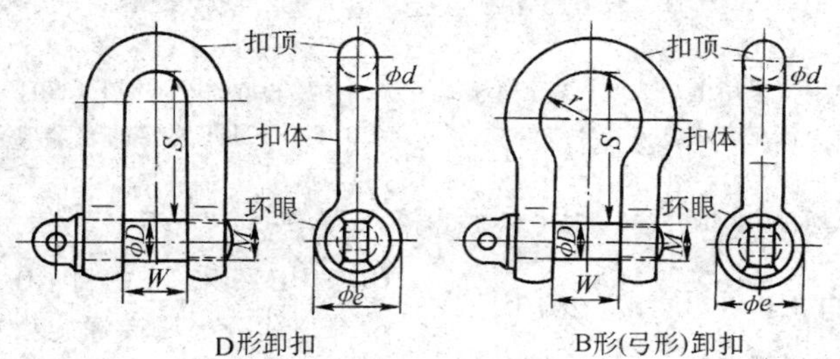

D形卸扣　　B形(弓形)卸扣

标记示例：

销轴为 W 型、极限工作载荷为 20t 的 M4 级 D 形卸扣应标记为：卸扣　GB/T 25854-4-DW20

型号表示方法

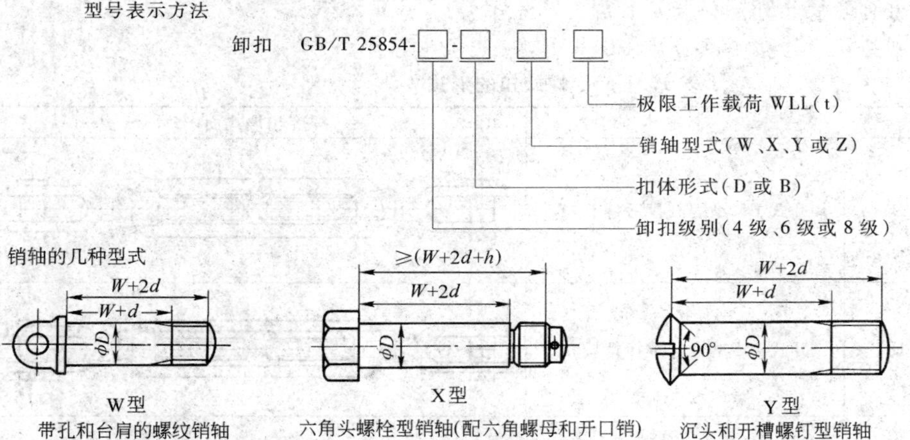

Z 型：根据型号表示方法，采用其他形式的销轴均以 Z 型表示

（续）

极限工作载荷 WLL/t			D 形卸扣的尺寸/mm					B 形（弓形）卸扣的尺寸/mm					
卸扣级别			d	D	W	S	e	d	D	W	$2r$	S	e
4 级	6 级	8 级	(max)	(max)	(min)	(min)	(max)	(max)	(max)	(min)	(min)	(min)	(max)
0.32	0.50	0.63	8.0	9.0		18.0	19.8	9.0	10.0		16.0	22.4	22
0.40	0.63	0.8	9.0	10.0		20.0	22.0	10.0	11.2		18.0	25.0	24.64
0.50	0.8	1	10.0	11.2		22.4	24.64	11.2	12.5		20.0	28.0	27.5
0.63	1	1.25	11.2	12.5		25.0	27.5	12.5	14.0		22.4	31.5	30.8
0.8	1.25	1.6	12.5	14.0		28.0	30.8	14.0	16.0		25.0	35.5	35.2
1	1.6	2	14.0	16.0		31.5	35.2	16.0	18.0		28.0	40.0	39.6
1.25	2	2.5	16.0	18.0		35.5	39.6	18.0	20.0		31.5	45.0	44
1.6	2.5	3.2	18.0	20.0		40.0	44	20.0	22.4		35.5	50.0	49.28
2	3.2	4	20.0	22.4		45.0	49.28	22.4	25.0		40.0	56.0	55
2.5	4	5	22.4	25.0		50.0	55	25.0	28.0		45.0	63.0	61.8
3.2	5	6.3	25.0	28.0		56.0	61.8	28.0	31.5		50.0	71.0	69.3
4	6.3	8	28.0	31.5		63.0	69.3	31.5	35.5		56.0	80.0	78.1
5	8	10	31.5	35.5		71.0	78.1	35.5	40.0		63.0	90.0	88
6.3	10	12.5	35.5	40.0		80.0	88	40.0	45.0		71.0	100.0	99
8	12.5	16	40.0	45.0		90.0	99	45.0	50.0		80.0	112.0	110
10	16	20	45.0	50.0		100.0	110	50.0	56.0		90.0	125.0	123.2
12.5	20	25	50.0	56.0		112.0	123.2	56.0	63.0		100.0	140.0	138.6
16	25	32	56.0	63.0		125.0	138.6	63.0	71.0		112.0	160.0	156.2
20	32	40	63.0	71.0		140.0	156.2	71.0	80.0		125.0	180.0	176
25	40	50	71.0	80.0		160.0	178	80.0	90.0		140.0	200.0	198
32	50	63	80.0	90.0		180.0	198	90.0	100.0		160.0	224.0	220
40	63	80*	90.0	100.0		200.0	220	100.0	112.0		180.0	250.0	246.4
50	80	100*	100.0	112.0		224.0	246.4	112.0	125.0		200.0	280.0	275
63	100	—	112.0	125.0		250.0	275	125.0	140.0		224.0	315.0	308.0
80	—	—	125.0	140.0		280.0	308	140.0	160.0		250.0	355.0	352.0
100	—	—	140.0	160.0		315.0	352.0	160.0	180.0		280.0	400.0	396.0

注：1. 卸扣级别中带＊标记的，弓形卸扣没有此级别。

2. X 型中 h 为螺母厚度。

3. 卸扣的材质：镇静钢，采用电炉或吹氧转炉冶炼。6 级卸扣钢材除符合 GB/T 13304.1 规定的合金成分外，还应至少含有元素镍、铬、钼三者中之一。8 级卸扣除符合 GB/T 13304.1 规定的合金成分外，还应至少含有元素镍、铬、钼三者中的两种。

4. 卸扣的热处理要求应按 GB/T 25854—2010 标准进行。

3.8 索具螺旋扣（摘自 CB/T 3818—2013㊀）

3.8.1 螺旋扣的分类、结构和尺寸

螺旋扣分为开式索具螺旋扣和旋转式索具螺旋扣两种类型。螺旋扣按两端连接方式分为 UU、OO、OU、CC、CU 和 CO 六种形式。螺旋扣按螺旋套形式分为模锻螺旋扣和焊接螺旋扣两种类型。其形式见表 17.1-65。螺旋扣按强度分为 M、P、T 三个等级，其结构型式和尺寸见表 17.1-66～表 17.1-71。

表 17.1-65　螺旋扣的形式

类型	形式	名称	螺旋扣形式简图
开式索具螺旋扣	KUUD	开式 UU 型螺杆模锻螺旋扣	
	KUUH	开式 UU 型螺杆焊接螺旋扣	

㊀ CB/T 3818—2013 中引用的标准部分已经更新，读者在引用该标准时应予以注意。

（续）

类型	形式	名称	螺旋扣形式简图
开式索具螺旋扣	KOOD	开式 OO 型螺杆模锻螺旋扣	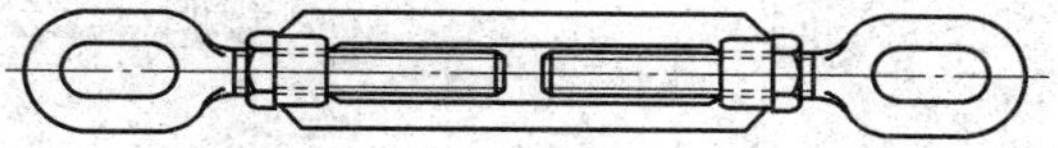
	KOOH	开式 OO 型螺杆焊接螺旋扣	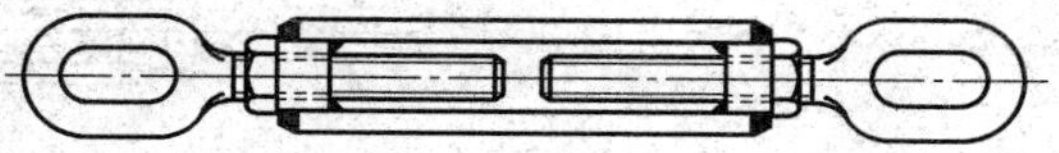
	KOUD	开式 OU 型螺杆模锻螺旋扣	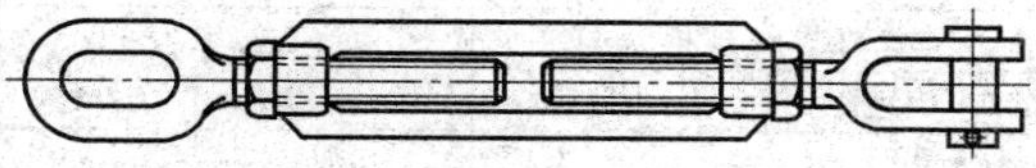
	KOUH	开式 OU 型螺杆焊接螺旋扣	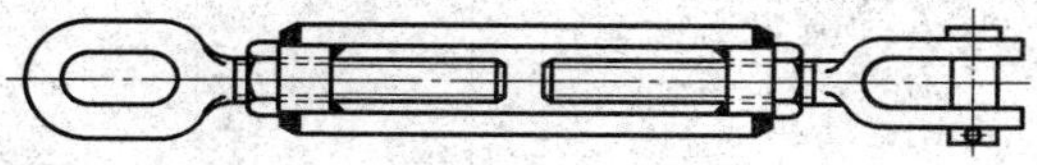
	KCCD	开式 CC 型螺杆模锻螺旋扣	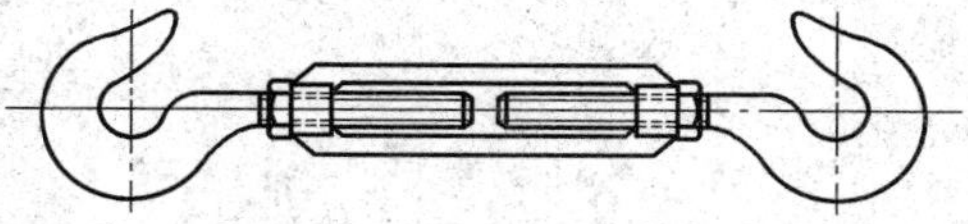
	KCUD	开式 CU 型螺杆模锻螺旋扣	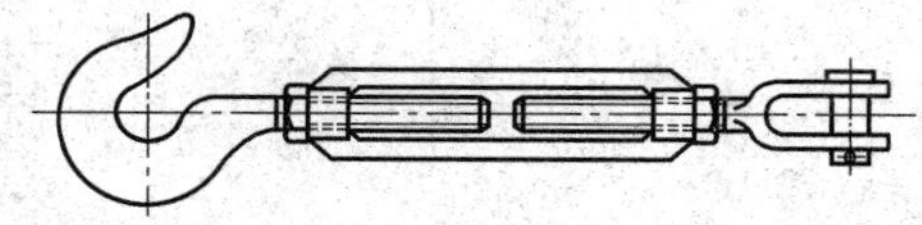
	KCOD	开式 CO 型螺杆模锻螺旋扣	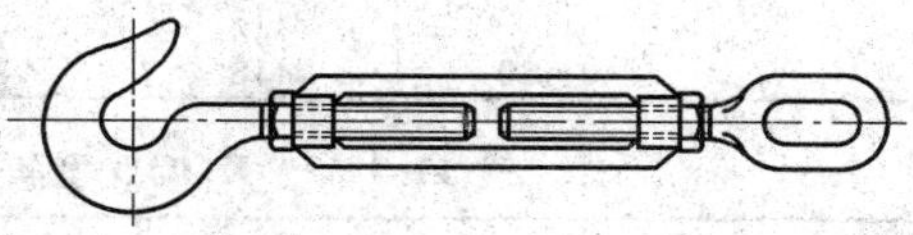
旋转式索具螺旋扣	ZCUD	旋转式 CU 型螺杆模锻螺旋扣	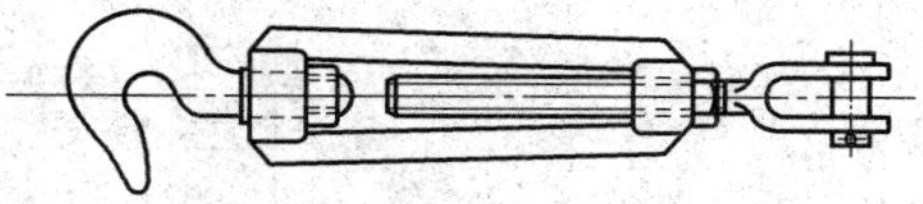
	ZUUD	旋转式 UU 型螺杆模锻螺旋扣	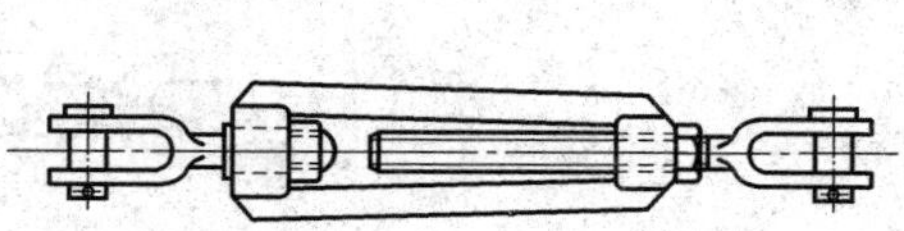

表 17.1-66 KUUD 型和 KUUH 型螺旋扣的结构型式和主要尺寸 (mm)

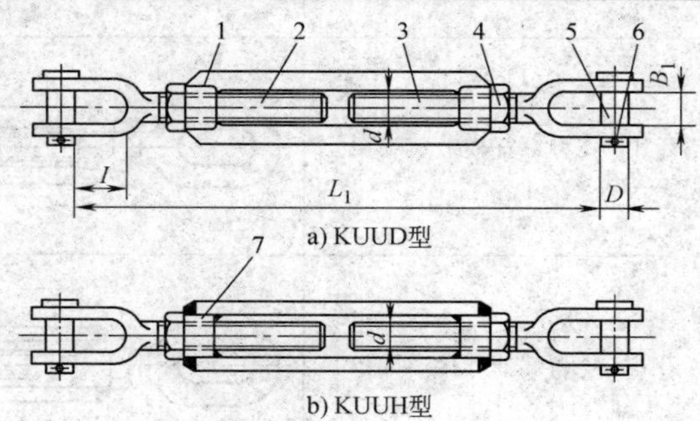

a) KUUD型

b) KUUH型

1—模锻螺旋套 2—U 形左螺杆 3—U 形右螺杆 4—锁紧螺母 5—光直销(也可采用螺栓销) 6—开口销 7—焊接螺旋套

螺杆螺纹规格 d		B_1	D	I	L_1		质量/kg	
KUUD 型	KUUH 型				最短	最长	KUUD 型	KUUH 型
M6	—	10	6	16	155	230	0.2	—
M8	—	12	8	20	210	325	0.4	—
M10	—	14	10	22	230	340	0.5	—
M12	—	16	12	27	280	420	0.9	—
M14	—	18	14	30	295	435	1.1	—
M16	—	22	16	34	335	525	1.8	—
M18	—	25	18	38	375	540	2.3	—
M20	—	27	20	41	420	605	3.1	—
M22	M22	30	23	44	445	630	3.7	4.1
M24	M24	32	26	52	505	720	5.8	6.2
M27	M27	38	30	61	545	755	6.9	7.3
M30	M30	44	32	69	635	880	11.4	12.1
M36	M36	49	38	73	650	900	14.1	15.1
—	M39	52	41	78	720	985	—	21.3
—	M42	60	45	86	760	1025	—	24.4
—	M48	64	50	94	845	1135	—	35.9
—	M56	68	57	104	870	1160	—	43.8
—	M60	72	61	109	940	1250	—	57.2
—	M64	75	65	113	975	1280	—	65.8
—	M68	89	71	106	1289	1639	—	112.7
—	Tr70	85	90	—	1300	1700	—	135.0
—	Tr80	95	100	—	1400	1850	—	180.0
—	Tr90	106	110	—	1500	2000	—	244.0
—	Tr100	115	120	—	1700	2250	—	280.0
—	Tr120	118	123	—	1800	2400	—	330.0

表 17.1-67 KOOD 型和 KOOH 型螺旋扣的结构型式和主要尺寸 (mm)

a) KOOD型

b) KOOH型

1—模锻螺旋套 2—O 形左螺杆 3—O 形右螺杆 4—锁紧螺母 5—焊接螺旋套

（续）

螺杆螺纹规格 d		B_2	I_1	L_2		质量/kg	
KOOD 型	KOOH 型			最短	最长	KOOD 型	KOOH 型
M6	—	10	19	170	245	0.2	—
M8	—	12	24	230	345	0.3	—
M10	—	14	28	255	365	0.4	—
M12	—	16	34	310	450	0.7	—
M14	—	18	40	325	465	0.9	—
M16	—	22	47	390	560	1.6	—
M18	—	25	55	415	580	1.8	—
M20	—	27	60	470	655	2.6	—
M22	M22	30	70	495	680	2.9	3.4
M24	M24	32	80	575	785	4.8	5.2
M27	M27	36	90	610	820	5.5	6.0
M30	M30	40	100	700	950	9.8	10.5
M36	M36	44	105	730	975	11.6	12.5
—	M39	49	120	820	1085	—	18.1
—	M42	52	130	855	1120	—	19.1
—	M48	58	140	940	1230	—	29.9
—	M56	65	150	970	1260	—	35.9
—	M60	70	170	1085	1390	—	46.2
—	M64	75	180	1130	1435	—	57.3
—	M68	83	178	1447	1797	—	91.0
—	Tr70	85	—	1300	1700	—	105.0
—	Tr80	95	—	1400	1850	—	150.0
—	Tr90	106	—	1500	2000	—	220.0
—	Tr100	115	—	1700	2250	—	255.0
—	Tr120	118	—	1800	2400	—	295.0

表 17.1-68　KOUD 型和 KOUH 型螺旋扣的结构型式和主要尺寸　（mm）

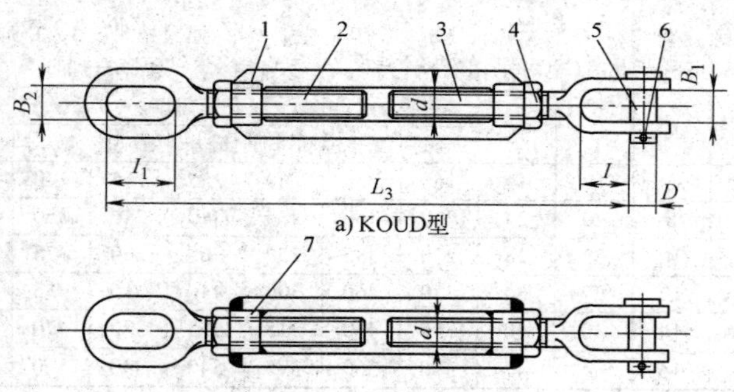

a) KOUD型

b) KOUH型

1—模锻螺旋套　2—O 形左螺杆　3—U 形右螺杆　4—锁紧螺母　5—光直销（也可采用螺栓销）　6—开口销　7—焊接螺旋套

螺杆螺纹规格 d		B_1	B_2	D	I	I_1	L_3		质量/kg	
KOUD 型	KOUH 型						最短	最长	KOUD 型	KOUH 型
M6	—	10	10	6	16	19	160	235	0.3	—
M8	—	12	12	8	20	24	220	335	0.4	—
M10	—	14	14	10	22	28	240	355	0.5	—
M12	—	16	16	12	27	34	295	435	0.8	—
M14	—	18	18	14	30	40	310	450	1.0	—
M16	—	22	22	16	34	47	375	540	1.7	—
M18	—	25	25	18	38	55	395	560	2.0	—
M20	—	27	27	20	41	60	445	630	2.8	—
M20	M20	30	30	23	44	70	470	655	3.3	3.8
M24	M24	32	32	26	52	80	540	775	5.3	5.7
M27	M27	38	36	30	61	90	575	790	6.2	6.7
M30	M30	44	40	32	69	100	665	915	10.6	11.3
M36	M36	49	44	38	73	105	690	940	12.8	13.7
—	M39	52	49	41	78	120	770	1035	—	19.3
—	M42	60	52	45	86	130	810	1075	—	21.8
—	M48	64	58	50	94	140	890	1180	—	32.9
—	M56	68	65	57	104	150	920	1210	—	40.9
—	M60	72	70	61	109	170	1010	1320	—	52.9
—	M64	75	75	65	113	180	1055	1360	—	61.5
—	M68	89	83	71	106	178	1369	1719	—	101.8
—	Tr70	85	85	90	—	—	1300	1700	—	115.0
—	Tr80	95	95	100	—	—	1400	1850	—	165.0
—	Tr90	106	106	110	—	—	1500	2000	—	235.0
—	Tr100	115	115	120	—	—	1700	2250	—	265.0
—	Tr120	118	118	123	—	—	1800	2400	—	315.0

表 17.1-69　KCCD 型、KCUD 型和 KCOD 型螺旋扣的结构型式和主要尺寸　　（mm）

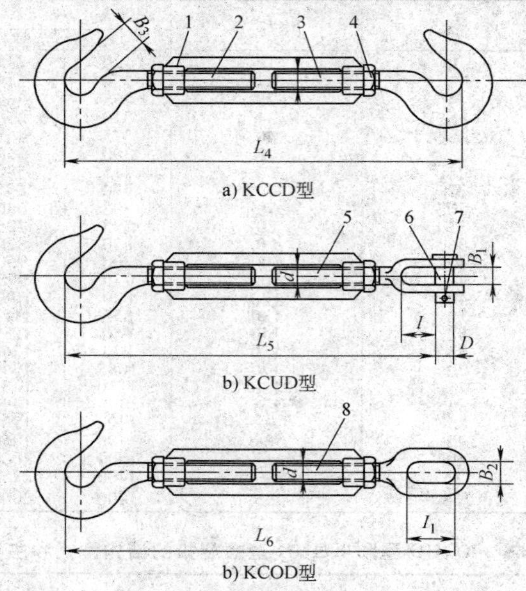

a) KCCD型

b) KCUD型

b) KCOD型

1—模锻螺旋套　2—C 形左螺杆　3—C 形右螺杆　4—锁紧螺母　5—U 形右螺杆　6—光直销（也可采用螺栓销）　7—开口销　8—O 形右螺杆

螺杆螺纹规格 d	B_1	B_2	B_3	D	I	I_1	L_4		L_5		L_6		质量/kg		
							最短	最长	最短	最长	最短	最长	KCCD 型	KCUD 型	KCOD 型
M6	10		8	6	16	19	160	235	160	235	165	240	0.2		
M8	12		13	8	20	24	250	360	230	340	240	350	0.4		0.5
M10	14		16	10	22	28	270	385	250	365	260	375	0.6	0.5	0.7
M12	16		18	12	27	34	320	460	300	440	315	455	1.0		1.2
M14	18		20	14	30	40	330	470	315	455	330	470	1.2	1.1	1.3
M16	22		24	16	34	47	390	560	375	545	390	560	2.0	1.9	2.2

表 17.1-70　ZCUD 型螺旋扣的结构型式和主要尺寸　　（mm）

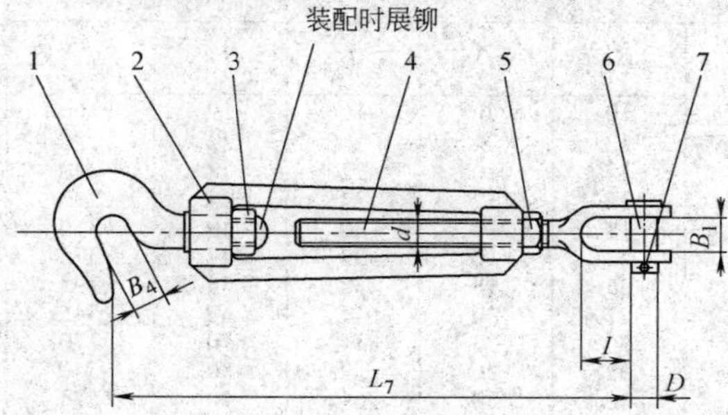

1—C 形钩子　2—模锻螺旋套　3—圆螺母　4—U 形螺杆　5—锁紧螺母　6—光直销（也可采用螺栓销）　7—开口销

螺杆螺纹规格 d	B_1	B_4	D	I	L_7		质量/kg
					最短	最长	
M8	12	10	8	16	185	265	0.4
M10	14	11	10	20	100	285	0.4
M12	16	12	12	22	240	330	0.9
M14	18	16	14	27	300	420	1.3
M16	22	20	16	30	315	440	1.8

表 17.1-71　ZUUD 型螺旋扣的结构型式和主要尺寸

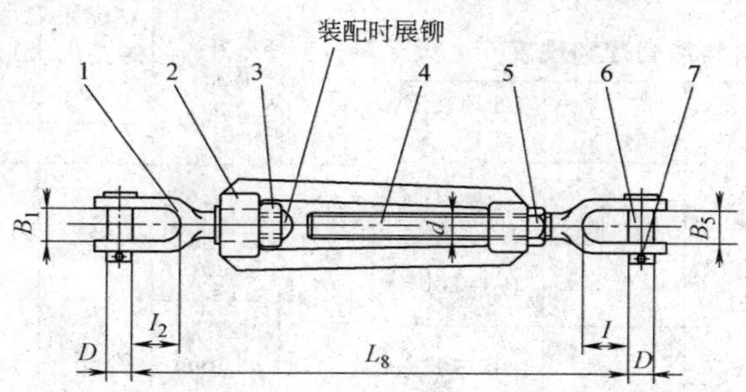

1—U 形叉子　2—模锻螺旋套　3—圆螺母　4—U 形螺杆　5—锁紧螺母　6—光直销(也可采用螺栓销)　7—开口销

螺杆螺纹规格 d	B_1	B_5	D	l	l_2	L_8		质量/kg
						最短	最长	
M8	12		8	16		190	270	0.4
M10	14		10	20		210	295	0.5
M12	16		12	22	24	245	335	0.9
M14	18		14	27	29	305	425	1.2
M16	22		16	30	35	325	450	1.6

3.8.2　产品标记

（1）型号表示方法

螺旋扣的型号表示方法如下：

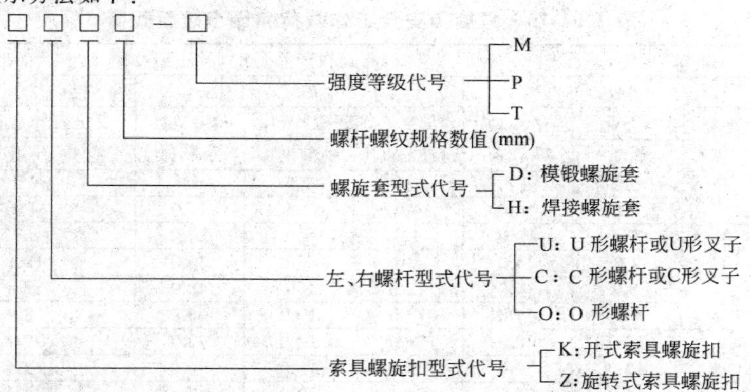

（2）标记示例

螺杆螺纹规格为 Tr100、强度等级为 T 级的开式 UU 形螺杆焊接索具螺旋扣标记为：

螺旋扣　CB/T 3818—2013　KUUH100-T

螺杆螺纹规格为 M36、强度等级为 M 级的开式 OU 形螺杆模锻索具螺旋扣标记为：

螺旋扣　CB/T 3818—2013　KOUD36-M

螺杆螺纹规格为 M12、强度等级为 P 级的旋转式 CU 形螺杆模锻索具螺旋扣标记为：

螺旋扣　CB/T 3818—2013　ZCUD12-P

3.8.3　材料和热处理

（1）螺旋扣零件材料见表 17.1-72。

表 17.1-72　螺旋扣零件材料

零件名称	材料		
	名称	牌号	标准号
螺旋套、螺杆、钩子、叉子、光直销	优质碳素结构钢	20	GB/T 699—1999
	低合金高强度结构钢	Q345	GB/T 1591—2008
	合金结构钢	35CrMo	GB/T 3077—1999
锁紧螺母、圆螺母	碳素结构钢	Q235A、Q235B	GB/T 700—2006
开口销	不锈钢棒	12Cr18Ni19	GB/T 1220—2007

（2）螺旋扣的材料应按规定进行热处理，硬度应符合表 17.1-73 的要求。

表 17.1-73　螺旋扣材料热处理和硬度

螺旋扣强度等级		适用螺杆螺纹规格	热处理方式	热处理硬度 HBW
M	GB/T 699—1999 20	M6～M64	正火	≤170
	GB/T 3077—1999 35CrMo	M68 Tr70～Tr120	调质	190～230
P	GB/T 1591—2008 Q345	M6～M64	正火	≤170
	GB/T 3077—1999 35CrMo	M68 Tr70～Tr120	调质	220～260
T	GB/T 3077—1999 35CrMo	M6～M68 Tr70～Tr120	调质	260～300

3.8.4　力学性能

螺旋扣产品的力学性能应符合表 17.1-74 规定。

表 17.1-74　螺旋扣的力学性能

螺旋扣产品强度等级		下屈服强度 R_{eL} /MPa	抗拉强度 R_m /MPa	断后伸长率 A (%)	断面收缩率 Z (%)	冲击吸收能量 KV	
						℃	J
		不小于					
M	GB/T 699—1999 20	235	410	22	50		34
	GB/T 3077—1999 35CrMo	440	630	15			42
P	GB/T 1591—2008 Q345	325	490	19	45	-20	34
	GB/T 3077—1999 35CrMo	550	725	12			39
T	GB/T 3077—1999 35CrMo	560	800		40		34

3.8.5　强度（见表 17.1-75）

1）螺旋扣承受表 17.1-75 规定的安全工作载荷后应无裂纹和变形，各部件转动应无卡滞现象。

2）螺旋扣承受表 17.1-75 规定的最小破断载荷后，不应产生脆断和脱载。

表 17.1-75　螺旋扣安全工作载荷和最小破断载荷　（kN）

螺杆螺纹规格	螺旋扣产品强度等级							
	M 级			P 级			T 级	
	安全工作载荷 SWL		最小破断载荷	安全工作载荷 SWL		最小破断载荷	安全工作载荷 SWL	最小破断载荷
	起重、绑扎	救生		起重、绑扎	救生		起重、绑扎、救生	
M6	1.2	0.8	4.8	1.6	1.0	6.0	2.3	12.0
M8	2.5	1.6	9.6	4.0	2.5	15.0	4.9	25.0
M10	4.0	2.5	15.0	4.0	4.0	24.0	6.3	32.0
M12	6.0	4.0	24.0	8.0	5.0	30.0	10.1	51.0
M14	9.0	6.0	36.0	12.0	8.0	48.0	13.8	69.0
M16	12.0	8.0	48.0	17.0	10.0	60.0	18.9	95.0
M18	17.0	10.0	60.0	21.0	12.0	72.0	23.1	116.0
M20	21.0	12.0	72.0	27.0	16.0	96.0	29.4	147.0
M22	27.0	16.0	96.0	35.0	20.0	120.0	36.4	182.0
M24	35.0	20.0	120.0	45.0	25.0	150.0	47.6	238.0
M27	45.0	28.0	168.0	55.0	34.0	204.0	62.0	310.0
M30	55.0	35.0	210.0	65.0	43.0	258.0	75.7	378.0
M36	75.0	50.0	300.0	95.0	63.0	378.0	110.3	551.0
M39	95.0	60.0	360.0	120.0	75.0	450.0	131.7	658.0
M42	105.0	70.0	420.0	127.0	85.0	510.0	145.3	726.0
M48	140.0	90.0	540.0	158.0	110.0	660.0	164.4	822.0
M56	174.0	115.0	690.0	206.0	140.0	840.0	228.4	1142.0
M60	210.0	125.0	750.0	239.0	160.0	960.0	266.7	1333.0
M64	235.0	160.0	960.0	272.0	200.0	1200.0	301.5	1508.0
M68	268.0	185.0	1110.0	310.0	235.0	1410.0	333.4	1667.0
Tr70	300.0		1200.0	350.0		1400.0	400.0	1600.0
Tr80	400.0		1600.0	500.0		2000.0	550.0	2200.0
Tr90	500.0		2000.0	600.0		2400.0	700.0	2800.0
Tr100	700.0		2800.0	800.0		3200.0	900.0	3600.0
Tr120	800.0		3200.0	980.0		3920.0	1100.0	4400.0

3.8.6　加工质量

1）螺旋扣模锻件应无裂纹、斑疤、夹层、折叠及影响强度的缺陷，锐边应倒圆，飞边应打磨。

2）螺旋扣焊接件焊缝应焊透，应无气孔、夹渣、裂纹及咬边等影响强度的缺陷。

3）螺旋扣转动部件应旋转自如，无卡滞现象，并在螺纹部分涂润滑脂。

4　卷筒

4.1　卷筒的几何尺寸

卷筒有单层卷绕单联卷筒、单层卷绕双联卷筒。

卷筒表面带有导向螺旋槽，钢丝绳进行单层卷绕。一般情况都采用标准槽，只有当钢丝绳有脱槽危险时（如抓斗起重机的卷筒和工作中振动较大者）才采用深槽。

当起重高度较高时，为了缩小卷筒尺寸，可采用表面带导向螺旋槽或光面的卷筒，进行多层卷绕，但钢丝绳磨损较快。这种卷筒适用于慢速和工作类型较轻的起重机。例如，汽车起重机多采用不带螺旋槽的光面卷筒，钢丝绳可以紧密排列。但实际作业时，钢丝绳易排列凌乱，互相交叉挤压，使寿命缩短。目前，多层卷绕卷筒大多数带有绳槽，第一层钢丝绳卷绕入卷筒螺旋槽，第二层钢丝绳以相同的螺旋方向卷绕入内层钢丝绳形成的螺旋沟，使钢丝绳的接触情况大为改善，延长了使用寿命。多层卷绕卷筒两端设挡边，以防钢丝绳脱出筒外。其挡边高度应比最外层钢丝绳高出（1~1.5）d。

卷筒的结构型式和几何尺寸的计算见表 17.1-76。表 17.1-76 中 h 值见表 17.1-77。

表 17.1-76　卷筒的结构型式和几何尺寸的计算　（mm）

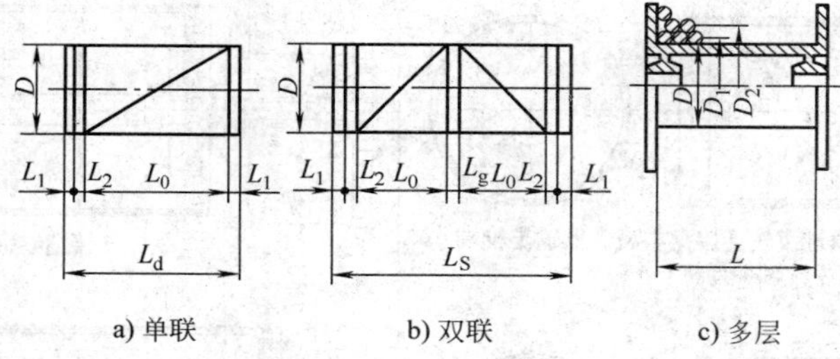

a) 单联　　b) 双联　　c) 多层

名　称		公　式	符号意义
按钢丝绳中心计算的卷筒最小直径		$D_1=hd$	d—钢丝绳直径 h—与机构工作级别和钢丝绳结构有关的系数，按表17.1-77选取 D_1—按钢丝绳中心计算的卷筒最小直径 D—卷筒绳槽底径
绳槽半径		$R=(0.53\sim0.56)d$	
绳槽深度	标准槽	$H_1=(0.25\sim0.4)d$	
	深　槽	$H_2=(0.6\sim0.9)d$	
绳槽节距	标准槽	$P_1=d+(2\sim4)\mathrm{mm}$	
	深　槽	$P_2=d+(6\sim8)\mathrm{mm}$	
卷筒厚度	钢卷筒	$\delta\approx d$	
	铸铁卷筒	$\delta\approx0.02D+(6\sim10)\mathrm{mm}$ $\geqslant12\mathrm{mm}$	

名　称		公　式		符号意义
单层卷绕卷筒长度	单联卷筒	$L_d=L_0+2L_1+L_2$	$L_0=\left(\dfrac{H_{max}m}{\pi D_1}+Z_1\right)P$	L_0—卷筒有螺纹槽部分长度 L_1—无绳槽的卷筒端部尺寸，按需要定 L_2—固定绳尾所需长度，$L_2\approx3P$ L_g—中间光滑部分长度，根据钢丝绳允许偏斜角确定 H_{max}—最大起升高度 m—滑轮组倍率 Z_1—钢丝绳安全圈数，$Z_1\geqslant1.5\sim3$ P—绳槽节距或绳索卷绕的螺旋节距 D_1、D_2、D_3、…、D_n—各层直径 Z—每层圈数 n—卷绕层数 l—卷筒总卷绳长度，$l=H_{max}m$
	双联卷筒	$L_S=2(L_0+L_1+L_2)+L_g$		
多层卷绕卷筒长度 L		$l=Z\pi(D_1+D_2+D_3+\cdots+D_n)$ $D_1=D+d$ $D_2=D+3d$ $D_3=D+5d$ ⋮ $D_n=D+(2n-1)d$ 则 $l=Z\pi n(D+nd)$ $Z=\dfrac{l}{\pi n(D+nd)}$ 考虑钢丝绳在卷筒上排列可能不均匀，应将卷筒长度增加10%，即 $L=1.1ZP=\dfrac{1.1lP}{\pi n(D+nd)}$ $P=(1.1\sim1.2)d$		

表 17.1-77 系数 *h* 值（摘自 CB/T 3811—2008）

机构工作级别	卷筒	滑轮	机构工作级别	卷筒	滑轮
M1~M3	14	16	M6	20	22.4
M4	16	18	M7	22.4	25
M5	18	20	M8	25	28

注：1. 采用不旋转钢丝绳时，*h* 值应按比机构工作级别高一级的值选取。
2. 对于流动式起重机，建议卷筒 *h* 取 16，滑轮 *h* 取 18，与工作级别无关。
3. 机构工作级别参见表 17.1-6。
4. 平衡滑轮的直径，对于桥式类型起重机取与 D_{0min} 相同；对于臂架起重机取为不小于 D_{0min} 的 0.6 倍。D_{0min} 为按钢丝绳中心计算的滑轮最小卷绕直径（mm）。

4.2 起重机卷筒（摘自 JB/T 9006—2013㊀）

4.2.1 卷筒的形式

（1）按制造工艺分

1）铸造卷筒。部分典型结构型式见表 17.1-78 中的图 a 和图 b；部分典型结构组装形式见图 c 和图 d。

2）焊接卷筒。部分典型结构型式见表 17.1-78 中的图 e~图 j；部分典型结构组装形式见图 k~图 p。

（2）按卷筒轴的布置形式分

1）长轴式卷筒。部分典型组装形式见表 17.1-78 中的图 c、图 d、图 k 和图 l。

2）短轴式卷筒。部分典型组装形式见表 17.1-78 中的图 m~图 p。

表 17.1-78 卷筒的部分典型结构型式和结构组装形式

分类	卷筒的部分典型结构型式	卷筒的部分典型结构组装形式
铸造卷筒 / 焊接卷筒	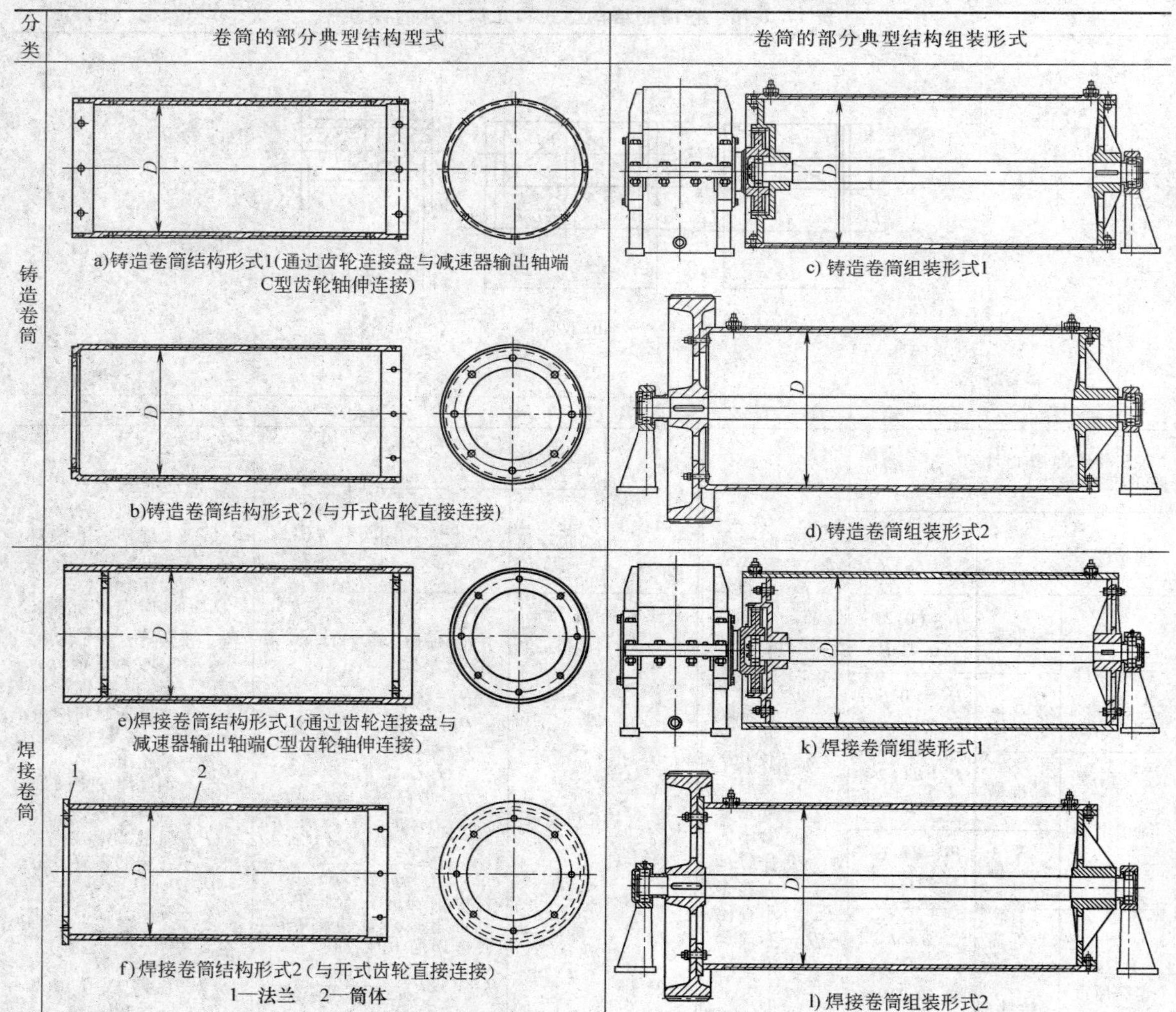	

a)铸造卷筒结构形式1(通过齿轮连接盘与减速器输出轴端C型齿轮轴伸连接)

c) 铸造卷筒组装形式1

b)铸造卷筒结构形式2(与开式齿轮直接连接)

d) 铸造卷筒组装形式2

e)焊接卷筒结构形式1(通过齿轮连接盘与减速器输出轴端C型齿轮轴伸连接)

k) 焊接卷筒组装形式1

f)焊接卷筒结构形式2(与开式齿轮直接连接)
1—法兰 2—筒体

l) 焊接卷筒组装形式2

㊀ JB/T 9006—2013 中引用的标准部分已经更新，读者在引用该标准时应予以注意。

（续）

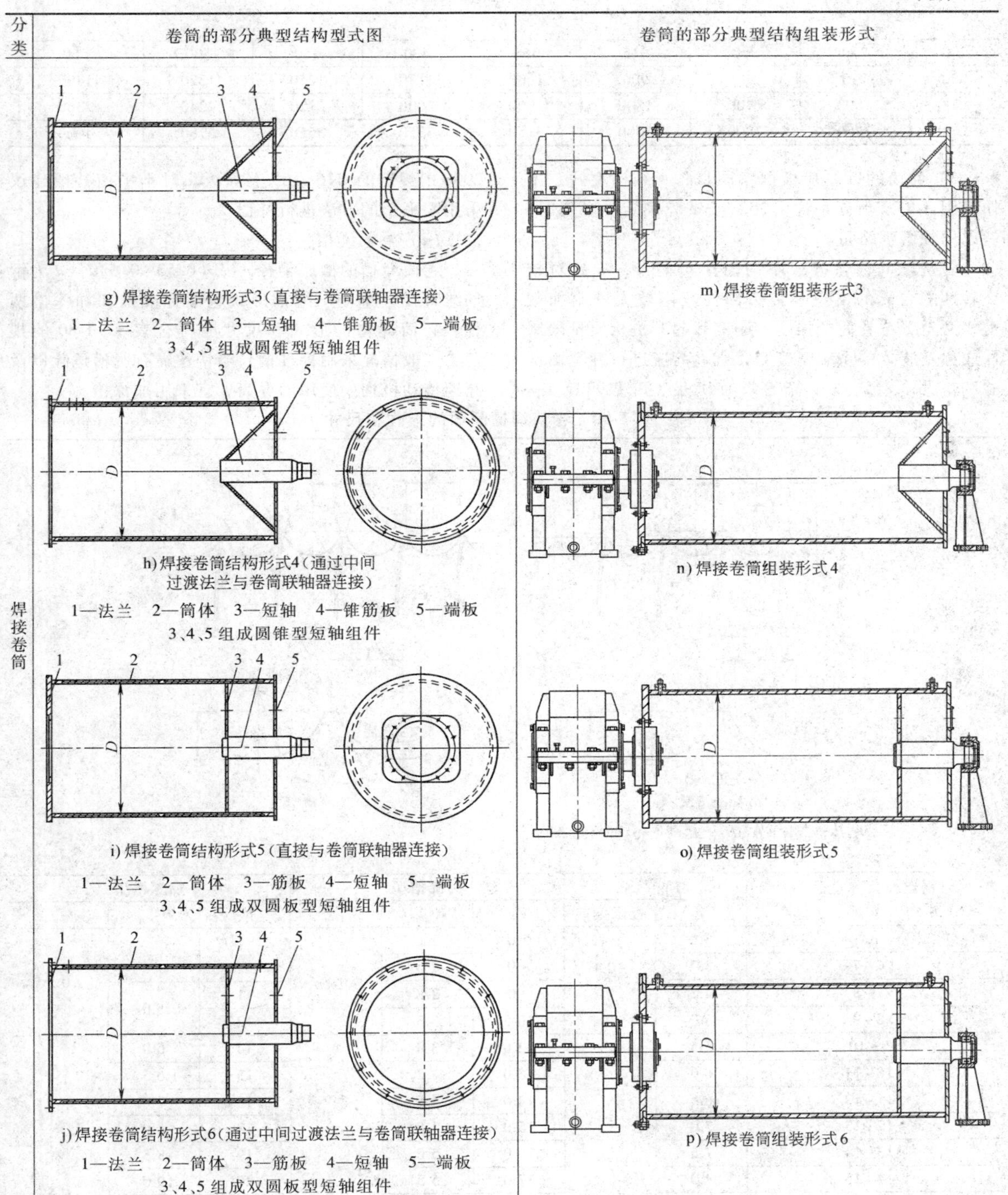

g) 焊接卷筒结构形式3（直接与卷筒联轴器连接）
1—法兰　2—筒体　3—短轴　4—锥筋板　5—端板
3、4、5 组成圆锥型短轴组件

m) 焊接卷筒组装形式3

h) 焊接卷筒结构形式4（通过中间过渡法兰与卷筒联轴器连接）
1—法兰　2—筒体　3—短轴　4—锥筋板　5—端板
3、4、5 组成圆锥型短轴组件

n) 焊接卷筒组装形式4

i) 焊接卷筒结构形式5（直接与卷筒联轴器连接）
1—法兰　2—筒体　3—筋板　4—短轴　5—端板
3、4、5 组成双圆板型短轴组件

o) 焊接卷筒组装形式5

j) 焊接卷筒结构形式6（通过中间过渡法兰与卷筒联轴器连接）
1—法兰　2—筒体　3—筋板　4—短轴　5—端板
3、4、5 组成双圆板型短轴组件

p) 焊接卷筒组装形式6

4.2.2　卷筒尺寸和卷筒绳槽

（1）卷筒尺寸

1）卷筒直径 D 应根据表 17.1-76 中按钢丝绳中心计算的卷筒最小直径 D_1，并按优先数 $R10$、$R20$ 或 $R40$ 系列选择确定，宜优先选取表 17.1-79 中的数值。

2）卷筒长度宜按优先数 $R40$ 系列选择确定。

表 17.1-79　卷筒直径系列　(mm)

D								
200	250	280	315	355	400	450	500	560
630	710	800	900	1000	1120	1250	1320	1400
1500	1600	1700	1800	1900	2000	2120	2240	2360
2500	2650	2800	3000	3150	3350	3550	3750	4000

3）卷筒的壁厚应根据不同材料、结构型式、工作级别环境及预订条件由计算或试验确定。必要时，考虑增加磨损裕量。

若壁厚的公差（或不均匀性）偏大，导致对较高转速的卷筒的支承和传力部件产生较大的附加载荷，乃至影响卷筒的强度、刚度和起升机构质量限制器或称量装置的系统精度时，则卷筒应进行静平衡试验和检测。卷筒静平衡等级宜满足 GB/T 9239.1—2006 中规定的 G16 及以上等级。对不平衡补偿建议采用配平衡的方法进行补偿。

（2）卷筒绳槽

卷筒绳槽的槽底半径 r 按 $(0.53\sim0.6)d$（d 为钢丝绳直径）确定。绳槽形式包括标准槽和加深槽两种。卷筒绳槽的形式和尺寸应符合表 17.1-80 的规定，一般情况采用标准槽，当钢丝绳有脱槽危险以及高速传动机构中使用的卷筒，宜采用加深槽。

表 17.1-80　卷筒绳槽断面的形式和尺寸　(mm)

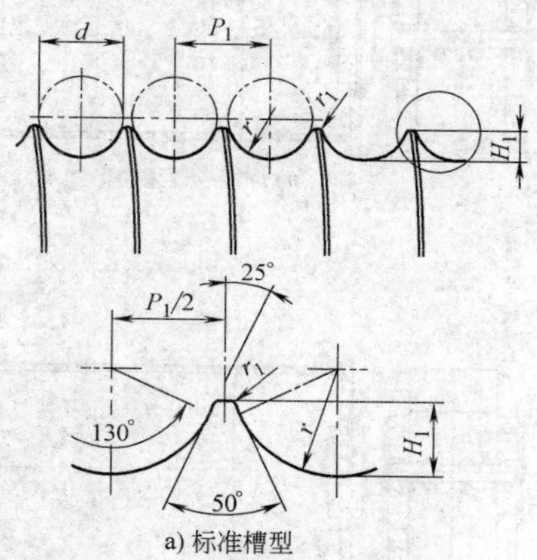

a) 标准槽型

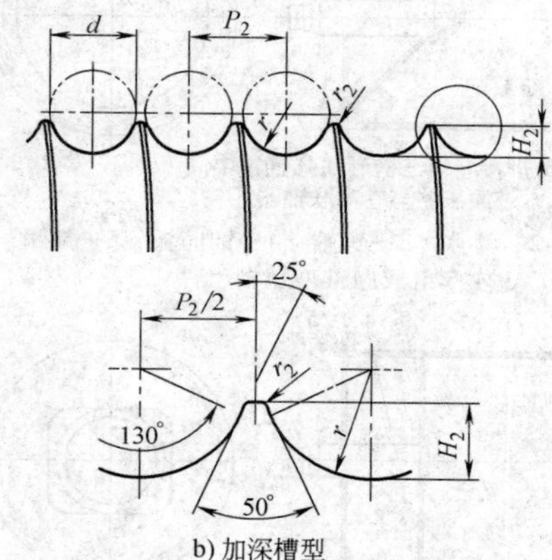

b) 加深槽型

P_1、P_2—槽距　H_1、H_2—槽高　r_1、r_2—槽底半径

钢丝绳公称直径	槽底半径		标准槽型			加深槽型		
d	r	极限偏差	P_1	$H_{1\min}$	$r_{1\min}$	P_2	$H_{2\min}$	$r_{2\min}$
6	3.2	+0.1 0	7.0	2.2	0.5	—	—	0.3
>6~7	3.7		8.0	2.5				
>7~8	4.2		9.0	2.8		11	5.0	
>8~9	5.0		10.5	3.3		12		
>9~10	5.5	+0.2 0	12.0	3.8	0.8	14	6.0	0.5
>10~11	6.0		13.0	4.2		15	6.5	
>11~12	6.5		14.0	4.5		16	7.0	
>12~13	7.0		15.0	4.8		18	8.0	
>13~14	7.5		16.0	5.0		19	8.5	
>14~15	8.0		17.0	5.5		20	9.0	
>15~16	8.5		18.0	6.0		21	9.5	
>16~17	9.0		19.0	6.5		23	10.5	
>17~18	9.5		20.0			24	11.0	
>18~19	10.0		21.0	7.0		25	11.5	
>19~20	10.5		22.0	7.5		26	12.0	
>20~21	11.0		24.0	8.0		28	13.0	

（续）

钢丝绳公称直径	槽底半径		标准槽型			加深槽型		
d	r	极限偏差	P_1	H_{1min}	r_{1min}	P_2	H_{2min}	r_{2min}
>21~22	12.0	+0.2 0	25.0	8.5	0.8	29	13.0	0.5
>22~23	12.5		26.0	9.0		31	14.0	
>23~24	13.0		27.0			32	14.5	
>24~25	13.5		28.0	9.5		33	15.0	
>25~26	14.0		29.0	10.0		34	16.0	
>26~27	15.0		30.0			36	16.5	
>27~28			32.0	10.5		37	17.0	
>28~29	16.0		33.0	11.0	1.3	38		0.8
>29~30			34.0	11.5		39	18.0	
>30~31	17.0	+0.4 0	35.0			41	18.5	
>31~32			36.0	12.0		42	19.0	
>32~33	18.0		37.0	12.5		44	20.0	
>33~34			38.0	13.0				
>34~35	19.0		39.0			46	21.0	
>35~36			40.0	13.5		47		
>36~37	20.0		41.0	14.0		48	22.0	
>37~38			42.0	14.5	1.6	50	23.0	1.3
>38~39	21.0		44.0	15.0		52	24.0	
>39~40								
>40~41	22.0		45.0	15.0		54	25.0	
>41~42	23.0		47.0	16.0		55		
>42~43			48.0	16.5		56	26.0	
>43~44	24.0		49.0	16.5		58	26.0	
>44~45			50.0	17.0	2.0	60	27.0	1.6
>45~46	25.0		52.0	17.5		62	28.0	
>46~47			53.0	18.5		63		
>47~48	26.0		54.0			64	29.0	
>48~50	27.0		56.0	19.0		65		
>50~52	28.0		58.0	19.5		—	—	—
>52~54	29.0		60.0	21.0				
>54~56	30.0		63.0		2.5			
>56~58	31.0		64.0	22.0				
>58~60	32.0		67.0	23.0	3.0			

4.2.3　焊接卷筒（见表 17.1-81、表 17.1-82）

表 17.1-81　焊接卷筒的结构型式和尺寸（圆锥板型短轴式）　（mm）

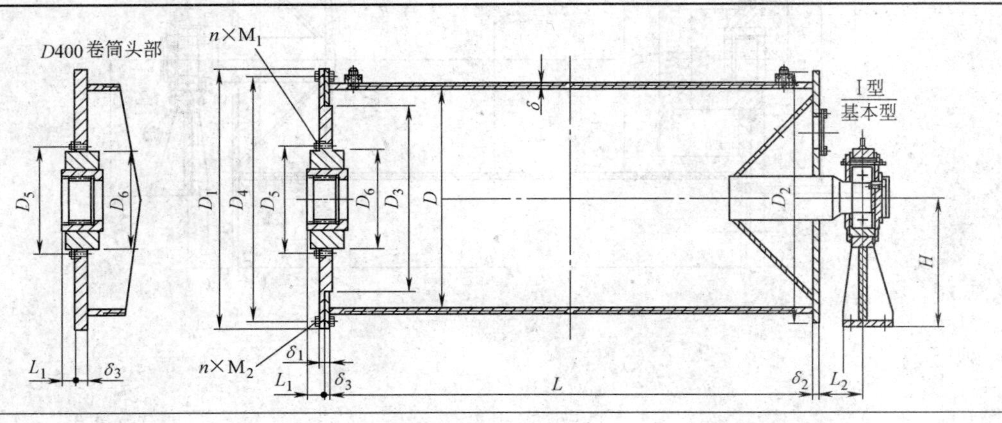

（续）

卷筒直径 D	联轴器型号	钢丝绳规格	D_1	D_2	D_3	D_4	D_5	D_6	δ_1	δ_2	δ_3	L_1	L_2	$n\times M_1$	$n\times M_2$
400	WZL01	8	450	450	—	—	260	190	—	10	24	25	130	8×M12	—
	WZL02	10					280	200	—	12	30	24	130	8×M16	
	WZL03	12					300	220	—	16	30	28	130		
500	WZL04	12	670	560	450	600	320	240	20	16	12	49.5	130	8×M16	10×M20
	WZL05	14					340	260	25	18	14	69.5	130		
	WZL06	16					360	280	25	20	16	73.5	140		
630	WZL07	18	800	700	560	730	400	340	25	22	18	83.5	155	12×M20	10×M20
	WZL08	20					450	380	30	26	20	87.5	155		
710	WZL09	22	900	790	630	830	500	420	30	28	22	95	155	12×M20	12×M20
	WZL10	24					530	450	30	30	24	100	170		
800	WZL10	26	1000	890	720	930	530	450	30	32	26	100	170	12×M20	12×M20
	WZL11	28					600	530	50	36	28	121.5	180		
900	WZL10	26	1100	1000	810	1020	530	450	20	32	26	90	170	12×M20	12×M24
	WZL11	28					600	530	35	36	28	106.5	180		
	WZL11	32					600	530	35	40	32	106.5	180		
1000	WZL10	26	1200	1100	910	1120	530	450	20	32	26	90	170	12×M20	12×M24
	WZL11	28					600	530	25	36	28	96.5	180		
	WZL11	32					600	530	25	40	32	96.5	180		
	WZL12	32					630	560	25	40	32	104	180	24×M20	
	WZL12	34					630	560	25	42	34	104	195		
1120	WZL10	26	1320	1220	1020	1240	530	450	20	32	26	90	170	12×M20	12×M24
	WZL11	28					600	530	25	36	28	96.5	180		
	WZL11	32					600	530	25	40	32	96.5	180		
	WZL12	32					630	560	25	40	32	104	180	24×M20	
	WZL12	34					630	560	25	42	34	104	195		

表 17.1-82　焊接卷筒的结构型式和尺寸（双圆板型短轴式）　　（mm）

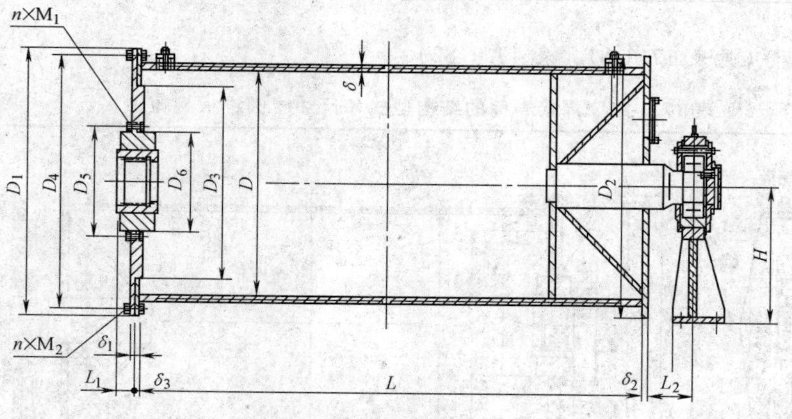

（续）

卷筒直径 D	联轴器型号	钢丝绳规格	D_1	D_2	D_3	D_4	D_5	D_6	δ_1	δ_2	δ_3	L_1	L_2	$n\times M_1$	$n\times M_2$
1250	WZL10	26	1450	1360	1150	1670	530	450	20	26	26	90	170	12×M20	16×M24
	WZL11	28					600	530	25	28	28	96.5	180	12×M20	
	WZL11	32					600	530	25	32	32	96.5	180	12×M20	
	WZL12	32					630	560	25	36	36	104	180	24×M20	
	WZL12	36					630	560	25	36	36	104	195	24×M20	
	WZL13	36					660	600	35	36	36	110.5	205	24×M24	
1320	WZL11	32	1520	1430	1220	1440	600	530	25	32	32	96.5	180	12×M20	16×M24
	WZL12	32					630	560	25	32	32	104	180	24×M20	
	WZL12	36					630	560	25	36	36	104	195	24×M20	
	WZL13	36					660	600	35	36	36	110.5	205	24×M24	
1400	WZL11	28	1600	1510	1290	1520	600	530	25	28	28	96.5	180	12×M20	16×M24
	WZL12	32					630	560	25	32	32	104	180	24×M20	
	WZL12	36					630	560	25	36	36	104	195	24×M20	
	WZL13	36					660	600	35	36	36	110.5	205	24×M24	
1500	WZL11	28	1700	1620	1390	1620	600	530	25	28	28	96.5	180	12×M20	16×M24
	WZL12	32					630	560	25	32	32	104	180	24×M20	
	WZL13	32					660	600	35	32	32	110.5	195	24×M24	
	WZL12	36					630	560	25	36	36	104	195	24×M20	
	WZL13	36					660	600	35	36	36	110.5	180	24×M24	
1600	WZL11	28	1800	1720	190	1720	600	530	25	28	28	96.5	180	12×M20	
	WZL12	32					630	560	25	32	32	104	180	24×M20	18×M24
	WZL13	32					660	600	35	32	32	110.5	180	24×M24	
	WZL12	36					630	560	25	36	36	104	195	24×M20	
	WZL13	36					660	600	35	36	36	110.5	195	24×M24	
	WZL14	38					730	670	35	38	38	123	205	24×M24	
1800	WZL12	32	2000	1920	1680	1920	630	560	25	32	32	104	180	24×M20	20×M24
	WZL13	32					660	600	35	32	32	110.5	180	24×M24	
	WZL13	36					660	600	35	36	36	110.5	195	24×M24	
	WZL14	38					730	670	35	38	38	123	20	24×M24	
	WZL15	40					800	730	35	40	40	134.5	210	24×M24	

4.2.4　技术要求

（1）材料

1）铸铁卷筒材料的力学性能不低于 GB/T 9439—2010 中 HT200 灰铸铁的规定，铸钢卷筒材料的力学性能不应低于 GB/T 11352—2009 中 ZG 270-500 铸钢的规定。

2）推荐焊接卷筒钢板材料的力学性能不宜低于 GB/T 700—2006 中 Q235B 的规定，也可以采用力学性能和焊接性能均不低于上述材质的其他材料。推荐采用无缝钢管作为筒体材料的力学性能不宜低于 GB/T 8162—2008 中 Q235 的规定，也可以采用力学性能和焊接性能均不低于上述材质的其他材料。

3）焊接卷筒短轴材料的力学性能不应低于 GB/T 699—1999中正火状态下硬度为 140～180HBW 的 35 钢的规定，也可以采用力学性能和焊接性能均不低于上述材质的其他材料。

4）短轴材料应进行化学成分检验、硬度检验和超声检测，超声检测质量等级应达到 JB/T 5000.15—2007 中的Ⅲ级。

（2）筒体

1）铸铁卷筒应符合 JB/T 5000.4 的规定。铸钢卷筒应符合 JB/T 5000.6 的规定，且其缺陷的补焊效果应符合 JB/T 5000.7 的规定。

2）焊接卷筒应符合 JB/T 5000.3 的规定。根据钢板规格或制造工艺的需要，筒体应允许环向对接（焊缝）和纵向对接（焊缝）同时存在。当采用无缝钢管作为筒体的加工毛坯时，筒体不应出现环形焊缝。接长的筒体在环向对接焊缝处的两相邻纵向对接焊缝应符合以下规定：

① 卷制成形的错开位置不应小于 45°或弧长 200mm 以上的焊接热影响区；

② 两半压制成形的应错开 90°；

③ 不应出现十字交叉焊缝。

（3）焊材及焊缝质量检验

1）焊材应与被焊接的材料相适应，并应符合GB/T 5117的规定。

2）焊缝坡口形式应符合GB/T 985.1和GB/T 985.2的规定。

3）焊缝应进行外观检验，不应有弧坑、飞溅、熔渣、严重咬边和表面裂纹等影响性能和外观质量的缺陷。

4）短轴与短板（含筋板和锥筋板）焊接时应根据其材料的焊接性能，必要时采取焊前预热和焊后缓冷的工艺措施。

5）筒体环向对接焊缝应进行100%的无损检测。用射线检测时不应低于GB/T 3323中的Ⅱ级；用超声检测时不应低于JB/T 10559中的1级。

6）筒体纵向对接焊缝应进行不小于20%的无损检测，但至少要保证筒体两端各160mm范围内做检验。用射线检测时不应低于GB/T 3323中的Ⅲ级；用超声检测时不应低于JB/T 10559中的3级。

7）筒体与法兰、端板的连接焊缝应进行不小于20%的无损检测，不允许有裂纹。用磁粉检测时验收水平不低于JB/T 6061中的2级。

8）短轴与端板的连接焊缝应进行100%的无损检测，不允许有裂纹。用磁粉检测时，验收水平不应低于JB/T 6061中的2级。

（4）消除应力处理

1）铸铁卷筒应进行时效处理或退火处理。

2）铸铁卷筒应进行退火处理。

3）焊接卷筒形式1和2（见表17.1-78），允许不进行退火处理。其他结构型式的焊接卷筒应进行退火处理或采取其他措施进行消除应力处理。

4）对圆锥形短轴组件结构的焊接卷筒，允许只对短轴组件部分进行退火处理。

（5）外观及表面处理

1）铸铁卷筒绳槽表面粗糙度不应低于GB/T 1031中规定的$Ra12.5\mu m$，铸钢和焊接卷筒绳槽表面粗糙度不应低于GB/T 1031中规定的$Ra6.3\mu m$。

2）同一卷筒上左旋和右旋绳槽的等级应为GB/T 1801中规定的h12。

3）加工表面未注公差尺寸的公差等级应为GB/T 1804中的m级（中等级）。

4）卷筒不应有裂纹。铸造卷筒成品的表面不应有影响使用性能和有损外观的显著缺陷（如气孔、疏松和夹渣等）。

5）铸造卷筒钢丝绳压板用的螺孔应完整，螺纹不应有破碎、断裂等缺陷。

6）采用卷筒联轴器与减速器连接的卷筒，其与卷筒联轴器的连接配合面应符合JB/T 7009—2007《卷筒用球面滚子联轴器》中的配合技术要求。

7）卷筒加工后需配合的部位应涂防腐蚀的防锈油，其余应涂防锈漆。

（6）几何公差

卷筒上配合圆孔的圆度t_1、同轴度ϕt_2、左右螺旋槽的径向圆跳动t_3及端面圆跳动t_4不得大于GB/T 1184中的下列值：

1）$t_1 \leqslant$配合孔的公差带/2。

2）ϕt_2不低于8级。

3）$t_3 = D/1000 \leqslant 1.0\mu m$。

4）t_4不低于8级。

（7）使用条件

1）使用环境温度为-20℃～40℃，超出该范围由用户与制造商协商解决。

2）当钢丝绳绕进或绕出卷筒时，钢丝绳中心线偏离螺旋槽中心线两侧的角度不应大于3.5°；对于起升高度及D/d值较大的卷筒，钢丝绳偏离螺旋槽中心线的允许偏斜角应由计算确定。

3）对于光卷筒和无绳槽的多层缠绕卷筒，当未采用排绳装置时，钢丝绳中心线与卷筒轴垂直面的偏离角度不应大于1.7°。

（8）卷筒的修复及报废

1）当铸造卷筒出现影响性能的表面缺陷（如裂纹等）时，应报废。

2）当焊接卷筒出现影响性能的裂纹时，应采取补焊措施；如不能修复，应报废。

3）当绳槽槽底壁厚磨损达原设计壁厚的20%时，应报废。

（9）其他

1）钢丝绳在卷筒上应能按顺序整齐排列。只缠绕一层钢丝绳的卷筒，应做出螺旋形槽；用于多层缠绕的卷筒，应采用使用排绳装置或便于钢丝绳自动转层缠绕的凸缘导板结构等措施。

2）对多层缠绕的卷筒，应有防止钢丝绳从端部滑落的挡边。当钢丝绳全部缠绕在卷筒后，挡边超出缠绕钢丝绳外表面的高度不应小于钢丝绳直径的1.5倍（对塔式起重机，是钢丝绳直径的2倍）。

3）对用于电动葫芦的卷筒，推荐采用焊接的方法制作。

4）钢丝绳在卷筒上绳端的固定应符合GB/T 3811—2008《起重机设计规范》和GB/T 5975—2006《钢丝绳压板》的规定。

4.3　钢丝绳在卷筒上的固定

钢丝绳端在卷筒上的固定必须安全可靠。压板固定是最常用的方法，如图17.1-4a所示。它的构造简单，检查拆装方便，但不能用于多层卷绕卷筒。多层卷绕卷筒采用楔块固定，如图 17.1-4b 所示，它的结构复杂。另一种方法也适用于多层卷绕卷筒，即将钢丝绳引入卷筒内部或端部，再用压板固定，如图 17.1-4c 所示，它的结构比较简单。

钢丝绳用的压板的结构型式和尺寸见表 17.1-83。

这种压板适用于各种圆股钢丝绳的绳端固定，不宜用于电动葫芦和多层卷绕的起重机的卷筒。

压板的材料为 Q235A，压板表面应光滑平整，无毛刺、瑕疵、锐边和表面粗糙不平等缺陷。

4.4　钢丝绳用压板（见表 17.1-83）

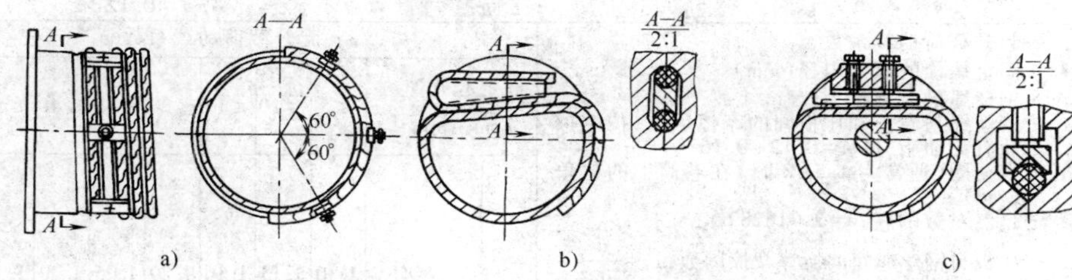

图 17.1-4　钢丝绳端部固定方法
a）压板固定　b）楔块固定　c）卷筒端部压板固定

表 17.1-83　钢丝绳用压板的结构型式和尺寸（摘自 GB/T 5975—2006）

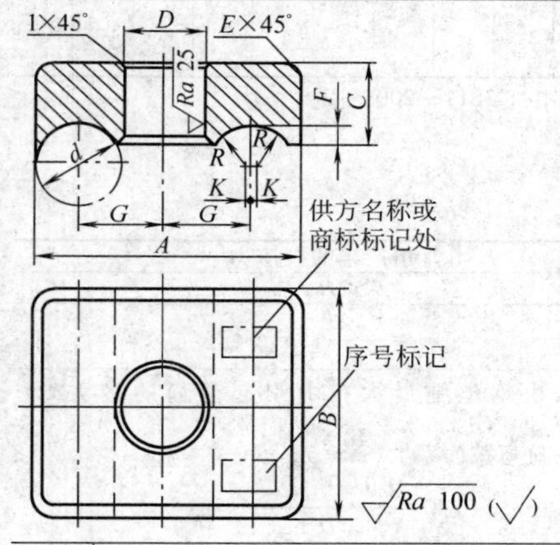

材料：不低于 Q235B
标记示例：
序号为 4（钢丝绳公称直径 14mm<d≤17mm）的标准槽压板标记为：
压板　GB/T 5975-4
序号为 4（钢丝绳公称直径 14mm<d≤17mm）的深槽压板标记为：
压板　GB/T 5975-4 深

压板序号	适用钢丝绳公称直径 d	A 标准槽	A 深槽	B	C	D	E	F	G 标准槽	G 深槽	K	R 公称尺寸	R 极限偏差	压板螺栓直径	单件质量/kg 标准槽	单件质量/kg 深槽
1	6~8	25	29	25	8	9	1	2.0	8.0	10.0	1.0	4.0		M8	0.03	0.04
2	>8~11	35	39	35	12	11	1	3.0	11.5	13.5	1.5	5.5	+0.1	M10	0.10	0.12
3	>11~14	45	51	45	16	15	2	3.5	14.5	17.5	1.5	7.0	0	M14	0.22	0.25
4	>14~17	55	66	50	18	18	2	4.0	17.5	21.5	1.5	8.5		M16	0.32	0.37
5	>17~20	65	73	60	20	22	3	5.0	21.0	25.0	1.0	10.0	+0.2	M20	0.48	0.55
6	>20~23	75	85	60	20	22	4	6.0	24.5	29.5	1.5	11.5	0	M20	0.55	0.65
7	>23~26	85	95	70	25	26	4	6.5	28.0	33.0	1.0	13.0		M24	0.91	1.05
8	>26~29	95	105	70	25	30	5	7.0	31.5	36.5	1.5	14.5		M27	0.99	1.12
9	>29~32	105	117	80	30	33	5	8.0	34.5	40.5	1.5	16.0		M30	1.52	1.75
10	>32~35	115	129	90	35	33	6	9.0	38.0	45.0	1.0	17.5		M30	2.23	2.58
11	>35~38	125	141	90	35	39	6	10.0	40.5	48.5	1.5	19.0		M36	2.29	2.69
12	>38~41	135	153	100	40	45	8	11.0	44.0	53.0	1.0	20.5	+0.3	M42	3.17	3.74
13	>41~44	145	163	110	40	45	8	12.0	47.5	56.5	1.5	22.0	0	M42	3.82	4.44
14	>44~47	155	175	110	50	45	8	13.0	51.5	61.5	1.5	23.5		M42	5.25	6.12
15	>47~52	170	189	125	50	52	10	13.0	56.0	65.0	2.0	26.0		M48	6.69	7.57
16	>52~56	180	—	135	50	52	10	14.0	60.0	—	2.0	28.0		M48	8.10	—
17	>56~60	190	—	145	55	52	10	15.0	64.0	—	2.0	30.0		M48	9.20	—

注：适用于起重机卷筒上所使用的 GB 8918—2006 和 GB/T 20118—2006 中规定的圆股钢丝绳的绳端固定的钢丝绳用

压板。

4.5　钢丝绳在卷筒上用压板固定的计算（见表 17.1-84）

表 17.1-84　压板固定计算

名　称	钢丝绳固定处拉力	压板对钢丝绳的压紧力		固定螺栓的合成应力
		压板槽为半圆形	压板槽为梯形	
公　式	$F=\dfrac{\varphi_2 S}{e^{\mu\alpha}}$	$N=\dfrac{n_0 F}{2\mu}$	$N=\dfrac{n_0 F}{\mu+\mu_1}$	$\sigma=\dfrac{4N}{Z\pi d_1^2}+\dfrac{\mu' Nl}{0.1Zd_1^3}\leqslant\sigma_{tp}$

符号意义：

φ_2—起升载荷动载系数
d_1—固定螺栓的螺纹内径(mm)
S—钢丝绳最大静拉力(N)
μ—钢丝绳与卷筒和压板间的摩擦因数，按摩擦面有无油脂，取 $\mu=0.12\sim0.16$
α—安全圈(通常为 1.5~3 圈)在卷筒上的包角(rad)
e—自然对数的底，e=2.718282
μ_1—压板与钢丝绳间的换算摩擦因数，$\mu_1=\dfrac{\mu}{\sin\beta}$
n_0—安全系数，一般取 $n_0\geqslant1.5$
μ'—垫圈与压板间的摩擦因数，$\mu'\approx0.16$
σ_{tp}—螺栓许用拉应力(MPa)，$\sigma_{tp}=\dfrac{R_{eL}}{1.5}$（$R_{eL}$ 为螺栓的屈服强度）
β—压板槽的斜面角，一般 $\beta=45°$
Z—螺栓数量，$Z\geqslant2$
l—摩擦力 $\mu' N$ 作用的力臂(mm)

起升载荷动载系数 φ_2

额定起升速度 v/m·min^{-1}		≤5	≤10	≤15	≤20	≤30	≤40	≤50	≤60	>60
工作类型	轻级	1.10	1.13	1.16	1.20	1.25	1.30	1.35	1.40	1.45
	中级	1.20	1.25	1.30	1.35	1.40	1.45	1.50	1.55	1.60
	重级	1.30	1.35	1.40	1.45	1.50	1.55	1.60	1.65	1.70
	特重级	1.40	1.45	1.50	1.55	1.60	1.65	1.70	1.75	1.80

注：钢丝绳进、出卷筒的偏斜角计算本表未列，可按《起重机设计规范》GB/T 3811—2008 选取。

4.6　卷筒强度计算（见表 17.1-85）

表 17.1-85　卷筒强度计算

	应　力	卷筒壁内表面最大压应力	由弯矩产生的拉应力
强度计算	条　件	$L\leqslant3D$	$L>3D$
	公　式	$\sigma_c=A_1 A\dfrac{S}{\delta P}\leqslant\sigma_{cp}$	$\sigma_b=\dfrac{M_{umax}}{W}\leqslant\sigma_{bp}$
	符号意义	A—与卷绕层数有关的系数 卷绕层数 n：1，2，3，≥4，≥5 系数 A：1，1.75，2.0，2.25，2.5 A_1—应力减小系数，一般取 $A_1=0.75$ S—钢丝绳最大静拉力(N) P—钢丝绳卷绕节距(mm) δ—卷筒壁厚(mm) σ_{cp}—许用压应力(MPa) 钢：$\sigma_{cp}=\dfrac{R_{eL}}{1.5}$，$R_{eL}$—屈服强度(MPa) 铸铁：$\sigma_{cp}=\dfrac{R_{mc}}{4.25}$，$R_{mc}$—抗压强度(MPa)	M_{umax}—由钢丝绳最大拉力引起卷筒的最大弯矩(N·mm) W—抗弯截面系数(mm^3)，$W=\dfrac{0.1(D^4-D_0^4)}{D}$ D—卷筒绳槽底径(mm) D_0—卷筒内径(mm) σ_{bp}—许用拉应力(MPa) 钢：$\sigma_{bp}=\dfrac{R_{eL}}{2}$，$R_{eL}$—屈服强度(MPa) 铸铁：$\sigma_{bp}=\dfrac{R_m}{2}$，$R_m$—抗拉强度(MPa)
	总应力	当 $L\leqslant3D$ 时，弯曲应力和扭转应力合成的总应力不超过 10%的压应力，只计算压应力即可	$\sigma_t=\sigma_b+\dfrac{\sigma_{bp}}{\sigma_{cp}}\sigma_c\leqslant\sigma_{bp}$
稳定性验算	条　件	对 $D\geqslant1200$mm、$L>2D$ 的大尺寸卷筒，必须对卷筒壁进行稳定性验算	
	失去稳定时的临界压力	钢卷筒：$F_w=52500\dfrac{\delta^3}{R^3}$	铸铁卷筒：$F_w=(25000\sim32500)\dfrac{\delta^3}{R^3}$
	卷筒壁单位压力	$p_r=\dfrac{2S}{DP}$	
	稳定性系数	$K=\dfrac{F_w}{p_r}\geqslant1.3\sim1.5$	
	符号意义	R—卷筒绳槽底半径(mm)，$R=\dfrac{D}{2}$；其他符号意义与强度计算的符号意义相同	

5　滑轮和滑轮组

5.1　滑轮

5.1.1　形式和基本参数（摘自 GB/T 27546—2011[⊖]）

（1）典型结构

滑轮的典型结构如图 17.1-5 所示。

（2）形式

1）按滑轮制造工艺分为铸造滑轮、焊接滑轮、双辐板压制滑轮及轧制滑轮，如图 17.1-6 所示。

2）按采用轴承形式分为深沟球轴承型、圆柱滚子轴承型、双列满装圆柱滚子轴承型及滑动轴承型，如图 17.1-7 所示。

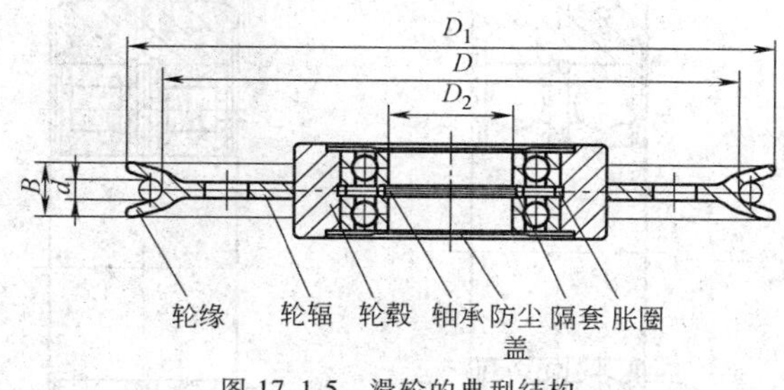

图 17.1-5　滑轮的典型结构

（3）滑轮绳槽断面（见图 17.1-6）的尺寸

滑轮绳槽断面的尺寸应符合表 17.1-86 的规定。轮毂尺寸及其他细部尺寸由滑轮制造商根据轴的尺寸、轴承的形式和滑轮的受力及强度自行确定。

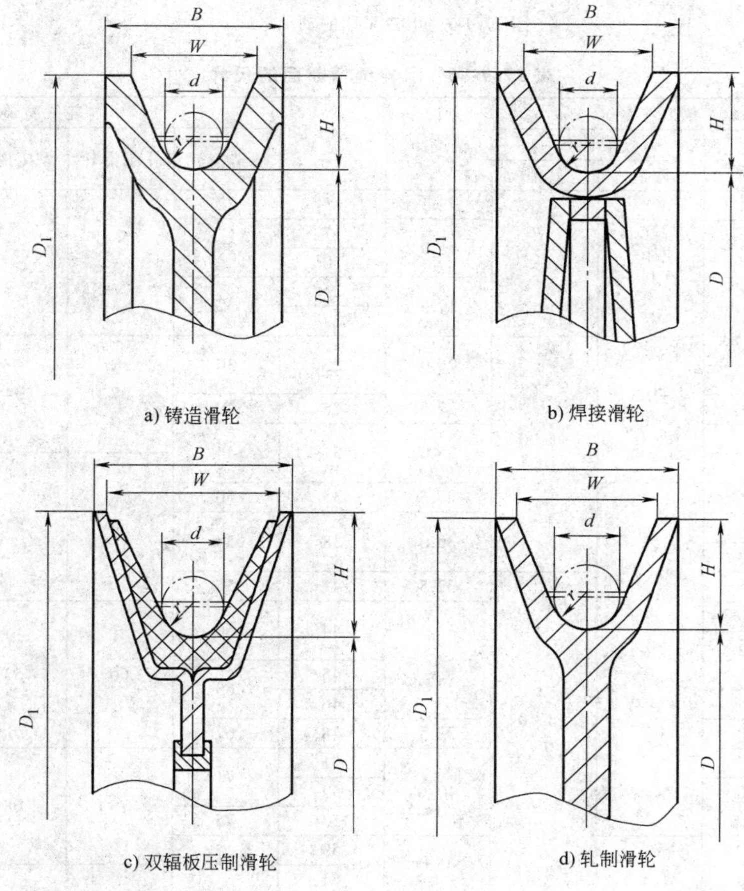

图 17.1-6　滑轮形式及绳槽断面

⊖　GB/T 27546—2011 中引用的标准部分已经更新，读者在引用该标准时应予以注意。

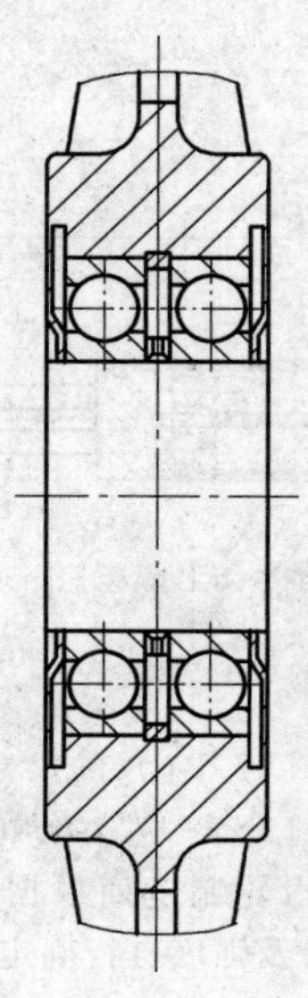
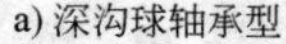

a) 深沟球轴承型

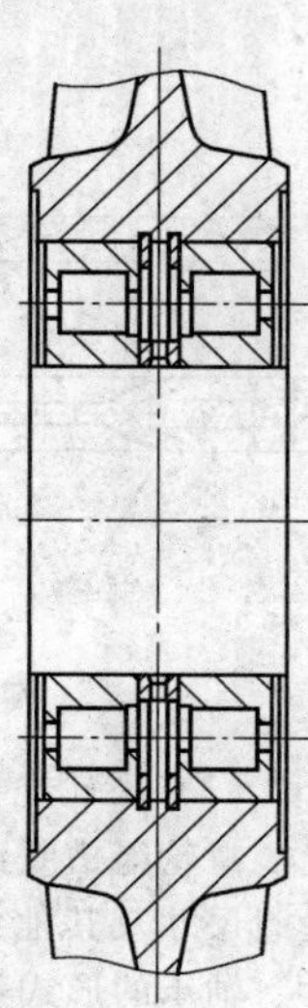

b) 圆柱滚子轴承型

c) 双列满装圆柱滚子轴承型

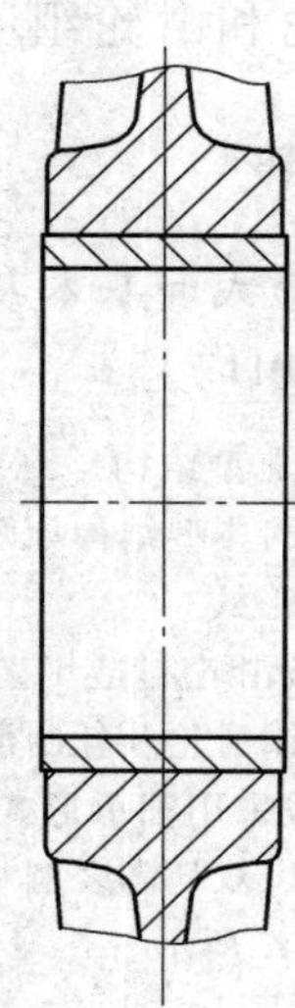

d) 滑动轴承型

图 17.1-7　滑轮采用的轴承形式

表 17.1-86　滑轮绳槽断面的尺寸　（mm）

钢丝绳直径 d	槽底半径 r			槽高 H	槽宽 W	轮缘宽 B			
	公称尺寸	极限偏差				铸造滑轮	轧制滑轮	焊接滑轮	双辐板压制滑轮
		铸造	其他						
6	3.3	+0.2 0	—	12.5	15	22	—	—	—
>6~7	3.8			15.0	17	26			
>7~8	4.3				18				
>8~9	5.0			17.5	21	32			
>9~10	5.5				22				
>10~11	6.0	+0.3 0	+0.90 0	20.0	25	36	37	34	43
>11~12	6.5								
>12~13	7.0			22.5	28	40			
>13~14	7.5			25.0	31	45			
>14~15	8.2								
>15~16	9.0	+0.4 0		27.5	35	50	50	44	57
>16~17	9.5			30.0	38	53			
>17~18	10.0								
>18~19	10.5		+1.10 0	32.5	41	56			
>19~20	11.0			35	44	60	60	53	67
>20~21	11.5								
>21~22	12.0				45	63			
>22~23	12.5				46				
>23~24	13.0			37.5	48	67			
>24~25	13.5			40.0	51	71	73	68	82
>25~26	14.0				52				
>26~28	15.0				53	75			
>28~30	16.0	+0.8 0		45.0	59	85			
>30~32	17.0				61		92	84	95
>32~33	18.0		+1.3 0	50.0	66	90			
>34~35	19.0			55.0	72	100			106
>36~37	20.0				73				
>38~39	21.0			60.0	78	105	104	102	120

（续）

钢丝绳直径 *d*	槽底半径 *r*			槽高 *H*	槽宽 *W*	轮缘宽 *B*			
	公称尺寸	极限偏差				铸造滑轮	轧制滑轮	焊接滑轮	双辐板压制滑轮
		铸造	其他						
>39~41	22.0	+0.8 0	+1.3 0	60.0	79	105	104	102	120
>41~43	23.0			65.0	84	115			
>43~45	24.0		+1.5 0		86		123	122	—
>45~46	25.0			67.5	90	120			
>46~47	25.0			70.0	92	125			
>47~48.5	26.0				94				
>48.5~50	27.0			72.5	96	130			
>50~52	28.0			75.0	99		135	—	—
>52~54.5	29.0			77.5	103	140			
>54.5~56	30.0			80.0	106				
>56~58	31.0			82.5	110	150			

5.1.2 滑轮直径选用系列与匹配（摘自 GB/T 27546—2011）

滑轮直径 *D* 和钢丝绳直径 *d* 的匹配关系见表 17.1-87。表中以粗黑线框包络的区域为最常见的匹配范围。

表 17.1-87　滑轮直径的选用系列与匹配　（mm）

钢丝绳直径 *d*	滑轮直径 *D*																									
	70	80	90	100	110	125	140	160	180	200	225	250	280	315	355	400	450	500	560	630	710	800	900	1000	1120	1250	1400	1600	1800
≤6																													
>6~7																													
>7~8																													
>8~9																													
>9~10																													
>10~11																													
>11~12																													
>12~13																													
>13~14																													
>14~15																													
>15~16																													
>16~17																													
>17~18																													
>18~19																													
>19~20																													
>20~21																													
>21~22																													
>22~24																													
>24~25																													
>25~26																													
>26~28																													
>28~30																													
>30~32																													
>32~33																													
>33~35																													
>35~37																													
>37~39																													
>39~41																													
>41~43																													
>43~45																													
>45~46																													
>46~47																													
>47~48.5																													
>48.5~50																													
>50~52																													
>52~54.5																													
>54.5~56																													
>56~58																													

5.1.3　起重机用轧制滑轮尺寸参数（见表 17.1-88）

表 17.1-88　起重机用轧制滑轮尺寸参数　　（mm）

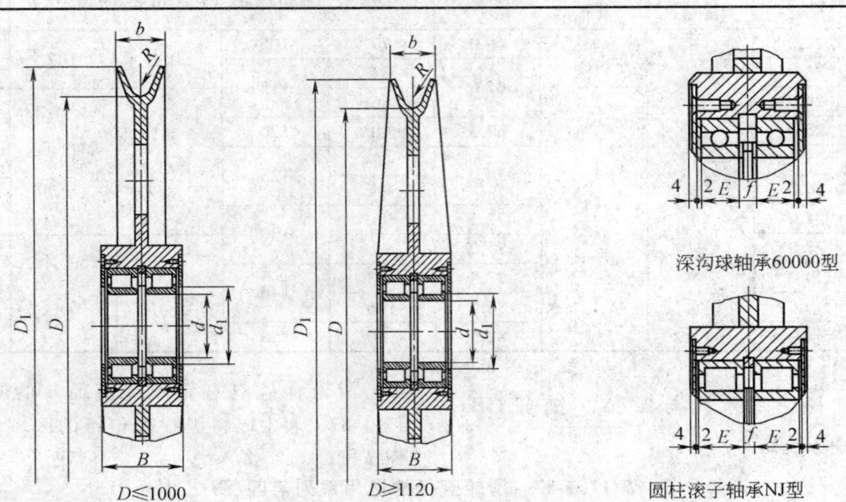

$D\leqslant1000$　　$D\geqslant1120$

深沟球轴承60000型

圆柱滚子轴承NJ型

D	D_1	R	d	d_1	b	B	E	f	轴承型号	适用钢丝绳	质量/kg
225	265	6.5	50	62	37	60	20	8	6210	10~12	9.77
	275	8			43					12~14	10.40
250	290	6.5	50	62	37	60	20	8	6210	10~12	10.87
	300	8			43					12~14	11.57
280	320	6.5	60	72	37	64	22	8	6212	10~12	13.50
	330	8			43					12~14	14.27
	340	10			50					14~18	16.16
315	355	6.5	50	62	37	60	20	8	6210	10~12	14.09
	365	8	60	72	43	64	22		6212	12~14	16.40
355	415	10	70	87	50	68	24	8	6214	14~18	20.05
	425	12			60					18~22	26.14
400	450	8	70	87	43	68	24	8	6214	12~14	24.87
	460	10	80	97	50	72	26		6216	14~18	27.12
450	510	10	90	107	50	80	30	8	6218	14~18	33.88
	520	12			60					18~22	38.96
	540	15	90	107	73	80	30	8	6218	22~28	46.93
			150	172		114	45	12	NJ230E		81.10
500	560	10	80	97	50	72	26	8	6216	14~18	34.24
	570	12	100	122	60	90	34	10	6220	18~22	48.10
			160	182		120	48	12	NJ232E		87.67
560	630	12	90	107	60	80	30	8	6218	18~22	50.15
	650	15			73					22~28	59.88
			200	232		140	58	12	NJ240E		140.36
	670	19	90	107	90	100	40	8	NJ2218E	28~36	81.49
			200	232		140	58	12	NJ240E		151.01
630	700	12	100	122	60	90	34	10	6220	18~22	62.39
			130	152		102	40		6226		76.39
			160	182		120	48	12	NJ232E		102.86
	720	15	120	142	73	102	40	10	6224	22~28	84.85
			150	172		114	45	12	NJ230E		105.28
			180	202		128	52		NJ236E		127.27
	740	19	160	182	90	120	48	12	NJ232E	28~36	129.28

（续）

D	D_1	R	d	d_1	b	B	E	f	轴承型号	适用钢丝绳	质量/kg
710	780	12	100	122	62	90	34	10	6220	18～22	81.07
						114	46		NJ2220E		89.81
			130	152		102	40		6226		92.98
			160	182		120	48	12	NJ232E		118.90
	800	15	100	122	73	114	46	10	NJ2220E	22～28	94.77
			120	142		102	40		6224		97.30
			150	172		114	45	12	NJ230E		117.51
			180	202		128	52		NJ236E		140.21
			200	232		140	58		NJ240E		163.48
	820	19	100	122	90	114	46	10	NJ2220E	28～36	114.42
			140	162		106	42		6228		123.24
			170	192		128	52	12	NJ234E		153.23
			200	232		140	58		NJ240E		178.35
			240	272		168	72		NJ248E		241.17
800	890	15	120	142	75	102	40	10	6224	22～28	119.44
			150	172		114	45	12	NJ230E		140.43
			180	202		128	52		NJ236E		162.63
	910	19	140	162	90	106	42	10	6228	28～36	139.59
			170	192		128	52	12	NJ234E		170.93
			200	232		140	58		NJ240E		196.85
	926	22	220	252	103	154	65	12	NJ244E	34～42	250.97
			240	272		168	72		NJ248E		295.77
900	990	15	120	142	77	102	40	10	6224	22～28	148.56
			150	172		114	45	12	NJ230E		170.93
			180	202		128	52		NJ236E		192.21
	1010	19	110	132	92	128	53	10	NJ2222E	28～36	173.31
			140	162		106	42		6228		173.64
			170	192		128	52	12	NJ234E		202.45
			200	232		140	58		NJ240E		229.22
			240	272		168	72		NJ248E		292.27
	1026	22	220	252	103	154	65	12	NJ244E	34～42	276.51
			240	272		168	72		NJ248E		322.34
1000	1110	19	140	162	92	106	42	10	6228	28～36	197.37
			170	192		128	52	12	NJ234E		227.58
			200	232		140	58		NJ240E		255.96
	1126	22	220	252	103	154	65	12	NJ244E	34～42	303.74
			240	272		168	72		NJ248E		350.19
1120	1230	19	140	162	92	106	42	10	6228	28～36	258.79
			170	192		128	52	12	NJ234E		295.78
			200	232		140	58		NJ240E		325.28
	1246	22	220	252	105	154	65	12	NJ244E	34～42	377.19
			240	272		168	72		NJ248E		438.76
1250	1376	22	220	252	105	154	65	12	NJ244E	34～42	429.88
			240	272		168	72		NJ248E		477.31
1400	1526	22	220	252	105	154	65	12	NJ244E	34～42	492.19
			240	272		168	72		NJ248E		540.91

5.1.4 滑轮技术要求（摘自 GB/T 27546—2011）

（1）材料

滑轮材料的力学性能要求见表 17.1-89。

表 17.1-89 滑轮材料的力学性能要求

<table>
<tr><th>序号</th><th colspan="2">滑轮组成及零件名称</th><th>力学性能要求</th></tr>
<tr><td rowspan="4">1</td><td rowspan="4">轮毂、轮辐、轮缘、绳衬</td><td>铸造滑轮</td><td>铸钢材料的力学性能不应低于 GB/T 11352—2009 中的 ZG 270-500
铸铁材料的力学性能不应低于 GB/T 9439—2010 中的 HT200
球墨铸铁件材料的力学性能不应低于 GB/T 1348—2009 中的 QT400-18</td></tr>
<tr><td>轧制滑轮</td><td>结构钢材料的力学性能不应低于 GB/T 700—2006 中的 Q235B</td></tr>
<tr><td>焊接滑轮</td><td>结构钢材料的力学性能不应低于 GB/T 700—2006 中的 Q235B</td></tr>
<tr><td>双辐板压制滑轮</td><td>轮毂铸铁材料的力学性能不应低于 GB/T 9439—2010 中的 HT200
轮辐结构钢材料的力学性能不应低于 GB/T 700—2006 中的 Q235B</td></tr>
<tr><td>2</td><td>连接管</td><td>双辐板压制滑轮</td><td>结构钢材料的力学性能不应低于 GB/T 700—2006 中的 Q235B</td></tr>
<tr><td>3</td><td>涨圈</td><td></td><td>结构钢材料的力学性能不应低于 GB/T 699—1999 中的 45 钢</td></tr>
<tr><td>4</td><td>防尘盖</td><td></td><td>结构钢材料的力学性能不应低于 GB/T 700—2006 中的 Q235</td></tr>
<tr><td>5</td><td>隔套</td><td></td><td>铸铁材料的力学性能不应低于 GB/T 9439—2010 中的 HT200</td></tr>
</table>

（2）焊接及焊缝

焊接滑轮和轧制滑轮应符合下列要求：

1）焊材应与被焊接的材料相适应，并符合GB/T 5117 的规定。

2）焊缝坡口形式应符合 GB/T 985.1 和 GB/T 985.2 的规定。

3）焊缝应进行外观检验，不应有弧坑、飞溅、焊渣、严重咬边和表面裂纹等影响性能及外观质量的缺陷。

（3）外观及表面处理

1）滑轮绳槽表面粗糙度。对采用机械加工方法制造的绳槽表面不应大于 GB/T 1031 中的 $Ra12.5\mu m$，对采用轧制和压制的绳槽表面不应大于 GB/T 1031 中的 $Ra25\mu m$，滑轮安装轴承内孔的表面粗糙度不应大于 $Ra3.2\mu m$，其他未注加工表面粗糙度的不应大于 GB/T 1031 中的 $Ra25\mu m$。

2）滑轮的机械加工面和隔环等外露部件应涂防锈油，非加工面应进行涂装。

3）铸造滑轮、焊接滑轮和轧制滑轮应进行消除应力处理。

4）焊接滑轮轮槽表面滚压后应无伤痕，除去氧化皮。

5）双辐板压制部分应光滑、平整、无皱纹、裂纹和飞边。

6）铸件的加工表面不应有砂眼、气孔、缩孔、裂纹和疏松等缺陷，非加工表面不应有影响强度的缺陷。

（4）装配

1）所有零件检验合格后，才能进行装配。

2）装配好的滑轮应转动灵活。

（5）极限与配合

1）滑轮体与轴承外径配合公差推荐为 M7 或 P7。

2）槽底半径 r 的极限偏差应符合表 17.1-86 的规定。其他尺寸极限偏差，对铸造滑轮按 h14，对其他滑轮应符合表 17.1-90 的规定。

表 17.1-90 滑轮尺寸极限偏差 （mm）

<table>
<tr><th colspan="2">滑轮直径 D</th><th colspan="2">宽度 B</th><th colspan="2">外圆 D_1</th></tr>
<tr><th>公称尺寸</th><th>极限偏差</th><th>公称尺寸</th><th>极限偏差</th><th>公称尺寸</th><th>极限偏差</th></tr>
<tr><td>160~400</td><td>+2.5</td><td rowspan="2">≤50</td><td rowspan="2">+2</td><td>≤250</td><td>-1.0</td></tr>
<tr><td>>400~600</td><td>+3.0</td><td>>250~500</td><td>-1.2</td></tr>
<tr><td>>600~800</td><td>+4.0</td><td rowspan="2">≤76</td><td rowspan="2">+3</td><td>>500~1000</td><td>-1.6</td></tr>
<tr><td>>800~1000</td><td>+5.0</td><td>>1000~1200</td><td>-2.0</td></tr>
<tr><td>>1000~1200</td><td>+6.0</td><td rowspan="2">≤108</td><td rowspan="2">+4</td><td>>1200~1500</td><td>-2.5</td></tr>
<tr><td>>1200~1500</td><td>+7.0</td><td>>1500~1800</td><td>-3.0</td></tr>
<tr><td>>1500~1800</td><td>+8.0</td><td>≤150</td><td>+5</td><td>>1800~2000</td><td>-3.5</td></tr>
</table>

（6）几何公差

滑轮的几何公差见表 17.1-91。

表 17.1-91　滑轮的几何公差

种类	符号	项目	符号说明	允许的几何公差/mm
形状	⌭	圆柱度	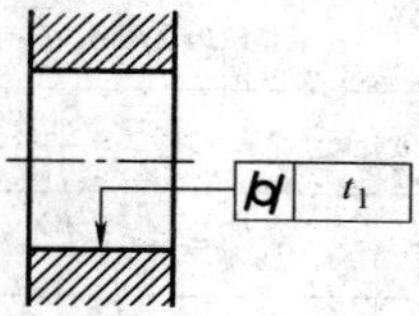 轮毂孔	圆柱度公差 t_1 t_1 =（轮毂孔的公差）/2
	⌒	线轮廓度	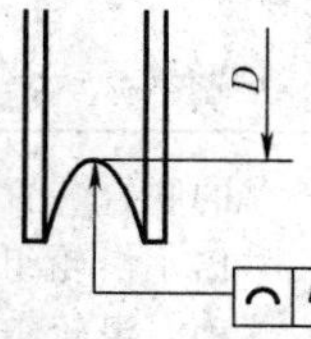 绳槽断面	绳槽半径公差带内的线轮廓度公差 t_2，$t_2 \leqslant$ 绳槽半径极限偏差
位置	↗	绳槽底圆跳动	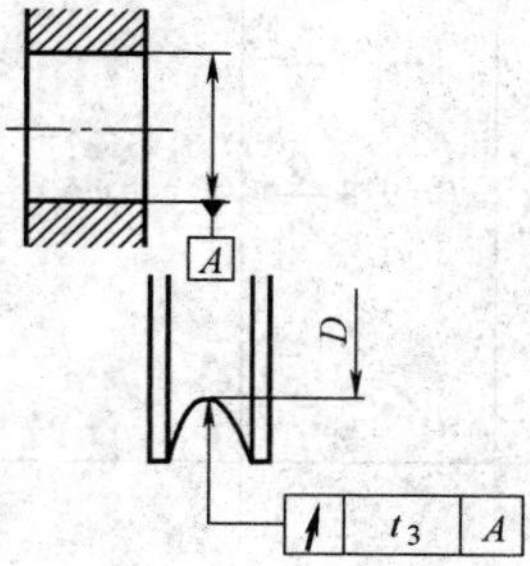	绳槽底圆跳动公差 t_3 铸造滑轮 $t_3 = D/1000 \leqslant 1.0$； 其他滑轮 $t_3 = 2.5D/1000$
	↗	绳槽侧向圆跳动	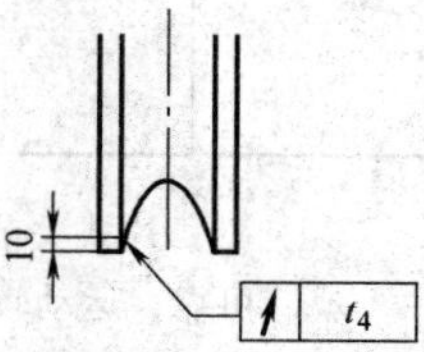	D / t_4： ≤250 / 2.0 >250~500 / 2.5 >500~1000 / 3.0 >1000~1200 / 4.0 >1200~1500 / 5.0 >1500~1800 / 6.0

5.1.5　滑轮强度计算

小型铸造滑轮的强度取决于铸造工艺条件。一般不进行强度计算。对于大尺寸的焊接滑轮，则必须进行强度计算。滑轮强度的计算见表 17.1-92。

表 17.1-92　滑轮强度的计算

计算简图	项目		公式	符号意义
	计算假定		假定轮缘是多支点梁，绳索拉力 F 使轮缘产生弯曲	F_c—临界载荷(N) F—绳索拉力(N) γ—绳索在滑轮上包角的圆心角 L—两轮辐间的轮缘弧长(mm) W—轮缘抗弯截面系数(mm^3) σ_{wp}—许用弯曲应力，对于 Q235A 型钢应小于 100MPa λ—压杆的柔度(长细比)，$\lambda=\frac{0.5l}{i_{min}}$ l—压杆全长(cm) I_{min}—压杆截面的最小截面二次矩(cm^4) A—压杆的横截毛面积(cm^2) R_{eL}—材料的屈服强度(N/mm^2) i_{min}—压杆截面的最小惯性半径(cm) A_1—强度校核时用净面积(cm^2) a—椭圆长轴之半(cm) d—圆直径(cm) n—安全系数
	绳索拉力的合力/N		$F_p=2F\sin\frac{\gamma}{2}$	
	轮缘	最大弯矩/N·mm	$M_{max}=\frac{F_pL}{16}$	
		最大弯曲应力/MPa	$\sigma_{max}=\frac{FL}{8W}\sin\frac{\gamma}{2}<\sigma_{wp}$	
	辐条	小柔度压杆 Q235A 钢 $\lambda<60$ 临界应力接近材料的屈服强度	$F_c=AR_{eL}$ $n=\frac{F_c}{F_p}=1.8\sim3$ $i_{min}=\sqrt{\frac{I_{min}}{A_1}}$ 圆柱辐条 $i_{min}=\frac{d}{4}$ 椭圆辐条 $i_{min}=\frac{a}{2}$	

5.2　滑轮组（见表 17.1-93）

由一根挠性件依次绕若干动滑轮和定滑轮而组成的联合装置称为滑轮组。在起重机械中广泛应用的是倍率滑轮组。按工作原理，滑轮组分为省力和增速两种，滑轮组的设计计算见表 17.1-93。

表 17.1-93　滑轮组的设计计算

名称	简图	挠性件自由端		符号意义
		牵引力	牵引速度	
省力滑轮组	a)	$F=9.8\frac{Q}{m}$	$v_s=mv_h$	F—挠性件自由端牵引力(N) Q—起重量(kg) m—滑轮组倍率 单联滑轮组：$m=n$ 双联滑轮组：$m=\frac{n}{2}$ n—悬挂物品挠性件分支数 v_s—卷筒的牵引速度(m/s) v_h—重物移动的速度(m/s)
增速滑轮组	b)	$F=9.8mQ$	$v_s=\frac{v_h}{m}$	

6　起重链和链轮

起重链有环形焊接链和片式关节链。环形焊接链与钢丝绳相比，优点是挠性大，链轮齿数可以很少，因而直径小，结构紧凑。其缺点是对冲击的敏感性大，突然破断的可能性大，磨损也较快。

另外，不能用于高速，通常速度 $v<0.1\text{m}\cdot\text{s}^{-1}$（用于链轮）或 $v<1\text{m}\cdot\text{s}^{-1}$（用于光卷筒）。

片式关节链的优点：挠性较环形焊接链更好，比较可靠，运动较平稳，$v<0.25\text{m}\cdot\text{s}^{-1}$（可达 $1\text{m}\cdot\text{s}^{-1}$）。缺点：有方向性，横向无挠性，比钢丝绳重，与环形焊接链质量差不多；成本高，对灰尘和锈蚀较敏感。

起重链用于起重量小、起升高度小和起升速度低的起重机械。

为了携带和拆卸方便，链条的端部链节采用可拆卸链环。

片式关节链是由薄钢片以销轴铰接而成的一种链条。环形焊接链与片式关节链的选择计算方法相同。

6.1　起重链的选择

根据最大工作载荷及安全系数计算链条的破坏载荷 F_p，以 F_p 来选择链条

$$F_p \geqslant F_{max} S \tag{17.1-8}$$

式中　F_p——破断载荷（N）；

F_{max}——链条最大工作载荷（N）；

S——安全系数，按表 17.1-94 选取。

表 17.1-94　安全系数 S 值

链的种类	环形焊接链						片式关节链	
用途	光滑卷筒或滑轮		链轮		捆绑物品	吊钩用(带小钩,小环等)	速度 v/m · s^{-1}	
驱动方式	手动	机动	手动	机动			<1	1~1.5
S	3	6	4	8	6	5	6	8

6.2　起重用短环链

起重用短环链指经过精确校准用于葫芦和类似设备的承载链。起重用短环链的规格及尺寸见表 17.1-95。

短环链应采用力学性能不低于 YB/T 5211—1993 中的 20Mn2 钢制造。钢材的晶粒度按照 GB/T 6394—2002 进行测定，应达到奥氏体晶粒度 5 级以上。链条在经受制造试验力前，应进行淬火和回火处理。焊接影响长度 $e \leqslant 0.6d_n$（d_n 为材料名义直径）。

表 17.1-95　起重用短环链的规格及尺寸（摘自 GB/T 24816—2009）　（mm）

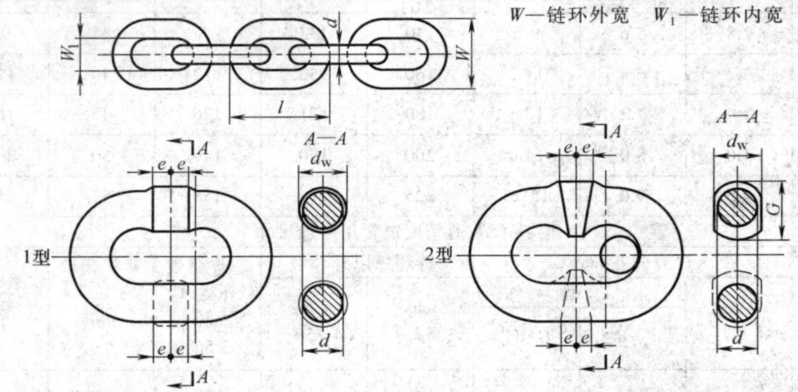

d_w—焊缝处测得的材料直径(1 型)或垂直于链环平面的焊缝尺寸(2 型)　d_m—焊缝外测得的材料直径

G—其他平面上的尺寸(2 型焊缝链)　e—链环中部任一侧的焊接影响长度

名义尺寸 d_n	直径公差 (d_m-d_n)	焊缝公差 max 1 型 (d_w-d_m)	焊缝公差 max 2 型 (d_w-d_m)	焊缝公差 max 2 型 ($G-d_m$)	链环极限外长 l max ($5d_n$)	链环极限外长 l min ($4.75d_n$)	非焊缝处外宽 W max ($3.5d_n$)	非焊缝处内宽 W_1 min ($1.25d_n$)	最小破断力 /kN	极限工作载荷 /t
5	+0.10 -0.30	0.5	1.0	1.75	25	24	18	6.3	31.6	0.8
6.3	+0.13 -0.38	0.63	1.25	2.2	32	30	22	7.9	50	1.25
7.1	+0.14 -0.43	0.71	1.42	2.5	36	34	25	8.9	63.4	1.6
8	+0.16 -0.48	0.8	1.6	2.8	40	38	28	10	80.6	2.0
9	+0.18 -0.54	0.9	1.8	3.15	45	43	32	11.3	102	2.5
10	+0.20 -0.60	1.0	2.0	3.5	50	47	35	12.5	126	3.2
11.2	+0.22 -0.67	1.12	2.24	3.9	56	53	39	14	158	4.0

（续）

名义尺寸 d_n	直径公差 (d_m-d_n)	焊缝公差 max 1型 (d_w-d_m)	焊缝公差 max 2型 (d_w-d_m)	焊缝公差 max 2型 $(G-d_m)$	链环极限外长 l max $(5d_n)$	链环极限外长 l min $(4.75d_n)$	非焊缝处外宽 W max $(3.5d_n)$	非焊缝处内宽 W_1 min $(1.25d_n)$	最小破断力 /kN	极限工作载荷 /t
12.5	+0.25 −0.75	1.25	2.5	4.4	63	59	44	15.7	198	5.0
14	+0.28 −0.84	1.4	2.8	4.9	70	66	49	18	248	6.3
16	+0.32 −0.96	1.6	3.2	5.6	80	76	56	20	322	8.0
18	±0.90	1.8	3.6	6.3	90	85	63	23	408	10
20	±1.0	2.0	4.0	7.0	100	95	70	25	504	12.5
22.4	±1.1	2.24	4.48	7.85	112	106	78	28	632	16
25	±1.25	2.5	5.0	8.75	125	119	88	32	786	20
28	±1.4	2.8	5.6	9.8	140	133	98	35	986	25
32	±1.6	3.2	6.4	11.2	160	152	112	40	1288	32
36	±1.8	3.6	7.2	12.6	180	171	126	45	1630	40
40	±2.0	4.0	8.0	14.0	200	190	140	50	2012	50
45	±2.25	4.5	9.0	15.75	225	214	158	57	2546	63

附:8 级普通精度链暂用附加尺寸

名义尺寸 d_n	直径公差 (d_m-d_n)	焊缝公差 max 1型 (d_w-d_m)	焊缝公差 max 2型 (d_w-d_m)	焊缝公差 max 2型 $(G-d_m)$	链环极限外长 l max $(5d_n)$	链环极限外长 l min $(4.75d_n)$	非焊缝处外宽 W max $(3.5d_n)$	非焊缝处内宽 W_1 min $(1.25d_n)$	最小破断力 /kN	极限工作载荷 /t
6	+0.12 −0.36	0.6	1.2	2.1	30	28	21	7.5	45.4	1.1
7	+0.14 −0.42	0.7	1.4	2.45	35	33	25	8.8	61.6	1.5
8.7	+0.17 −0.52	0.87	1.74	3.05	44	41	30	10.9	95.2	2.4
9.5	+0.19 −0.57	0.95	1.9	3.35	48	45	33	11.9	114	2.8
10.3	+0.21 −0.62	1.03	2.06	3.6	52	49	36	12.9	134	3.3
11	+0.22 −0.66	1.1	2.2	3.85	55	52	39	13.8	154	3.8
12	+0.24 −0.72	1.2	2.4	4.2	60	57	42	15	182	4.6
13	+0.26 −0.78	1.3	2.6	4.55	65	62	46	16.3	214	5.4

（续）

名义尺寸 d_n	直径公差 (d_m-d_n)	焊缝公差 max			链环极限外长 l		非焊缝处外宽 W max $(3.5d_n)$	非焊缝处内宽 W_1 min $(1.25d_n)$	最小破断力 /kN	极限工作载荷 /t
		1 型	2 型		max	min				
		(d_w-d_m)	(d_w-d_m)	$(G-d_m)$	$(5d_n)$	$(4.75d_n)$				
13.5	+0.27 −0.81	1.35	2.7	4.75	68	64	47	17	230	5.8
16.7	+0.33 −1.00	1.67	3.34	5.85	84	79	58	21	352	8.9
19	±0.95	1.9	3.8	6.65	95	90	67	24	454	11.5
20.6	±1.0	2.06	4.12	7.2	103	98	72	26	534	13.5
22*	±1.1	2.2	4.4	7.7	110	104	77	28	610	15.5
23	±1.15	2.3	4.6	8.05	115	109	81	29	666	16.9
26*	±1.3	2.6	5.2	9.1	130	123	91	33	850	21.6
30	±1.5	3.0	6.0	10.5	150	142	105	38	1132	28.8
35*	±1.75	3.5	7.0	12.25	175	166	123	44	1540	39.2

注：1. 名义尺寸 25.4mm 已纳入其他普通精度链的国家标准中，未列入 GB/T 24816—2009 中。

2. 带 * 尺寸在其他普通精度链的国家标准中未列出。

6.3　板式链及连接环

板式链的结构如图 17.1-8 所示。其尺寸分两个系列：第 1 系列代号为 LH，其尺寸见表 17.1-96；第 2 系列代号为 LL，其尺寸见表 17.1-97。

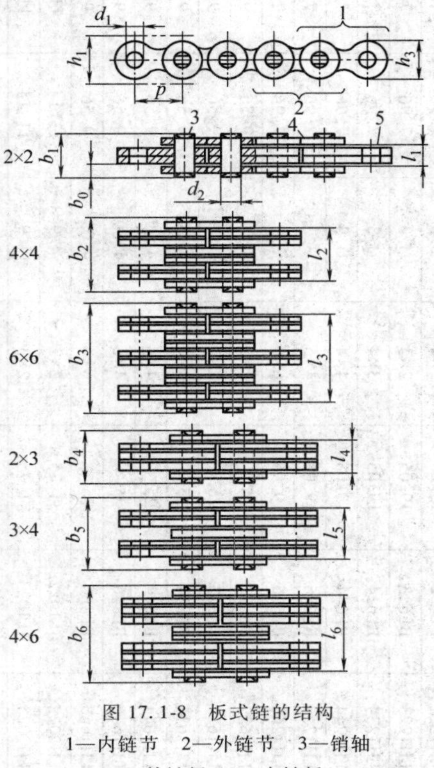

图 17.1-8　板式链的结构

1—内链节　2—外链节　3—销轴　4—外链板　5—内链板

连接环的结构如图 17.1-9 所示，其尺寸见表 17.1-98、表 17.1-99。

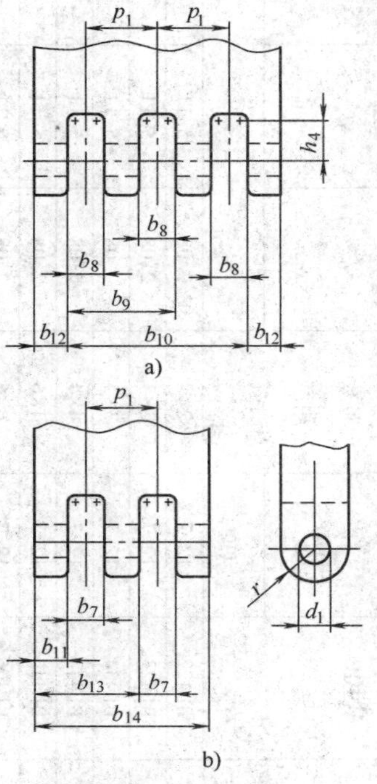

图 17.1-9　连接环的结构

a）外连接环　b）内连接环

表 17.1-96　LH 系列链条主要尺寸、测量力和抗拉强度（摘自 GB/T 6074—2006）

链号	ASME 链号	节距 p nom	板数组合	链板厚度 b_0 max	内链板孔径 d_1 min	销轴直径 d_2 max	链条通道高度 h_1 ① min	链板高度 h_3 max	铆接销轴高度 $b_1 \sim b_6$ max	外链节内宽 $l_1 \sim l_6$ min	测量力	抗拉强度 min
		mm		mm							N	kN
LH0822②	BL422	12.7	2×2	2.08	5.11	5.09	12.32	12.07	11.1	4.2	222	22.2
LH0823	BL423	12.7	2×3	2.08	5.11	5.09	12.32	12.07	13.2	6.3	222	22.2
LH0834	BL434	12.7	3×4	2.08	5.11	5.09	12.32	12.07	17.4	10.4	334	33.4
LH0844②	BL444	12.7	4×4	2.08	5.11	5.09	12.32	12.07	19.6	12.4	445	44.5
LH0846	BL446	12.7	4×6	2.08	5.11	5.09	12.32	12.07	23.8	16.6	445	44.5
LH0866	BL466	12.7	6×6	2.08	5.11	5.09	12.32	12.07	28	21	667	66.7
LH1022②	BL522	15.875	2×2	2.48	5.98	5.96	15.34	15.09	12.9	4.9	334	33.4
LH1023	BL523	15.875	2×3	2.48	5.98	5.96	15.34	15.09	15.4	7.4	334	33.4
LH1034	BL534	15.875	3×4	2.48	5.98	5.96	15.34	15.09	20.4	12.3	489	48.9
LH1044②	BL544	15.875	4×4	2.48	5.98	5.96	15.34	15.09	22.8	14.7	667	66.7
LH1046	BL546	15.875	4×6	2.48	5.98	5.96	15.34	15.09	27.7	19.5	667	66.7
LH1066	BL566	15.875	6×6	2.48	5.98	5.96	15.34	15.09	32.7	24.6	1000	100.1
LH1222②	BL622	19.05	2×2	3.3	7.96	7.94	18.34	18.11	17.4	6.6	489	48.9
LH1223	BL623	19.05	2×3	3.3	7.96	7.94	18.34	18.11	20.8	9.9	489	48.9
LH1234	BL634	19.05	3×4	3.3	7.96	7.94	18.34	18.11	27.5	16.5	756	75.6
LH1244②	BL644	19.05	4×4	3.3	7.96	7.94	18.34	18.11	30.8	19.8	979	97.9
LH1246	BL646	19.05	4×6	3.3	7.96	7.94	18.34	18.11	37.5	26.4	979	97.9
LH1266	BL666	19.05	6×6	3.3	7.96	7.94	18.34	18.11	44.2	33.2	1468	146.8
LH1622②	BL822	25.4	2×2	4.09	9.56	9.54	24.38	24.13	21.4	8.2	845	84.5
LH1623	BL823	25.4	2×3	4.09	9.56	9.54	24.38	24.13	25.5	12.3	845	84.5
LH1634	BL834	25.4	3×4	4.09	9.56	9.54	24.38	24.13	33.8	20.5	1290	129
LH1644②	BL844	25.4	4×4	4.09	9.56	9.54	24.38	24.13	37.9	24.6	1690	169
LH1646	BL846	25.4	4×6	4.09	9.56	9.54	24.38	24.13	46.2	32.7	1690	169
LH1666	BL866	25.4	6×4	4.09	9.56	9.54	24.38	24.13	54.5	41.1	2536	253.6
LH2022②	BL1022	31.75	2×2	4.9	11.14	11.11	30.48	30.18	25.4	9.8	1156	115.6
LH2023	BL1023	31.75	2×3	4.9	11.14	11.11	30.48	30.18	30.4	14.8	1156	115.6
LH2034	BL1034	31.75	3×4	4.9	11.14	11.11	30.48	30.18	40.3	24.5	1824	182.4
LH2044②	BL1044	31.75	4×4	4.9	11.14	11.11	30.48	30.18	45.2	29.5	2313	231.3

（续）

链号	ASME 链号	节距 p nom	板数组合	链板厚度 b_0 max	内链板孔径 d_1 min	销轴直径 d_2 max	链条通道高度 $h_1$① min	链板高度 h_3 max	铆接销轴高度 $b_1 \sim b_6$ max	外链节内宽 $l_1 \sim l_6$ min	测量力	抗拉强度 min
		mm		mm							N	kN
LH2046	BL1046	31.75	4×6	4.9	11.14	11.11	30.48	30.18	55.1	39.4	2313	231.3
LH2066	BL1066	31.75	6×6	4.9	11.14	11.11	30.48	30.18	65	49.2	3470	347
LH2422②	BL1222	38.1	2×2	5.77	12.74	12.71	36.55	36.2	29.7	11.6	1512	151.2
LH2423	BL1223	38.1	2×3	5.77	12.74	12.71	36.55	36.2	35.5	17.4	1512	151.2
LH2434	BL1234	38.1	3×4	5.77	12.74	12.71	36.55	36.2	47.1	28.9	2446	244.6
LH2444②	BL1244	38.1	4×4	5.77	12.74	12.71	36.55	36.2	52.9	34.4	3025	302.5
LH2446	BL1246	38.1	4×6	5.77	12.74	12.71	36.55	36.2	64.6	46.3	3025	302.5
LH2466	BL1266	38.1	6×6	5.77	12.74	12.71	36.55	36.2	76.2	57.9	4537	453.7
LH2822②	BL1422	44.45	2×2	6.6	14.31	14.29	42.67	42.24	33.6	13.2	1913	191.3
LH2823	BL1423	44.45	2×3	6.6	14.31	14.29	42.67	42.24	40.2	19.7	1913	191.3
LH2834	BL1434	44.45	3×4	6.6	14.31	14.29	42.67	42.24	53.4	32.7	3158	315.8
LH2844②	BL1444	44.45	4×4	6.6	14.31	14.29	42.67	42.24	60.0	39.1	3826	382.6
LH2846	BL1446	44.45	4×6	6.6	14.31	14.29	42.67	42.24	73.2	52.3	3826	382.6
LH2866	BL1466	44.45	6×6	6.6	14.31	14.29	42.67	42.24	86.4	65.5	5783	578.3
LH3222②	BL1622	50.8	2×2	7.52	17.49	17.46	48.74	48.26	40.0	15.0	2891	289.1
LH3223	BL1623	50.8	2×3	7.52	17.49	17.46	48.74	48.26	46.6	22.5	2891	289.1
LH3234	BL1634	50.8	3×4	7.52	17.49	17.46	48.74	48.26	61.8	37.5	4404	440.4
LH3244②	BL1644	50.8	4×4	7.52	17.49	17.46	48.74	48.26	69.3	44.8	5783	578.3
LH3246	BL1646	50.8	4×6	7.52	17.49	17.46	48.74	48.26	84.5	59.9	5783	578.3
LH3266	BL1666	50.8	6×6	7.52	17.49	17.46	48.74	48.26	100.0	75.0	8674	867.4
LH4022②	BL2022	63.5	2×2	9.91	23.84	23.81	60.88	60.33	51.8	19.9	4337	433.7
LH4023	BL2023	63.5	2×3	9.91	23.84	23.81	60.88	60.33	61.7	29.8	4337	433.7
LH4034	BL2034	63.5	3×4	9.91	23.84	23.81	60.88	60.33	81.7	49.4	6494	649.4
LH4044②	BL2044	63.5	4×4	9.91	23.84	23.81	60.88	60.33	91.6	59.1	8674	867.4
LH4046	BL2046	63.5	4×6	9.91	23.84	23.81	60.88	60.33	111.5	78.9	8674	867.4
LH4066	BL2066	63.5	6×6	9.91	23.84	23.81	60.88	60.33	131.4	99.0	13011	1301.1

① 链条通道高度是装配好的链条应能通过的最小高度。

② 与具有相同节距和相同最小抗拉强度的非偶数组合的链条相比，这些链条已经降低了疲劳强度和磨损寿命。当选择特殊应用的链条时应引起注意。

表 17.1-97　LL 系列链条主要尺寸、测量力和抗拉强度（摘自 GB/T 6074—2006）

链　号	节距 p nom	板数组合	链板厚度 b_0 max	内链板孔径 d_1 min	销轴直径 d_2 max	链条通道高度 $h_1$① min	链板高度 h_3 max	铆接销轴高度 $b_1 \sim b_3$ max	外链节内宽 $l_1 \sim l_3$ min	测量力	抗拉强度 min
	mm		mm							N	kN
LL0822		2×2						3.5	3.1	180	18
LL0844	12.7	4×4	1.55	4.46	4.45	11.18	10.92	14.6	9.1	360	36
LL0866		6×6						20.7	15.2	540	54
LL1022		2×2						9.3	3.4	220	22
LL1044	15.875	4×4	1.65	5.09	5.08	13.98	13.72	16.1	10.1	440	44
LL1066		6×6						22.9	16.8	660	66
LL1222		2×2						10.7	3.9	290	29
LL1244	19.05	4×4	1.9	5.73	5.72	16.39	16.13	18.5	11.6	580	58
LL1266		6×6						26.3	19.0	870	87
LL1622		2×2						17.2	6.2	600	60
LL1644	25.4	4×4	3.2	8.3	8.28	21.34	21.08	30.2	19.4	1200	120
LL1666		6×6						43.2	31.0	1800	180
LL2022		2×2						20.1	7.2	950	95
LL2044	31.75	4×4	3.7	10.21	10.19	26.68	26.42	35.1	22.4	1900	190
LL2066		6×6						50.1	36.0	2850	285
LL2422		2×2						28.4	10.2	1700	170
LL2444	38.1	4×4	5.2	14.65	14.63	33.73	33.4	49.4	30.6	3400	340
LL2466		6×6						70.4	51.0	5100	510
LL2822		2×2						34	12.8	2000	200
LL2844	44.45	4×4	6.45	15.92	15.9	37.46	37.08	60	38.4	4000	400
LL2866		6×6						86	64.0	6000	600
LL3222		2×2						35	12.8	2600	260
LL3244	50.8	4×4	6.45	17.83	17.81	42.72	42.29	61	38.4	5200	520
LL3266		6×6						87	64.0	7800	780
LL4022		2×2						44.7	16.2	3600	360
LL4044	63.5	4×4	8.25	22.91	22.89	53.49	52.96	77.9	48.6	7200	720
LL4066		6×6						111.1	81.0	10800	1080
LL4822		2×2						56.1	20.2	5600	560
LL4844	76.2	4×4	10.3	29.26	29.24	64.52	63.88	97.4	60.6	11200	1120
LL4866		6×6						138.9	101.0	16800	1680

① 链条通道高度是装配好的链条应能通过的最小高度。

表 17.1-98　LH 系列连接环尺寸（摘自 GB/T 6074—2006）　　（mm）

链号	ASME 链号	b_7	b_8	b_9	b_{10}	b_{12} min	b_{11} max	b_{13} max	b_{14} max	p_1 nom	d_1 min	h_4 min	r max
		H12①											
LH0822	BL422	—	4.41	—	—		4.03	—	—	—			
LH0823	BL423	—	6.53	—	—		6.05	—	—	—			
LH0834	BL434	2.21	4.33	10.68	—	3.12	4.03	10.20	—	6.35	5.11	6.35	6.35
LH0844	BL444	4.41	4.41	12.89	—		4.03	12.25	—	8.47			
LH0846	BL446	4.41	6.53	17.12	—		6.05	16.32	—	10.59			
LH0866	BL466	4.41	4.41	12.89	21.36		4.03	12.25	20.47	8.47			

（续）

链号	ASME链号	b_7	b_8	b_9	b_{10}	b_{12}	b_{11}	b_{13}	b_{14}	p_1	d_1	h_4	r
		H12[①]				min	max	max	max	nom	min	min	max
LH1022	BL522	—	5.24	—	—	3.72	4.80	—	—	—	5.98	7.92	7.92
LH1023	BL523	—	7.76	—	—		7.20	—	—	—			
LH1034	BL534	2.62	5.14	12.69	—		4.80	12.12	—	7.55			
LH1044	BL544	5.24	5.24	15.31	—		4.80	14.56	—	10.07			
LH1046	BL546	5.24	7.76	20.35	—		7.20	19.40	—	12.59			
LH1066	BL566	5.24	5.24	15.31	25.38		4.80	14.56	24.31	10.07			
LH1222	BL622	—	6.96	—	—	4.95	6.41	—	—	—	7.96	9.53	9.53
LH1223	BL623	—	10.31	—	—		9.61	—	—	—			
LH1234	BL634	3.48	6.83	16.88	—		6.41	16.18	—	10.05			
LH1244	BL644	6.96	6.96	20.36	—		6.41	19.43	—	13.40			
LH1246	BL646	6.96	10.31	27.06	—		9.61	25.89	—	16.75			
LH1266	BL666	6.96	6.96	20.36	33.76		6.41	19.43	32.45	13.40			
LH1622	BL822	—	8.59	—	—	6.13	7.93	—	—	—	9.56	12.70	12.70
LH1623	BL823	—	12.73	—	—		11.89	—	—	—			
LH1634	BL834	4.29	8.43	20.86	—		7.93	19.97	—	12.42			
LH1644	BL844	8.59	8.59	25.15	—		7.93	23.98	—	16.56			
LH1646	BL846	8.59	12.73	33.43	—		11.89	31.96	—	20.70			
LH1666	BL866	8.59	8.59	25.15	41.71		7.93	23.98	40.04	16.56			
LH2022	BL1022	—	10.26	—	—	7.35	9.48	—	—	—	11.14	15.88	15.88
LH2023	BL1023	—	15.21	—	—		14.22	—	—	—			
LH2034	BL1034	5.13	10.08	24.93	—		9.48	23.86	—	14.85			
LH2044	BL1044	10.26	10.26	30.06	—		9.48	28.65	—	19.80			
LH2046	BL1046	10.26	15.21	39.96	—		14.22	38.18	—	24.75			
LH2066	BL1066	10.26	10.26	30.06	49.86		9.48	28.65	47.82	19.80			
LH2422	BL1222	—	12.05	—	—	8.66	11.16	—	—	—	12.74	19.05	19.05
LH2423	BL1223	—	17.87	—	—		16.74	—	—	—			
LH2434	BL1234	6.02	11.84	29.31	—		11.16	28.05	—	17.46			
LH2444	BL1244	12.05	12.05	35.33	—		11.16	33.68	—	23.28			
LH2446	BL1246	12.05	17.87	46.97	—		16.74	44.89	—	29.10			
LH2466	BL1266	12.05	12.05	35.33	58.61		11.16	34.68	56.20	23.28			
LH2822	BL1422	—	13.76	—	—	9.90	12.76	—	—	—	14.31	22.23	22.23
LH2823	BL1423	—	20.41	—	—		19.13	—	—	—			
LH2834	BL1434	6.88	13.53	33.48	—		12.76	32.04	—	19.95			
LH2844	BL1444	13.76	13.76	40.36	—		12.76	38.47	—	26.60			
LH2846	BL1446	13.76	20.41	53.66	—		19.13	51.28	—	33.25			
LH2866	BL1466	13.76	13.76	40.36	66.97		12.76	38.47	64.18	26.60			
LH3222	BL1622	—	15.65	—	—	11.28	14.53	—	—	—	17.49	25.40	25.40
LH3223	BL1623	—	23.22	—	—		21.80	—	—	—			
LH3234	BL1634	7.82	15.40	38.11	—		14.53	36.48	—	22.71			
LH3244	BL1644	15.65	15.65	45.93	—		14.53	43.80	—	30.28			
LH3246	BL1646	15.65	23.22	61.07	—		21.80	58.38	—	37.85			
LH3266	BL1666	15.65	15.65	45.93	76.22		14.53	43.80	73.07	30.28			

（续）

链号	ASME 链号	b_7	b_8	b_9	b_{10}	b_{12}	b_{11}	b_{13}	b_{14}	p_1	d_1	h_4	r
		H12①				min	max	max	max	nom	min	min	max
LH4022	BL2022	—	20.53	—	—		19.19	—	—	—			
LH4023	BL2023	—	30.49	—	—		28.78	—	—	—			
LH4034	BL2034	10.27	20.23	50.11	—	14.86	19.19	48.11	—	29.88	23.84	31.75	31.75
LH4044	BL2044	20.53	20.53	60.37	—		19.19	57.76	—	39.84			
LH4046	BL2046	20.53	30.49	80.30	—		28.78	76.99	—	49.80			
LH4066	BL2066	20.53	20.53	60.37	100.22		19.19	57.76	96.33	39.84			

① 公差 H12 是根据 GB/T 1801 确定的。

表 17.1-99 LL 系列连接环尺寸（摘自 GB/T 6074—2006） （mm）

链号	b_7	b_8	b_9	b_{10}	b_{12}	b_{11}	b_{13}	b_{14}	p_1	d_1	h_4	r
	H12①				min	max	max	max	nom	min	min	max
LL0822	—		—	—			—	—				
LL0844	3.35	3.35	—	—	2.33	2.97	9.07	—	6.35	4.46	6	6.35
LL0866	3.35		9.71	16.06			9.07	15.17				
LL1022	—		—	—			—	—				
LL1044	3.58	3.58	—	—	2.48	3.14	9.58	—	6.75	5.09	8	7.92
LL1066	3.58		10.33	17.08			9.58	16.01				
LL1222	—		—	—			—	—				
LL1244	4.16	4.16	—	—	2.85	3.61	11.03	—	7.80	5.73	9	9.52
LL1266	4.16		11.96	19.76			11.03	18.45				
LL1622	—		—	—			—	—				
LL1644	6.81	6.81	—	—	4.8	6.15	18.64	—	13	8.3	12	12.7
LL1666	6.81		19.81	31.81			18.64	31.14				
LL2022	—		—	—			—	—				
LL2044	7.86	7.86	—	—	5.55	7.08	21.45	—	15	10.21	14	15.88
LL2066	7.86		22.86	37.86			22.45	35.82				
LL2422	—		—	—			—	—				
LL2444	10.91	10.91	—	—	7.8	10.02	30.26	—	21	14.65	18	19.05
LL2466	10.91		31.91	52.91			30.26	50.50				
LL2822	—		—	—			—	—				
LL2844	13.46	13.46	—	—	9.68	12.46	37.57	—	26	15.92	20	22.2
LL2866	13.46		39.46	65.47			37.57	62.68				
LL3222	—		—	—			—	—				
LL3244	13.51	13.51	—	—	9.68	12.39	37.38	—	26	17.83	23	25.4
LL3266	13.51		39.51	65.52			37.38	62.37				
LL4022	—		—	—			—	—				
LL4044	17.21	17.21	—	—	12.38	15.87	47.80	—	33.2	22.91	28	31.75
LL4066	17.21		50.41	83.62			47.80	79.73				
LL4822	—		—	—			—	—				
LL4844	21.41	21.41	—	—	15.45	19.84	59.72	—	41.4	29.26	34	38.1
LL4866	21.41		62.82	104.2			59.72	99.60				

① 公差 H12 是根据 GB/T 1801 确定的。

6.4　焊接链轮

焊接链轮的计算与画法见表 17.1-100。

表 17.1-100　焊接链轮的计算与画法　（mm）

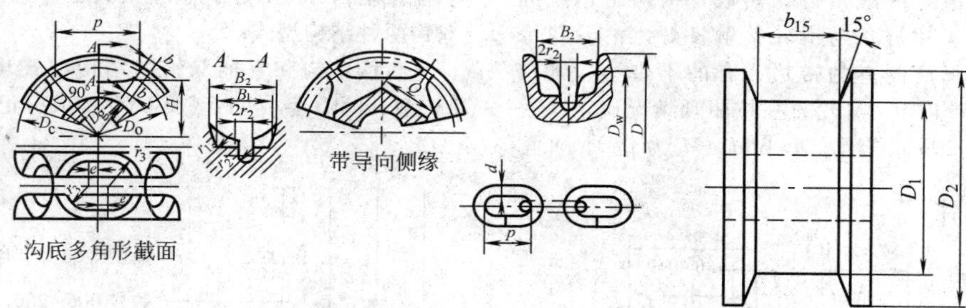

参数名称	代号	计算公式	参数名称	代号	计算公式
链轮上窝眼数	z	最少窝眼数不少于 4	导向侧缘直径	D	$D=D_W+1.2B$
中心夹角的半角	α	$\alpha=\frac{180°}{z}$	窝眼槽底宽度	B_1	$B_1=1.1B$
链轮节距	p'	$p'=D_o\sin\alpha$	窝眼槽顶宽度	B_2	$B_2=(1.2\sim1.3)B$
链轮节圆直径	D_o	$D_o=\sqrt{\left(\frac{p}{\sin\frac{\alpha}{2}}\right)^2+\left(\frac{d}{\cos\frac{\alpha}{2}}\right)^2}$ $D_o=\frac{p}{\sin\frac{\alpha}{2}}$（$z\geqslant12$ 时）	齿根宽	b_1	$b_1=p-2.2d$
沟底圆直径	D_g	$D_g=D_o-(1.2\sim1.25)B$	齿顶宽	b_2	$b_2=p-2.5d$
沟底多角形边长	Q	$Q=D_g\tan\alpha$	齿根半径	r_1	$r_1=0.5d$
链轮外径	D_W	$D_W=D_o-(1\sim1.3)d$ $D_W=D_o+0.5d$ （用于滑车组链轮）	沟底半径	r_2	$r_2=0.6d$
齿顶圆直径	D_c	$D_c=D_o+0.6d$	窝眼槽半径	r_3	$r_3=0.5B_1$
			r_3 圆心位置	e	$e=0.45(p+2d-B)$
			窝眼槽底平面到中心距离	H	$H=0.5\left(p\cot\frac{\alpha}{2}-d\tan\frac{\alpha}{2}\right)-0.5d$ $H=0.5[\sqrt{D_o^2-(p+d)^2}-d]$ （$z\geqslant12$ 时）

注：1. D_o、H 及 p' 计算精确度达 0.1mm，其余尺寸可圆整到标准直径或长度尺寸。

2. $z>4$ 的链轮，窝眼槽半径 r_3 在距链轮中心 H 的地方。

3. $z>12$ 的链轮，窝眼槽底平面可做成圆弧面，圆弧面半径 $R=H$。

4. 链轮窝眼数：一般 $z=7\sim23$，也可选用 $z=$ 18、20、23、26、28、30、32、34、36、38、40、42、44、46、48、50、52。

6.5　板式链用槽轮

板式链用槽轮的设计计算见表 17.1-101。

表 17.1-101　板式链用槽轮的设计计算（摘自 GB/T 6074—2006）　（mm）

名　称	符号	计算公式	备　注
槽轮直径	D_1	$D_{1\min}=5p$	p—节距
轮缘内宽	b_{15}	$b_{15\min}=1.05b$	b—铆接销轴高度（尺寸 $b_1\sim b_6$），见图 17.1-8 和表 17.1-96 或表 17.1-97
轮缘直径	D_2	$D_{2\min}=D_1+h_3$	h_3—链板高度，见图 17.1-8 和表 17.1-96 或表 17.1-97

6.6　焊接链的滑轮与卷筒

6.6.1　焊接链的滑轮

焊接链的滑轮一般由铸铁制成，结构与钢丝绳滑轮相仿。为了使链条与滑轮接触良好，滑轮轮缘制成槽形，槽形两侧有的带边，有的不带边，其结构尺寸见图 17.1-10。滑轮直径按驱动情况确定，一般，手动 $D>20d$；机动 $D>30d$（d 为链环圆钢直径）。

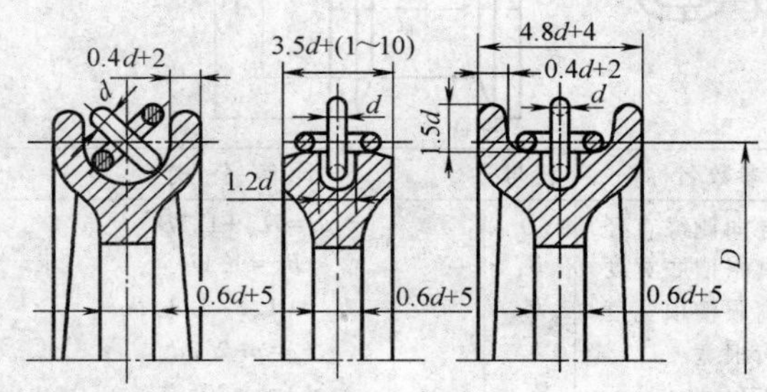

图 17.1-10　焊接链的滑轮的结构尺寸

6.6.2　焊接链的卷筒

焊接链的卷筒和链轮用来传递转矩。焊接链卷筒材料和结构与钢丝绳卷筒基本一样。卷筒表面有光面和带槽的两种，卷筒上链环槽的尺寸关系如图 17.1-11 所示。焊接链在卷筒上的固定方法如图 17.1-12 所示。

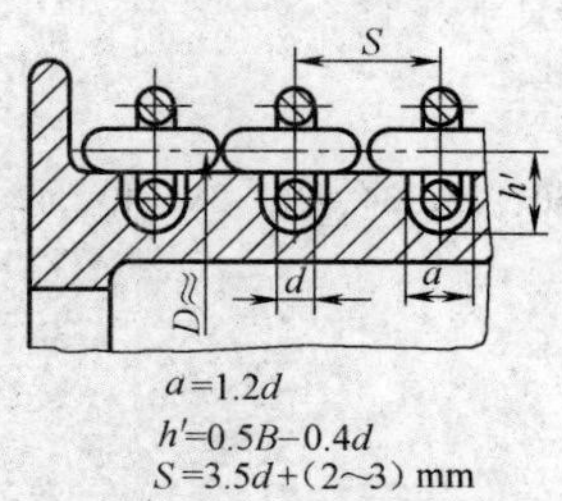

图 17.1-11　卷筒上链环槽的尺寸关系

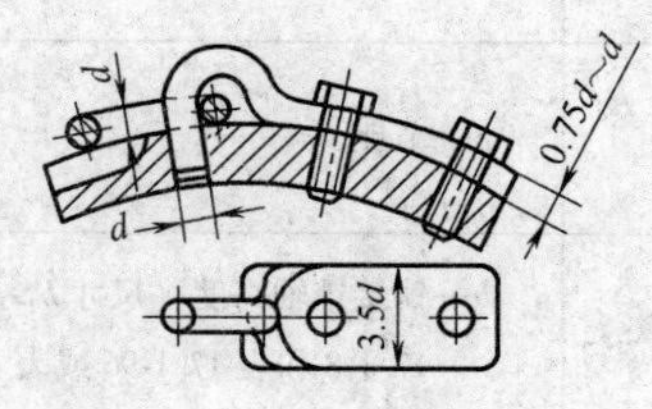

图 17.1-12　焊接链在卷筒上的固定方法

7　吊钩

7.1　吊钩的类型和标记

按结构分类，吊钩的主要类型有直柄单钩和直柄双钩两种结构型式。

直柄单钩和直柄双钩的结构型式均为四种，即 LM 型、LMD 型、LY 型及 LYD 型。标记方法为：

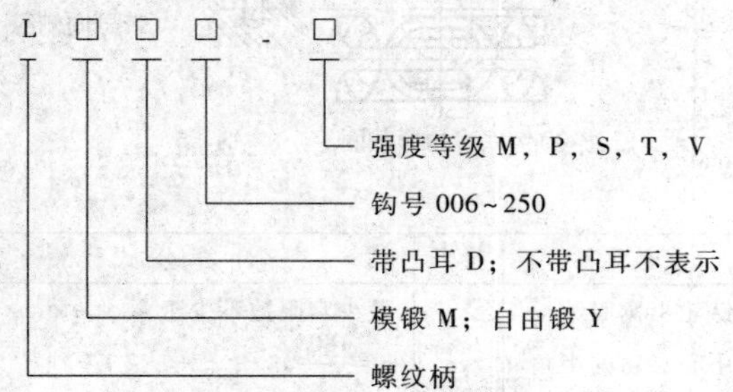

直柄单钩标记示例：

钩号 006、强度等级为 M 不带凸耳模锻直柄单钩标记为：

单钩　LM006-M　GB/T 10051.5

钩号 250、强度等级为 T 的带凸耳自由锻直柄单钩标记为：

单钩　LYD250-T　GB/T 10051.5

直柄双钩标记方法为：

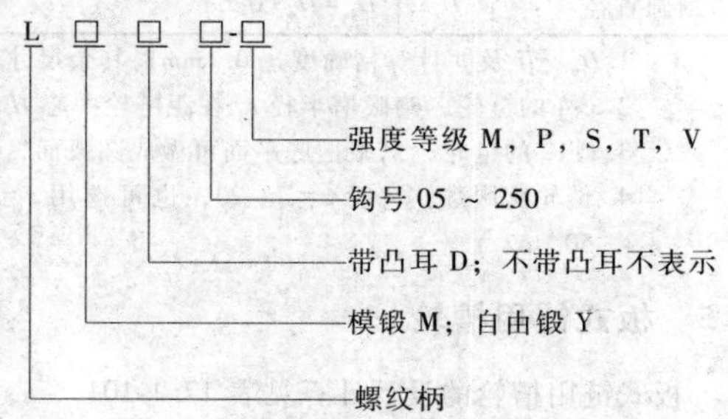

直柄双钩标记示例：

钩号为 10、强度等级为 M 的不带吊耳模锻双钩标记为：

双钩　LM10-M　GB/T 10051.7

钩号为 12、强度等级为 P 的带吊耳自由锻直柄双钩标记为：

双钩　LYD12-P　GB/T 10051.7

7.2　吊钩的力学性能

吊钩按其力学性能分为五个等级，见表 17.1-102。五个等级为 M、P、(S)、T 和 (V)。

表 17.1-102　吊钩的力学性能（摘自 GB/T 10051.1—2010）

强度等级	结构钢					合金钢		
	R_{eH} 或 $R_{p0.2}$/MPa	KV(ISO-V)/J				R_{eH} 或 $R_{p0.2}$/MPa	KV(ISO-V)/J	
		20℃		-20℃			20℃	-20℃
		纵向	横向	纵向	横向		纵向	横向
M	235	(55)	(31)	39	21	—	—	—
P	315					—	—	—
(S)	390					390	(35)	27
T	—	—				490	(35)	27
(V)	—	—				620	(30)	27

注：1. 冲击吸收能量试验应在-20℃下进行，括号中所给的冲击吸收能量值仅供参考。
2. 尽量避免采用括号内的强度等级。

7.3　吊钩的起重量（见表 17.1-103）

表 17.1-103　吊钩的起重量（摘自 GB/T 10051.1—2010）

强度等级	机构工作级别(按 GB/T 3811—2008)										强度等级
M	—	—	—	—	M3	M4	M5	M6	M7	M8	M
P	—	—	—	M3	M4	M5	M6	M7	M8	—	P
(S)	—	—	M3	M4	M5	M6	M7	M8	—	—	(S)
T	—	M3	M4	M5	M6	M7	—	—	—	—	T
(V)	M3	M4	M5	M6	M7	—	—	—	—	—	(V)
钩号	起重量/t										钩号
006	0.32	0.25	0.2	0.16	0.125	0.1	—	—	—	—	006
010	0.5	0.4	0.32	0.25	0.2	0.16	0.125	0.1	—	—	010
012	0.63	0.5	0.4	0.32	0.25	0.2	0.16	0.125	0.1	—	012
020	1	0.8	0.63	0.5	0.4	0.32	0.25	0.2	0.16	0.125	020
025	1.25	1	0.8	0.63	0.5	0.4	0.32	0.25	0.2	0.16	025
04	2	1.6	1.25	1	0.8	0.63	0.5	0.4	0.32	0.25	04
05	2.5	2	1.6	1.25	1	0.8	0.63	0.5	0.4	0.32	05
08	4	3.2	2.5	2	1.6	1.25	1	0.8	0.63	0.5	08
1	5	4	3.2	2.5	2	1.6	1.25	1	0.8	0.63	1
1.6	8	6.3	5	4	3.2	2.5	2	1.6	1.25	1	1.6
2.5	12.5	10	8	6.3	5	4	3.2	2.5	2	1.6	2.5
4	20	16	12.5	10	8	6.3	5	4	3.2	2.5	4
5	25	20	16	12.5	10	8	6.3	5	4	3.2	5
6	32	25	20	16	12.5	10	8	6.3	5	4	6
8	40	32	25	20	16	12.5	10	8	6.3	5	8
10	50	40	32	25	20	16	12.5	10	8	6.3	10
12	63	50	40	32	25	20	16	12.5	10	8	12
16	80	63	50	40	32	25	20	16	12.5	10	16
20	100	80	63	50	40	32	25	20	16	12.5	20
25	125	100	80	63	50	40	32	25	20	16	25
32	160	125	100	80	63	50	40	32	25	20	32
40	200	160	125	100	80	63	50	40	32	25	40
50	250	200	160	125	100	80	63	50	40	32	50
63	320	250	200	160	125	100	80	63	50	40	63
80	400	320	250	200	160	125	100	80	63	50	80
100	500	400	320	250	200	160	125	100	80	63	100
125	—	500	400	320	250	200	160	125	100	80	125
160	—	—	500	400	320	250	200	160	125	100	125
200	—	—	—	500	400	320	250	200	160	125	200
250	—	—	—	—	500	400	320	250	200	160	250

注：1. 机构工作级别低于 M3 的按 M3 考虑。
2. T、V 级强度等级的吊钩不推荐用于冶金起重机。

7.4　吊钩的材料（见表 17.1-104）

表 17.1-104　吊钩的材料（摘自 GB/T 10051.1—2010）

<table>
<tr><th rowspan="2">钩号</th><th rowspan="2">柄部直径
d_1/mm</th><th colspan="5">强度等级</th></tr>
<tr><th>M</th><th>P</th><th>(S)</th><th>T</th><th>(V)</th></tr>
<tr><td>006</td><td>14</td><td rowspan="30">Q345qD</td><td rowspan="22">Q345qD</td><td rowspan="22">Q420qD 或 35CrMo</td><td rowspan="22">35CrMo</td><td rowspan="10">35CrMo</td></tr>
<tr><td>010</td><td rowspan="2">16</td></tr>
<tr><td>012</td></tr>
<tr><td>020</td><td rowspan="2">20</td></tr>
<tr><td>025</td></tr>
<tr><td>04</td><td rowspan="2">24</td></tr>
<tr><td>05</td></tr>
<tr><td>08</td><td rowspan="2">30</td></tr>
<tr><td>1</td></tr>
<tr><td>1.6</td><td>36</td></tr>
<tr><td>2.5</td><td>42</td><td rowspan="12">34Cr2Ni2Mo</td></tr>
<tr><td>4</td><td>48</td></tr>
<tr><td>5</td><td>53</td></tr>
<tr><td>6</td><td>60</td></tr>
<tr><td>8</td><td>67</td></tr>
<tr><td>10</td><td>75</td></tr>
<tr><td>12</td><td>85</td></tr>
<tr><td>16</td><td>95</td></tr>
<tr><td>20</td><td>106</td></tr>
<tr><td>25</td><td>118</td></tr>
<tr><td>32</td><td>132</td></tr>
<tr><td>40</td><td>150</td></tr>
<tr><td>50</td><td>170</td><td rowspan="8">Q420qD</td><td rowspan="8">35CrMo</td><td rowspan="8">34Cr2Ni2Mo</td><td rowspan="8">30Cr2Ni2Mo</td></tr>
<tr><td>63</td><td>190</td></tr>
<tr><td>80</td><td>212</td></tr>
<tr><td>100</td><td>236</td></tr>
<tr><td>125</td><td>265</td></tr>
<tr><td>160</td><td>300</td></tr>
<tr><td>200</td><td>335</td></tr>
<tr><td>250</td><td>375</td></tr>
</table>

注：当采用 JB/T 6396 中规定的材料时，推荐材料中的 w(Alt)≥0.020%，或用其他形式证明材料中的氮被固化。

7.5　吊钩的尺寸

（1）直柄单钩的结构型式和尺寸（见表 17.1-105）

表 17.1-105　直柄单钩的结构型式和尺寸（摘自 GB/T 10051.5—2010）　　（mm）

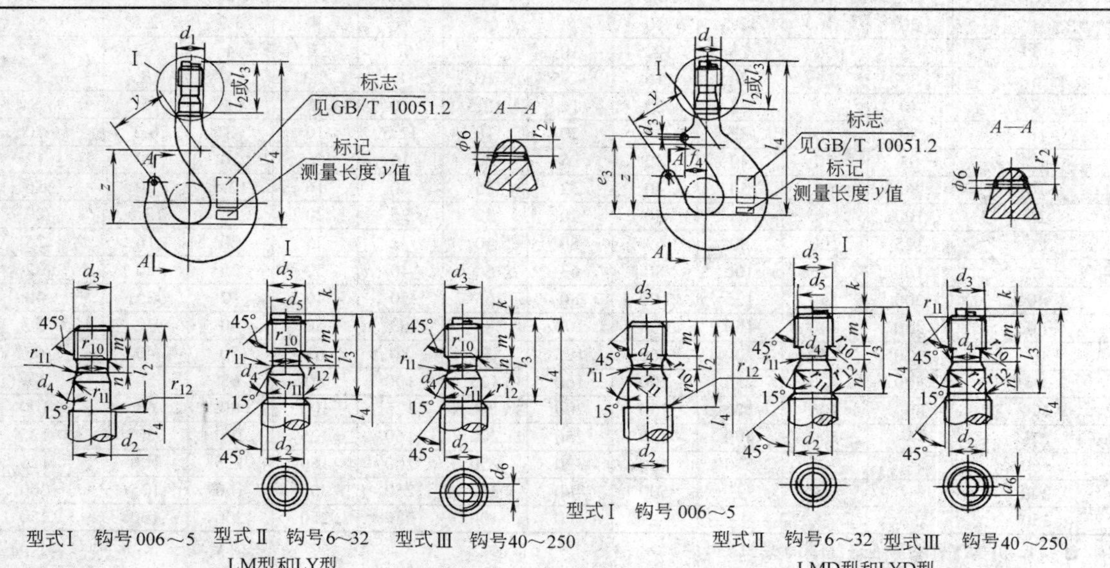

（续）

钩号	d_1	d_2	普通螺纹 GB/T 196		梯形圆螺纹			d_6	d_7	e_3	f_4	l_2	l_3	l_4	m	n	k	r_{10}	r_{11}	r_{12}	y	z
			d_3	d_4	d_3	d_4	d_5															
006	14	10	M10	7.5	—	—	—	—	3.2	52	11.5	30.5	—	97.5	9	4.5	—	1	2.5	2	—	—
010	16	12	M12	9	—	—	—	—	3.2	60	13	32.5	—	106	11	5	—	1.2	3	2	—	—
012										63	14	32.5	—	112	11	5	—	1.2	3	2	—	—
020	20	16	M16	12.5	—	—	—	—	4.2	70	16	41.5	—	135.5	15	6	—	1.2	3	2	—	—
025										74	17	41.5	—	141.5	15	6	—	1.2	3	2	—	—
04	24	20	M20	16	—	—	—	—	5.2	83	19	46	—	152.5	18	7.5	—	1.6	4	2	—	—
05										89	20	46	—	164	18	7.5	—	1.6	4	2	—	—
08	30	24	M24	19.5	—	—	—	—	6.2	100	22	55	—	183	22	9	—	2	5	3	—	—
1										105	23	55	—	194	22	9	—	2	8	3	—	—
1.6	36	30	M30	24.5	—	—	—	—	6.2	118	26	68	—	221	27	10	—	2	10	3	—	—
2.5	42	36	M36	30	—	—	—	—	10.2	132	30	83	—	250	32	10	—	2	10	3	—	—
4	48	42	M42	35.5	—	—	—	—	10.2	148	33	93	—	281.5	36	15	—	3	10	3	—	—
5	53	45	M45	38.5	—	—	—	—	10.2	165	37	103	—	314.5	40	15	—	3	10	3	—	—
6	60	50	—	—	TY50×6	42	43.4	—	10.2	185	41	—	112	375	45	20	10	4	14	3	130	160
8	67	56	—	—	TY56×6	48	49.4	—	12.2	210	46	—	122	413	50	20	10	4	16	3	145	180
10	75	64	—	—	TY64×8	54	55.2	—	12.2	221	34	—	135	446	56	25	10	4	18	3	160	200
12	85	72	—	—	TY72×8	62	63.2	—	16.2	252	37	—	157	504.5	63	25	12	4	20	3	180	220
16	95	80	—	—	TY80×10	68	69	—	16.2	280	42	—	170	576	71	30	12	6	22	3	200	250
20	106	90	—	—	TY90×10	78	79	—	20.2	330	48	—	187	645	80	30	12	6	25	3	225	280
25	118	100	—	—	TY100×12	85	86.8	—	20.2	360	54	—	207	716	90	40	12	6	28	3	255	315
32	132	110	—	—	TY110×12	95	96.8	—	20.2	400	60	—	232	788	100	40	12	6	32	3	290	350
40	150	125	—	—	TY125×14	108	109.6	80	25.3	447	68	—	257	885	112	45	12	8	36	3	320	395
50	170	140	—	—	TY140×16	120	122.4	90	25.3	485	75	—	280	969	125	50	12	10	40	5	355	445
63	190	160	—	—	TY160×18	138	140.2	100	25.3	550	83	—	322	1100	140	55	12	10	45	5	400	495
80	212	180	—	—	TY180×20	156	158	120	25.3	598	88	—	357	1245	160	60	12	12	50	5	450	565
100	236	200	—	—	TY200×22	173	175.8	140	30.3	688	100	—	402	1388	180	70	12	12	56	5	505	635
125	265	225	—	—	TY225×24	196	198.6	160	30.3	750	108	—	465	1565	200	80	15	12	63	5	570	710
160	300	250	—	—	TY250×28	217	219.2	180	30.3	825	117	—	510	1761	225	90	15	15	70	5	640	800
200	335	280	—	—	TY280×32	242	244.8	200	30.3	900	124	—	613	2012	250	100	15	18	80	5	720	900
250	375	320	—	—	TY320×36	278	280.4	240	30.3	980	134	—	690	2272	280	110	15	20	90	5	810	1015

注：TY 为梯形圆螺纹代号。

（2）直柄双钩的结构型式和尺寸（见表 17.1-106）

表 17.1-106　直柄双钩的结构型式和尺寸（摘自 GB/T 10051.7—2010）　（mm）

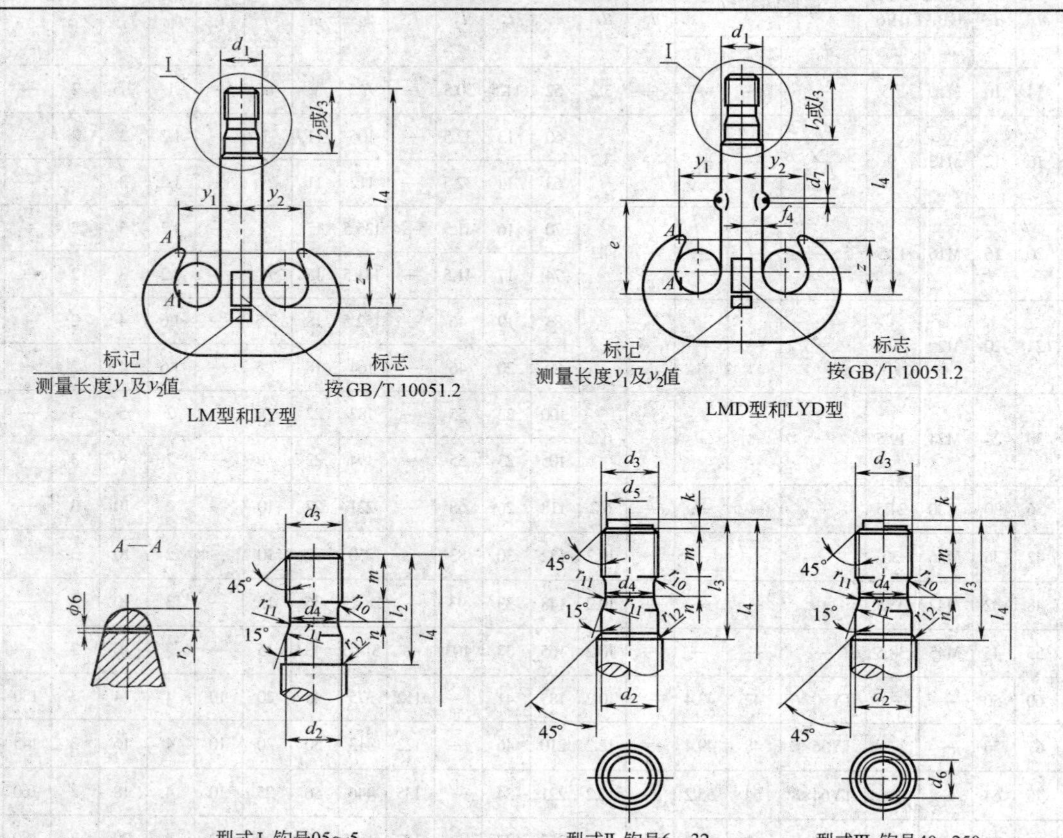

钩号	d_1	d_2	普通螺纹或梯形圆螺纹			d_6	d_7	e	f_4	l_2	l_3	l_4	m	n	k	r_{10}	r_{11}	r_{12}	$y_1=y_2$	z
			d_3	d_4	d_5															
05	24	20	M20	16	—	—	5.2	80	14	46	—	159.5	18	7.5		1.6	4	2	—	—
08	30	24	M24	19.5	—	—	5.2	83	16	55	—	178	22	9		2	5	3	—	—
1	30	24	M24	19.5	—	—	6.2	96	16	55	—	189	22	9		2	8	3	—	—
1.6	36	30	M30	24.5	—	—	6.2	100	20	68	—	215.5	27	10		2	10	3	—	—
2.5	42	36	M36	30	—	—	6.2	112	22	83	—	243.5	32	10		2	10	3	—	—
4	48	42	M42	35.5	—	—	10.2	124	25	93	—	274	36	15		3	10	3	—	—
5	53	45	M45	38.5	—	—	10.2	143	30	103	—	306	40	15		3	10	3	—	—
6	60	50	TY50×6	42	43.4	—	10.2	160	34	—	112	365.5	45	20	10	4	14	3	93	85
8	67	56	TY56×6	48	49.4	—	10.2	182	38	—	122	403	50	20	10	4	16	3	104.5	95
10	75	64	TY64×8	54	55.2	—	12.2	192	42	—	135	435	56	25	10	4	18	3	117.5	107
12	85	72	TY72×8	62	63.2	—	12.2	210	48	—	157	492	63	25	12	4	20	3	132.5	120
16	95	80	TY80×10	68	69	—	16.2	237	53	—	170	562	71	30	12	6	22	3	148.5	135
20	106	90	TY90×10	78	79	—	16.2	265	59	—	187	628	80	30	12	6	25	3	165.5	150.5
25	118	100	TY100×12	85	86.8	—	20.2	315	66	—	207	696	90	40	12	6	28	3	185	168

（续）

钩号	d_1	d_2	普通螺纹或梯形圆螺纹			d_6	d_7	e	f_4	l_2	l_3	l_4	m	n	k	r_{10}	r_{11}	r_{12}	$y_1=y_2$	z
			d_3	d_4	d_5															
32	132	110	TY110×12	95	96.8	—	20.2	335	74	—	232	768	100	40	12	6	32	3	207	189
40	150	125	TY125×14	108	109.6	80	20.2	375	84	—	257	863	112	45	12	8	36	3	233	212
50	170	140	TY140×16	120	122.4	90	25.3	420	95	—	280	944	125	50	12	10	40	5	265	240
63	190	160	TY160×18	138	140.2	100	25.3	460	106	—	322	1072	140	55	12	10	45	5	297	270
80	212	180	TY180×20	156	158	120	25.3	515	119	—	357	1212	160	60	12	12	50	5	331	300
100	236	200	TY200×22	173	175.8	140	25.3	575	132	—	402	1351	180	70	12	12	56	5	370	336
125	265	225	TY225×24	196	198.6	160	30.3	645	148	—	465	1522	200	80	15	12	63	5	414.5	376
160	300	250	TY250×28	217	219.2	180	30.3	725	168	—	510	1714	225	90	15	15	70	5	466	422
200	335	280	TY280×32	242	244.8	200	30.3	800	188	—	613	1962	250	100	15	18	80	5	522.5	475
250	375	320	TY320×36	278	280.4	240	30.3	875	210	—	690	2217	280	110	15	20	90	5	587.5	535

注：M 为普通螺纹 GB/T 196；TY 为梯形圆螺纹代号，梯形圆螺纹见 GB/T 10051.5—2010 附录 A。

7.6 吊钩的应力计算（摘自 GB/T 10051.1—2010）

（1）直柄单钩的应力计算

计算的断面按图 17.1-13，其计算公式为

$$\sigma_C=\frac{Q}{FK_B}\frac{e_1}{R_0-e_1} \tag{17.1-9}$$

$$\sigma_D=\left|-\frac{Q}{FK_B}\frac{e_2}{R_0+e_2}\right| \tag{17.1-10}$$

式中　σ_C——C 点拉应力（MPa）；

σ_D——D 点压应力（MPa）；

Q——按表 17.1-103 的起重量算出的拉力（N）；

F——截面面积（mm^2）；

e_1——截面重心至内缘距离（mm）；

e_2——截面重心至外缘距离（mm）；

K_B——由截面形状确定的曲梁系数；

$$K_B=-\frac{1}{F}\int_{-e_1}^{e_2}\frac{x}{R_0+x}\mathrm{d}F$$

x——计算 K_B 的自变量；

R_0——截面重心轴线与钩腔中心线距离（mm）。

（2）直柄双钩的应力计算

计算双钩的断面按图 17.1-14，其计算公式为

$$\sigma_C=\frac{Q}{2FK_B}\frac{e_1}{R_0-e_1} \tag{17.1-11}$$

$$\sigma_D=\left|-\frac{Q}{2FK_B}\times\frac{e_2}{R_0+e_2}\right| \tag{17.1-12}$$

式中符号意义同前。

（3）单、双钩柄部应力计算

最小截面 $B—B$ 的拉应力为

$$\sigma_E=\frac{4Q}{\pi d_4^2} \tag{17.1-13}$$

式中　σ_E——拉应力（MPa）；

其余符号意义同前。

（4）螺纹切应力

$$\tau=\frac{Q}{\pi d_5 p} \tag{17.1-14}$$

式中　τ——切应力（MPa）。

按式（17.1-9）和式（17.1-10）计算的单钩应力值如图 17.1-15 所示。

按式（17.1-11）、式（17.1-12）计算的双钩应力值如图 17.1-16 所示。按式（17.1-13）、式（17.1-14）计算的柄部应力值如图 17.1-17 所示。

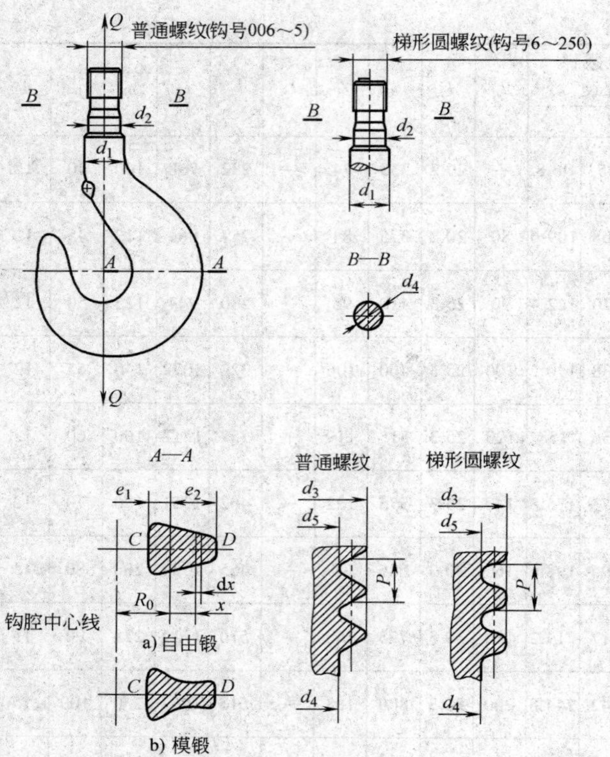

图 17.1-13　直柄单钩结构

d_1—毛坯直径　d_2—配合直径　d_3—外螺纹大径　d_4—颈部直径　d_5—外螺纹小径　P—螺距

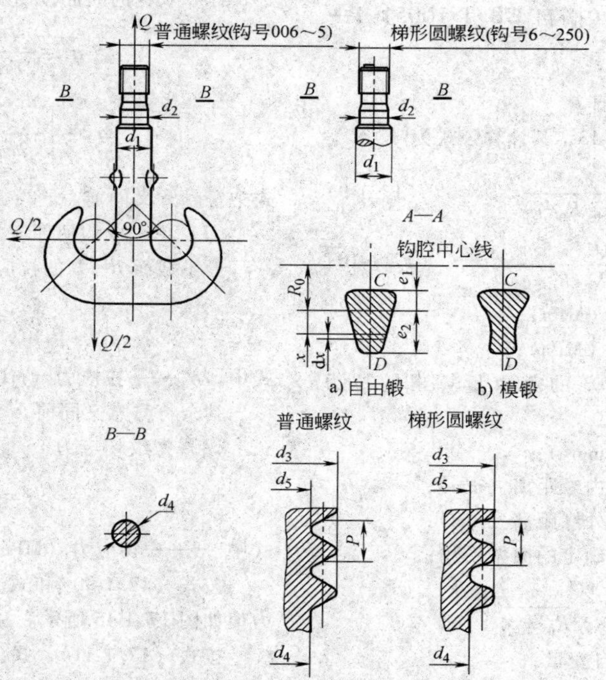

图 17.1-14　直柄双钩结构

d_1—毛坯直径　d_2—配合直径　d_3—外螺纹大径　d_4—颈部直径　d_5—外螺纹小径　P—螺距

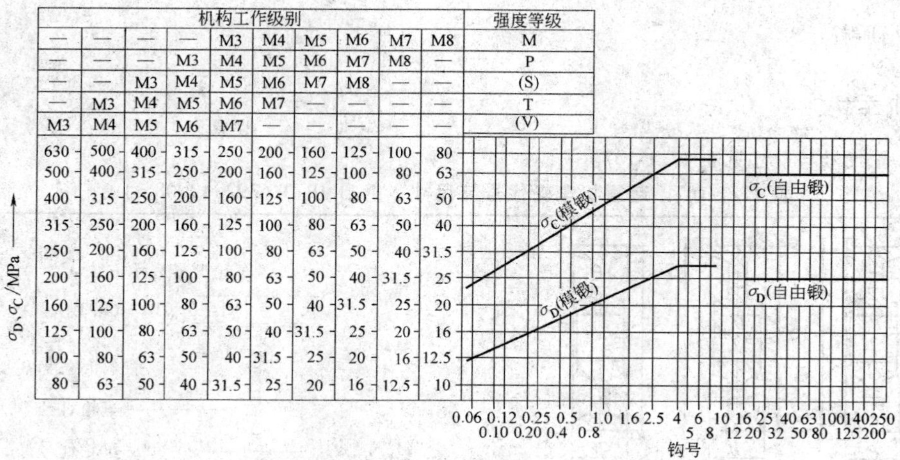

机构工作级别										强度等级
—	—	—	—	M3	M4	M5	M6	M7	M8	M
—	—	—	M3	M4	M5	M6	M7	M8	—	P
—	—	M3	M4	M5	M6	M7	M8	—	—	(S)
—	M3	M4	M5	M6	M7	—	—	—	—	T
M3	M4	M5	M6	M7	—	—	—	—	—	(V)
630	500	400	315	250	200	160	125	100	80	
500	400	315	250	200	160	125	100	80	63	
400	315	250	200	160	125	100	80	63	50	
315	250	200	160	125	100	80	63	50	40	
250	200	160	125	100	80	63	50	40	31.5	
200	160	125	100	80	63	50	40	31.5	25	
160	125	100	80	63	50	40	31.5	25	20	
125	100	80	63	50	40	31.5	25	20	16	
100	80	63	50	40	31.5	25	20	16	12.5	
80	63	50	40	31.5	25	20	16	12.5	10	

图 17.1-15 单钩应力 σ_C 和 σ_D

机构工作级别										强度等级
—	—	—	—	M3	M4	M5	M6	M7	M8	M
—	—	—	M3	M4	M5	M6	M7	M8	—	P
—	—	M3	M4	M5	M6	M7	M8	—	—	(S)
—	M3	M4	M5	M6	M7	—	—	—	—	T
M3	M4	M5	M6	M7	—	—	—	—	—	(V)
630	500	400	315	250	200	160	125	100	80	
500	400	315	250	200	160	125	100	80	63	
400	315	250	200	160	125	100	80	63	50	
315	250	200	160	125	100	80	63	50	40	
250	200	160	125	100	80	63	50	40	31.5	
200	160	125	100	80	63	50	40	31.5	25	
160	125	100	80	63	50	40	31.5	25	20	
125	100	80	63	50	40	31.5	25	20	16	
100	80	63	50	40	31.5	25	20	16	12.5	
80	63	50	40	31.5	25	20	16	12.5	10	

σ_D、σ_C/MPa

σ_C(模锻)　σ_C(自由锻)　σ_D(模锻)　σ_D(自由锻)

0.5 0.8 1.0 1.6 2.5 4 5 6 8 10 12 16 20 25 32 40 50 63 80 100 125 140 200 250

钩号

图 17.1-16 双钩应力 σ_C 和 σ_D

机构工作级别										强度等级
—	—	—	—	M3	M4	M5	M6	M7	M8	M
—	—	—	M3	M4	M5	M6	M7	M8	—	P
—	—	M3	M4	M5	M6	M7	M8	—	—	(S)
—	M3	M4	M5	M6	M7	—	—	—	—	T
M3	M4	M5	M6	M7	—	—	—	—	—	(V)
500	400	315	250	200	160	125	100	80	63	
400	315	250	200	160	125	100	80	63	50	
315	250	200	160	125	100	80	63	50	40	
250	200	160	125	100	80	63	50	40	31.5	
200	160	125	100	80	63	50	40	31.5	25	
160	125	100	80	63	50	40	31.5	25	20	
125	100	80	63	50	40	31.5	25	20	16	
100	80	63	50	40	31.5	25	20	16	12.5	
80	63	50	40	31.5	25	20	16	12.5	10	
63	50	40	31.5	25	20	16	12.5	10	8	
50	40	31.5	25	20	16	12.5	10	8	6.3	
40	31.5	25	20	16	12.5	10	8	6.3	5	

σ_E、τ/MPa

τ(梯形圆螺纹)　τ(普通螺纹)　σ_E(梯形圆螺纹)　σ_E(普通螺纹)

0.06 0.10 0.12 0.20 0.25 0.4 0.5 08 1.0 1.6 2.5 4 5 6 8 10 12 16 20 25 32 40 50 63 80 100 125 140 200 250

钩号

图 17.1-17 单、双钩柄部应力值 σ_E 和 τ

8　车轮和轨道

8.1　起重机车轮

起重机车轮代号与尺寸见表 17.1-107。

表 17.1-107　起重机车轮代号与尺寸（摘自 JB/T 6392—2008⊖）　（mm）

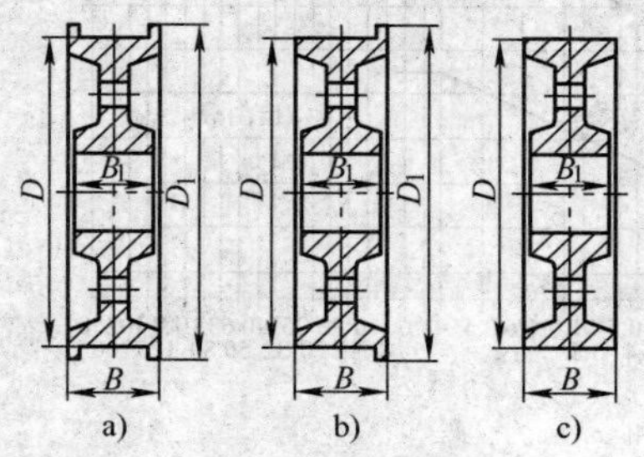

a)　b)　c)

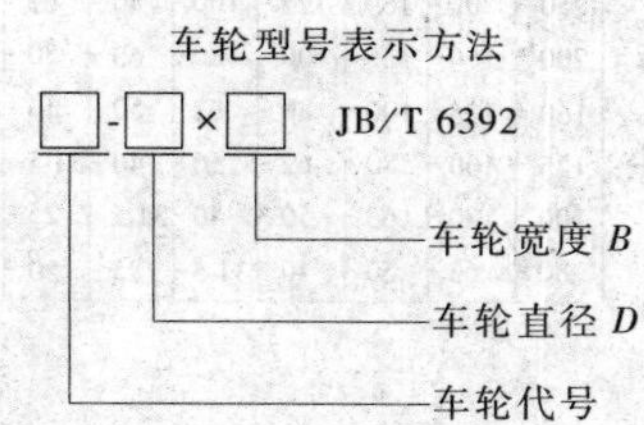

a）双轮缘车轮：代号为 SL
b）单轮缘车轮：代号为 DL
c）无轮缘车轮：代号为 WL
标记示例：
直径 D=710mm，轮宽 B=155mm 的双轮缘车轮标记为：车轮 SL-710×155　JB/T 6392
直径 D=315mm，轮宽 B=110mm 的单轮缘车轮标记为：车轮 DL-315×110　JB/T 6392
直径 D=630mm，轮宽 B=145mm 的无轮缘车轮标记为：车轮 WL-630×145　JB/T 6392

公称尺寸			
D	D_1	B	B_1
100	130	80～100	95～100
125	140	80～100	95～100
160	190	90～100	95～100
200	230	95～100	95～100
250	280	95～140	95～140
315	350	95～210	95～210
400	440	105～210	105～210
500	540	105～210	105～210
630	680	120～210	120～210
710	760	140～210	140～210
800	850	140～210	140～210
900	950	145～220	140～220
1000	1060	145～220	140～220
(1250)	1310	145～220	140～220

注：表中的参数（除括号内）宜优先使用。

8.2　踏面形状和尺寸与钢轨的匹配（见表 17.1-108）

表 17.1-108　踏面形状和尺寸与钢轨的匹配（摘自 JB/T 6392—2008）　（mm）

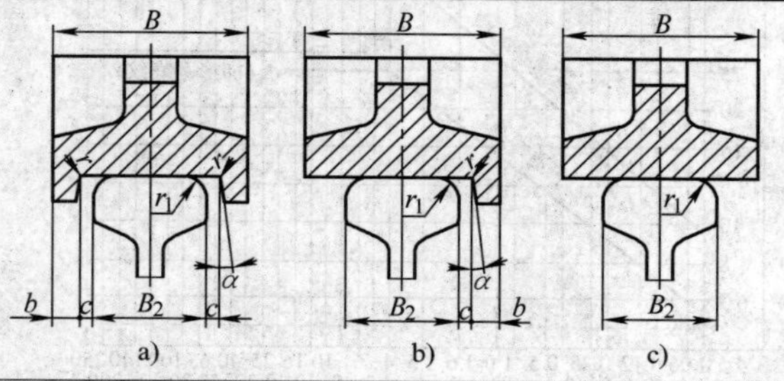

a)　b)　c)

双轮缘车轮的踏面形状和尺寸与钢轨的匹配见图 a
单轮缘车轮的踏面形状和尺寸与钢轨的匹配见图 b
无轮缘车轮的踏面形状和尺寸与钢轨的匹配见图 c

⊖　GB/T 6392—2008 中引用的标准部分已经更新，读者在引用该标准时应予以注意。后同。

（续）

$B\geqslant$	90/95	95/100	100/105	110/110	120/120	135/145	135/145	135/145	140/150	140/150	135/145	155/160	185/190	205/210
B_2	32.1	38.1	42.86	50.8	60.33	68	70	70	73	75	70	80	100	120
$c\geqslant$	7.5/9.5	7.5/9.5	7.5/9.5	7.5/9.5	7.5/9.5	7.5/12.5	7.5/12.5	7.5/12.5	7.5/12.5	7.5/12.5	7.5/12.5	7.5/15	12.5/15	12.5/15
$b\geqslant$	20	20	20	20	20	25	25	25	25	25	25	25/30	25/30	25/30
α	6°	6°	6°	6°	6°	6°	6°	6°	6°	6°	10°	10°	10°	10°
$r\leqslant$	5	5	5	5	5	10	10	10	10	10	5	5	5	5
r_1	6.35	6.35	7.94	7.94	7.94	13	13	13	13	15	6	8	8	8
轨道	9kg/m	12kg/m	15kg/m	22kg/m	30kg/m	38kg/m	43kg/m	50kg/m	60kg/m	75kg/m	QU70	QU80	QU100	QU120

注：1. 表中 B 值和 c 值，分子用于小车车轮，分母用于大车车轮。
2. 9kg/m、12kg/m、15kg/m、22kg/m 及 30kg/m 轻轨按照 GB/T 11264—1989 选取。
3. 38kg/m、43kg/m、50kg/m、60kg/m 及 75kg/m 热轧钢轨按照 GB/T 2585—2007 选取。
4. QU70、QU80、QU100 和 QU120 起重机钢轨按照 YB/T 5055—1993 选取。
5. 钢轨可以采用方钢，方钢顶部宽度为 B_2，边缘圆角为 r_1 时，对于车轮则 $B=B_2+2(b+c)$，$r=r_1-2$，$r\geqslant 2$。

8.3 技术要求（摘自 JB/T 6392—2008）

8.3.1 材料的力学性能

1）轧制车轮应选用力学性能不低于 GB/T 699—1999 中规定的 60 钢的材料。

2）踏面直径不大于 400mm 的锻造车轮应选用力学性能不低于 GB/T 699—1999 中规定的 55 钢的材料；直径大于 400mm 的锻造车轮应选用力学性能不低于 60 钢的材料。

3）铸钢车轮应选用力学性能不低于 GB/T 11352—2009 中规定的 ZG 340-640 钢的材料。

8.3.2 热处理

1）任何加工方法制造的车轮都应进行消除内应力（如影响使用性能的热应力）处理。铸钢车轮在机加工之前应进行退火以消除内应力，并要清砂，切割浇、冒口，检查质量缺陷。

2）轮辋应进行表面淬火，淬火前进行细化组织处理。热处理后，车轮踏面硬度宜符合表 17.1-109 的规定。

表 17.1-109　车轮踏面硬度

车轮踏面直径 /mm	踏面和轮缘内侧面硬度 HBW	淬硬层 260HBW 处深度/mm
100~200	300~380	≥5
>200~400		≥15
>400		≥20

注：根据起重机具体使用工况，允许选用硬度更高或更低的车轮。

8.3.3 精度

1）车轮踏面直径的尺寸偏差不应低于 GB/T 1801—1999 中规定的 h9，轴孔直径的尺寸偏差不应低于 H7。

2）车轮踏面和基准端面（其上加工出深 1.5mm 的 V 形沟槽作为标记）相对于孔轴线的径向及端面圆跳动不应低于 GB/T 1184—1996 中规定的 8 级。

8.3.4 成品车轮的表面质量

1）车轮的表面不应有目测可见的裂纹。

2）铸造车轮表面的砂眼、气孔和夹渣等缺陷应符合表 17.1-110 的规定。

表 17.1-110　铸造车轮表面缺陷规定　（mm）

缺陷位置	缺陷当量直径	缺陷深度	缺陷数量	缺陷间距
端面及非切削加工面	≤5	$\leqslant\delta/5$ 最大为 10	≤4	≥10
踏面及轮缘内侧面	$D\leqslant500$，≤1	≤3	≤3	≥50
	$D>500$，≤1.5			

注：δ 为缺陷处壁厚，D 为车轮踏面直径。

3）车轮踏面和轮缘内侧面的表面粗糙度按 GB/T 1031—2009 的规定为 $Ra6.3\mu m$，轴孔表面粗糙度为 $Ra3.2\mu m$。

4）车轮踏面和轮缘内侧面上的缺陷不允许补焊。

5）车轮的切削加工表面应涂防锈油，其他表面均应涂防锈漆。

8.4 车轮计算（摘自 GB/T 3811—2008）

8.4.1 允许轮压的计算

$$P_L = kDlC \tag{17.1-15}$$

式中　P_L——正常工作起重机车轮或滚轮的允许轮压（N）；

k——车轮或滚轮的许用比压（MPa），钢质车轮或滚轮按表17.1-111选取；

注：对于具有凸起承压面的轨道或车轮（滚轮），许用比压 k 可增加10%，因为这能改善轮轨的接触。

D——车轮或滚轮的踏面直径（mm）；

l——车轮或滚轮与轨道承压面的有效接触宽度，$l=b-2r$；

b——轨顶宽度（mm）；

r——轨顶倒角圆半径（mm）；

C——计算系数，进行车轮或滚轮踏面疲劳校验时，$C=C_1C_2$，；进行车轮或滚轮强度校验时，$C=C_{max}$；

C_1——转速系数，按表17.1-112或表17.1-113选取；

C_2——车轮所在机构的工作级别系数，按表17.1-114选取

$C_{max}=C_{1max}C_{2max}$，取 $C_{max}=1.9$。

表 17.1-111　车轮与滚轮的许用比压 k

车轮与滚轮材料的抗拉强度 R_m/MPa	轨道材料最小抗拉强度/MPa	许用比压 k/MPa
>500	350	5.0
>600	350	5.6
>700	510	6.5
>800	510	7.2
>900	600	7.8
>1000	700	8.5

注：R_m 为车轮或滚轮材料未热处理时的抗拉强度。

表 17.1-112　车轮转速系数 C_1

车轮转速 n/r·min^{-1}	C_1	车轮转速 n/r·min^{-1}	C_1	车轮转速 n/r·min^{-1}	C_1
200	0.66	50	0.94	16	1.09
160	0.72	45	0.96	14	1.10
125	0.77	40	0.97	12.5	1.11
112	0.79	35.5	0.99	11.2	1.12
100	0.82	31.5	1.00	10	1.13
90	0.84	28	1.02	8	1.14
80	0.87	25	1.03	6.3	1.15
71	0.89	22.4	1.04	5.6	1.16
63	0.91	20	1.06	5	1.17
56	0.92	18	1.07		

表 17.1-113　车轮直径、运行速度与转速系数 C_1

车轮直径/mm	运行速度/m·min^{-1}														
	10	12.5	16	20	25	31.5	40	50	63	80	100	125	160	200	250
200	1.09	1.06	1.03	1.00	0.97	0.94	0.91	0.87	0.82	0.77	0.72	0.66	—	—	—
250	1.11	1.09	1.06	1.03	1.00	0.97	0.94	0.91	0.87	0.82	0.77	0.72	0.66	—	—
315	1.13	1.11	1.09	1.06	1.03	1.00	0.97	0.94	0.91	0.87	0.82	0.77	0.72	0.66	—
400	1.14	1.13	1.11	1.09	1.06	1.03	1.00	0.97	0.94	0.91	0.87	0.82	0.77	0.72	0.66
500	1.15	1.14	1.13	1.11	1.09	1.06	1.03	1.00	0.97	0.94	0.91	0.87	0.82	0.77	0.72
630	1.17	1.15	1.14	1.13	1.11	1.09	1.06	1.03	1.00	0.97	0.94	0.91	0.87	0.82	0.77
710	—	1.16	1.14	1.13	1.12	1.1	1.07	1.04	1.02	0.99	0.96	0.92	0.89	0.84	0.79
800	—	1.17	1.15	1.14	1.13	1.11	1.09	1.06	1.03	1.00	0.97	0.94	0.91	0.87	0.82
900	—	—	1.16	1.14	1.13	1.12	1.1	1.07	1.04	1.02	0.99	0.96	0.92	0.89	0.84
1000	—	—	1.17	1.15	1.14	1.13	1.11	1.09	1.06	1.03	1.00	0.97	0.94	0.91	0.87

表 17.1-114　工作级别系数 C_2

车轮所在机构工作级别	C_2
M1、M2	1.25
M3、M4	1.12
M5	1.00
M6	0.90
M7、M8	0.80

8.4.2　等效工作轮压计算

$$P_{mean\,Ⅰ、Ⅱ}=\frac{P_{min\,Ⅰ、Ⅱ}+2P_{max\,Ⅰ、Ⅱ}}{3} \tag{17.1-16}$$

式中　$P_{mean\,Ⅰ}$——无风正常工作起重机的等效工作轮压（N）；

$P_{mean\,Ⅱ}$——有风正常工作起重机的等效工作轮

压（N）；

$P_{\min Ⅰ、Ⅱ}$——载荷情况Ⅰ（无风正常工作情况）的载荷组合，或按载荷情况Ⅱ（有风正常工作情况）起重机空载确定的所验算车轮的最小轮压（N）；

$P_{\max Ⅰ、Ⅱ}$——载荷情况Ⅰ（无风正常工作情况）的载荷组合，或按载荷情况Ⅱ（有风正常工作情况）起重机满载确定的所验算车轮的最大轮压（N）。

按车轮的疲劳强度要求

$$P_{mean} \leqslant P_L \tag{17.1-17}$$

按车轮静强度要求

$$P_{max} \leqslant 1.9kDlC \tag{17.1-18}$$

P_{max}——最大轮压，是在载荷情况Ⅰ、Ⅱ、Ⅲ（特殊载荷作用情况）中取最大值（N）。

电动葫芦用钢轮的结构型式及尺寸见表17.1-115。

表17.1-115　CD、MD电动葫芦用钢轮的结构型式及尺寸　　（mm）

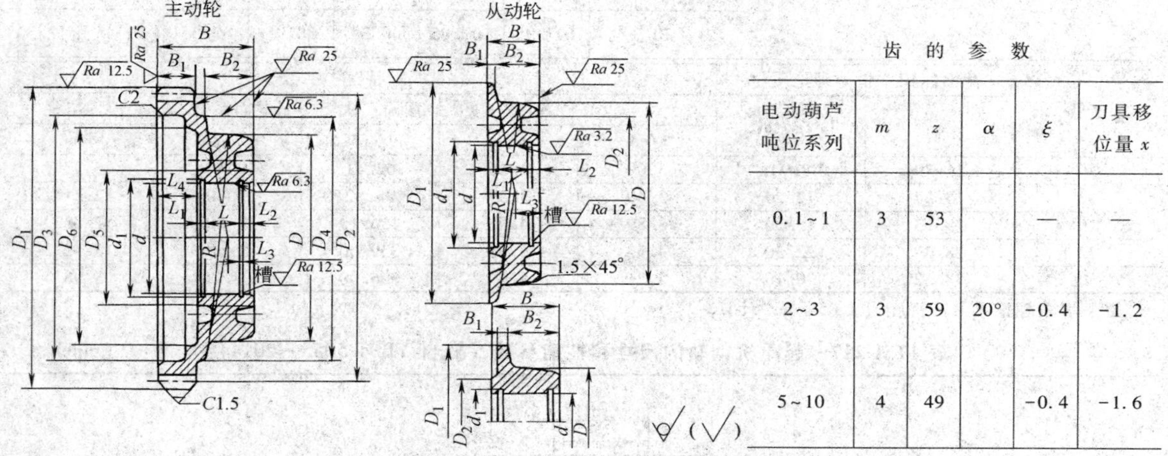

齿的参数

电动葫芦吨位系列	m	z	α	ξ	刀具移位量 x
0.1~1	3	53		—	—
2~3	3	59	20°	-0.4	-1.2
5~10	4	49		-0.4	-1.6

材料：45

调质硬度235~260HBW

主动轮

电动葫芦吨位系列	D	D_1 (h10)	D_2	D_3	D_4	D_5	D_6	d (K7)	d_1	B	B_1	B_2	L	L_1	L_2	L_3	L_4	R	质量/kg
0.5~1	113.5	162.6	159	137	130	75	115	62	65	50	20	26	19+0.28	2.2+0.25	3.8	15	20	125	2.1
2~3	134	180.6	177	155	155	117	140	100	103.5	57	22	30	27+0.28	3.2+0.25	3	18	17	144	2.95
5~10	154	200.8	196	165	180	—	—	110	114	70	28	37	29+0.28	4.2+0.3	3.8	23	25	167	4.5

从动轮

电动葫芦吨位系列	D	D_1	D_2	d (K7)	d_1	B	B_1	B_2	L	L_1	L_2	L_3	R	质量/kg
0.1~0.25	83	100	76	62	37	25	4	20	12+0.43	1.6+0.2	2	12.5	91.5	0.55
0.5~1	113.5	130	—	62	65	30	4	26	19+0.28	2.2+0.25	3.8	15	125	1.0
2~3	134	155	117	100	103.5	40	7	30	27+0.28	3.2+0.25	3	18	144	2.2
5~10	154	180	—	110	114	45	8	37	29+0.28	4.2+0.25	3.8	23	167	3.45

8.5　轨道

中小型起重机的小车常采用轻型铁路钢轨，其尺寸和性能参数详见表17.1-116。大型起重机常采用起重机钢轨，其尺寸和性能参数详见表17.1-117。

表 17.1-116　轻轨的尺寸和性能参数（摘自 GB/T 11264—2012）

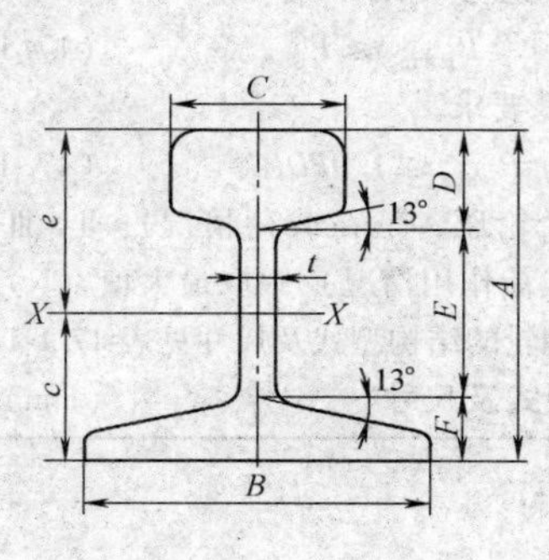

型号	截面尺寸/mm						
	轨高	底宽	头宽	头高	腰高	底高	腰厚
	A	B	C	D	E	F	t
9	63.50	63.50	32.10	17.48	35.72	10.30	5.90
12	69.85	69.85	38.10	19.85	37.70	12.30	7.54
15	79.37	79.37	42.86	22.22	43.65	13.50	8.33
22	93.66	93.66	50.80	26.99	50.00	16.67	10.72
30	107.95	107.95	60.33	30.95	57.55	19.45	12.30

型号	截面面积	理论质量	截面特性参数				
			重心位置		截面二次矩	截面系数	惯性半径
	A/cm^2	$W/\text{kg}\cdot\text{m}^{-1}$	c/cm	e/cm	I/cm^4	W/cm^3	i/cm
9	11.39	8.94	3.09	3.26	62.41	19.10	2.33
12	15.54	12.20	3.40	3.59	98.82	27.60	2.51
15	19.33	15.20	3.89	4.05	156.10	38.60	2.83
22	28.39	22.30	4.52	4.85	339.00	69.60	3.45
30	38.32	30.10	5.21	5.59	606.00	108.00	3.98

注：表中理论质量按密度为 7.85g/cm³ 计算。

表 17.1-117　起重机钢轨的尺寸和性能参数（摘自 YB/T 5055—2014）　（mm）

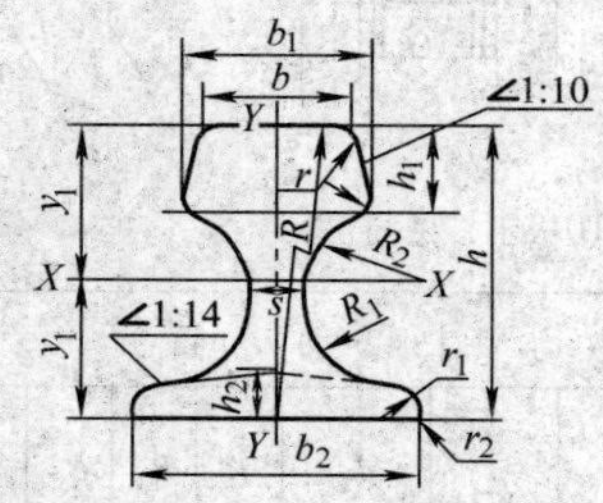

型　号	b	b_1	b_2	s	h	h_1	h_2	R	R_1	R_2	r	r_1	r_2
QU70	70	76.5	120	28	120	32.5	24	400	23	38	6	6	1.5
QU80	80	87	130	32	130	35	26	400	26	44	8	6	1.5
QU100	100	108	150	38	150	40	30	450	30	50	8	8	2
QU120	120	129	170	44	170	45	35	500	34	56	8	8	2

型号	截面积 $/\text{cm}^2$	理论质量 $/\text{kg}\cdot\text{m}^{-1}$	参考数值						
			重心距离		截面二次矩		截面系数		
			y_1	y_2	I_x	I_y	$W_1=\frac{I_x}{y_2}$	$W_2=\frac{I_x}{y_2}$	$W_3=\frac{I_y}{b_2/2}$
			cm		cm^4		cm^3		
QU70	67.30	52.80	5.93	6.07	1081.99	327.16	182.46	178.12	54.53
QU80	81.13	63.69	6.43	6.57	1547.40	482.39	240.65	235.52	74.21
QU100	113.32	88.96	7.60	7.40	2864.73	940.98	376.94	387.12	125.45
QU120	150.44	118.10	8.43	8.57	4923.79	1694.83	584.08	574.54	199.39

注：1. 钢轨的牌号为 U71Mn，抗拉强度不小于 900MPa。

2. 钢轨标准长度为 9m、9.5m、10m、10.5m、11m、11.5m、12m 和 12.5m。

9　缓冲器

缓冲器的作用是为了减轻起重机行走机构相碰时的动载荷，因此在桥式起重机中，大车和小车以及门式起重机中都应装有缓冲器。当运行速度 $v \leqslant 0.67\text{m/s}$，并有终点行程开关时，可不设缓冲器，但要安设挡止铁。

9.1　弹簧缓冲器

弹簧缓冲器具有结构简单、维修方便和对环境无污染的特点。各种缓冲器的结构型式、基本参数和主要尺寸见表 17.1-118~表 17.1-122。

表 17.1-118　HT1 型弹簧缓冲器的结构型式、基本参数和主要尺寸（摘自 JB/T 12987—2016）

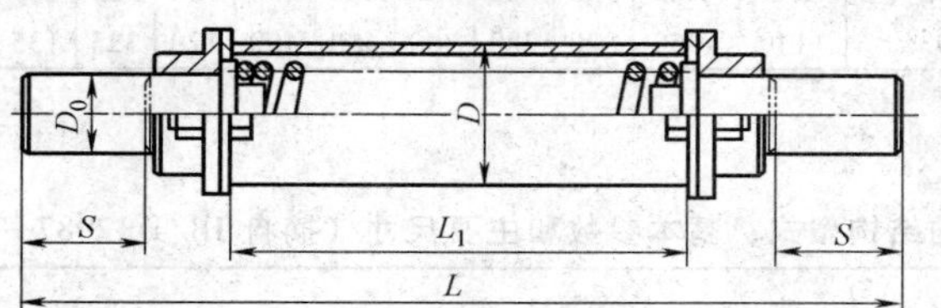

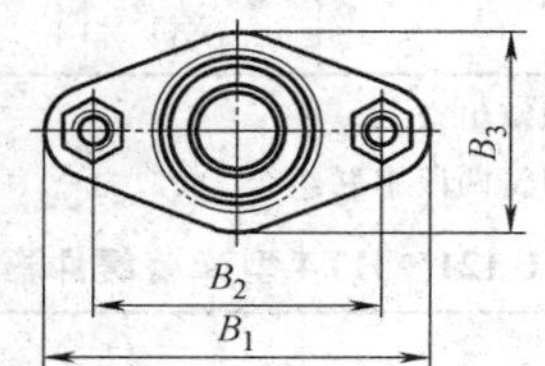

型　号	缓冲容量 U/kN·m	缓冲行程 S/mm	缓冲力 F/kN	主要尺寸/mm							参考质量 /kg
				L	L_1	B_1	B_2	B_3	D_0	D	
HT1-16	0.15	60	5	435	220	160	120	85	40	70	12.6
HT1-40	0.38	95	8	720	370	170	130	90	45	76	17
HT1-63	0.63	115	11	850	420	190	145	100	45	89	26
HT1-100	1.00	115	18	880	450	220	170	125	55	114	34

表 17.1-119　HT2 型弹簧缓冲器的结构型式、基本参数和主要尺寸（摘自 JB/T 12987—2016）

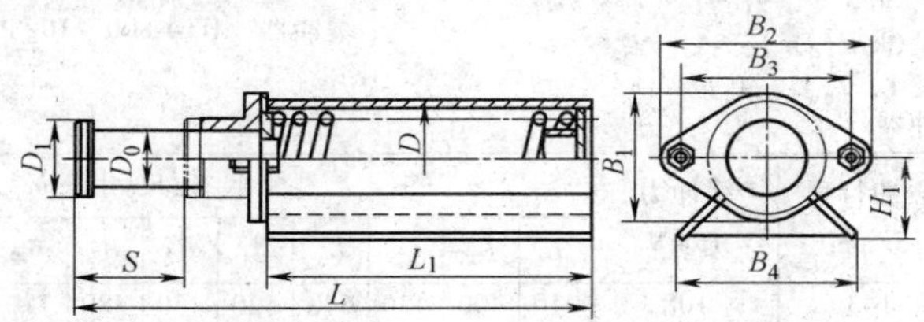

型　号	缓冲容量 U/kN·m	缓冲行程 S/mm	缓冲力 F/kN	主要尺寸/mm										参考质量 /kg
				L	L_1	B_1	B_2	B_3	B_4	D_0	D	D_1	H_1	
HT2-100	1.00	135	15	630	400	165	265	215	200	70	146	100	90	31.5
HT2-160	1.45	145	20	750	520	160	265	215	200	70	140	100	90	41.3
HT2-250	2.30	125	37	800	575	165	265	215	200	80	146	110	90	53.1
HT2-315	3.40	150	45	820	575	215	320	265	230	80	194	110	115	78.6
HT2-400	3.85	135	57	710	475	265	375	320	280	100	245	130	140	92.2
HT2-500	4.80	145	66	860	610	245	345	290	255	100	219	130	135	97.7
HT2-630	6.30	150	88	870	610	270	375	320	280	100	245	130	140	122.7

表 17.1-120　HT3 型弹簧缓冲器的结构型式、基本参数和主要尺寸（摘自 JB/T 12987—2016）

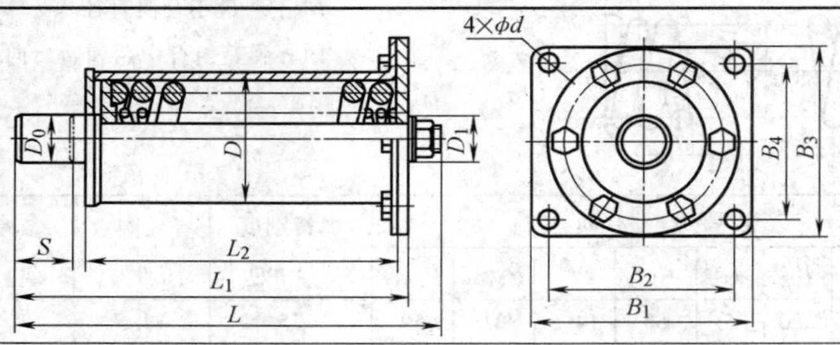

（续）

型号	缓冲容量 U/kN·m	缓冲行程 S/mm	缓冲力 F/kN	主要尺寸/mm											参考质量/kg
				L	L_1	L_2	B_1	B_2	B_3	B_4	D_0	D	D_1	d	
HT3-630	6.3	150	88	885	810	615	420	350	375	305	90	245	105	35	145.8
HT3-800	8.0	143	108	900	820	620	520	450	380	310	110	273	135	35	176.9
HT3-1000	9.0	135	131	830	750	560	520	450	450	390	120	325	135	35	204.6
HT3-1250①	11.0	135	165	830	750	560	520	450	450	390	120	325	135	42	231.3
HT3-1600②	16.0	120	273	980	900	730	780	700	480	400	120	325	135	42	338.0
HT3-2000②	21.5	150	293	1140	1050	820	780	700	480	400	120	325	135	42	393.8

① 为内外弹簧组合。

② 为内外弹簧两段串联组合。

表 17.1-121　HT4 型弹簧缓冲器的结构型式、基本参数和主要尺寸（摘自 JB/T 12987—2016）

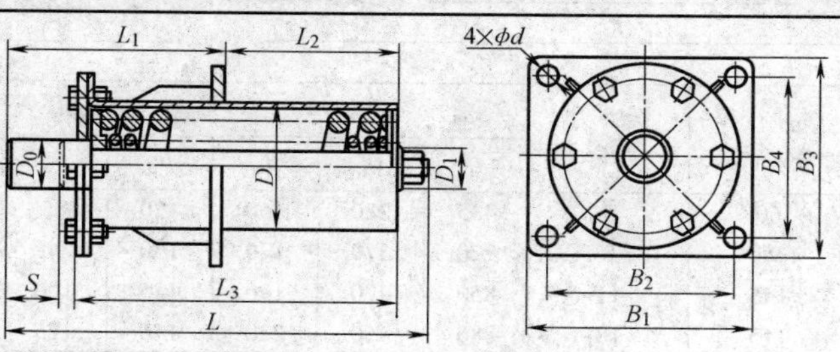

型号意义

HT　1-16

——缓冲容量（kN·cm）

——结构型式 1，2，3，4

——弹簧缓冲器

标记示例：

缓冲容量 U=8.0kN·m，结构型式为 4 型的弹簧缓冲器标记为：

缓冲器　HT4-800　JB/T 12987—2016

型号	缓冲容量 U/kN·m	缓冲行程 S/mm	缓冲力 F/kN	主要尺寸/mm												质量/kg
				L	L_1	L_2	L_3	B_1	B_2	B_3	B_4	D_0	D	D_1	d	
HT4-800	8.0	143	108	910	400	430	640	520	450	380	310	110	273	135	35	≈180.9
HT4-1000	9.0	135	131	840	400	360	580	520	450	450	390	120	325	135	35	≈208.6
HT4-1250①	11.0	135	165	840	400	360	580	520	450	450	390	120	325	135	42	≈235.3
HT4-1600②	16.0	120	273	1010	400	530	750	780	700	480	400	120	325	135	42	≈342.0
HT4-2000②	21.5	150	293	1140	450	600	840	780	700	480	400	120	325	135	42	≈397.8

① 为内外弹簧组合。

② 为内外弹簧两段串联组合。

表 17.1-122　弹簧的结构型式、主要尺寸及参数（摘自 JB/T 12987—2016）

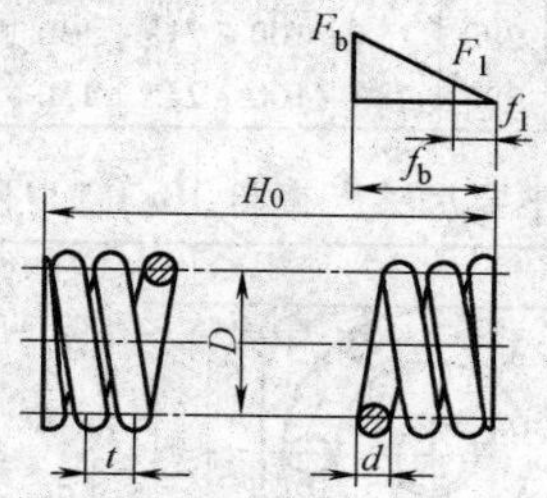

f_1—弹簧安装变形量　D_{Xmax}—最大芯轴直径

D_{Tmin}—最小套筒直径

内外弹簧组合中两弹簧旋向为内左外右

弹簧缓冲器型号	主要尺寸/mm								弹簧刚度 k/N·mm^{-1}	有效圈数 n	参考单件质量/kg	说明
	d	D	H_0	f_1	f_b	t	D_{Xmax}	D_{Tmin}				
HT1-16	10	45	220	5	65	14.5	31	59	75	14.5	1.4	

（续）

弹簧缓冲器型号	主要尺寸/mm								弹簧刚度	有效圈数	参考单件质量	说明
	d	D	H_0	f_1	f_b	t	D_{Xmax}	D_{Tmin}	k/N·mm^{-1}	n	/kg	
HT1-40	12	50	370	10	105	17	34	66	79	21	3.2	
HT1-63	14	60	420	10	126	20.3	41	79	89	20	5.4	
HT1-100	18	75	450	10	126	25.4	52	98	146	17	8.6	
HT2-100	18	100	380	10	144	33.3	76	124	100	10.5	7.5	
HT2-160	20	95	500	10	154	31.9	69	121	129	14.5	11.7	
HT2-250	25	100	550	10	135	35	69	131	269	14.5	19.7	
HT2-315	30	140	550	10	161	47.2	103	177	281	10.5	29.3	
HT2-400	35	180	450	10	145	60	136	224	396	6.5	34.2	
HT2-500	35	150	580	10	155	51.5	108	192	423	10.5	42.7	
HT2-630 HT3-630	40	170	580	10	160	56.8	121	219	548	9.5	58.0	
HT3-800 HT4-800	45	190	580	10	153	62.9	135	245	703	8.5	74.5	
HT3-1000 HT4-1000	50	220	520	10	145	72.3	159	281	903	6.5	85.2	
HT3-1250	50	220	520	10	145	72.3	159	281	903	6.5	85.2	内外弹簧组合
HT4-1250	25	110	500	10	163	38	79	141	235	12.5	18.6	
HT3-1600	60	220	335	5	65	78.5	150	305	3477	3.5	7.58	内外弹簧串联组合
HT4-1600	30	120	320	5	69.8	42	84	156	721	6.5	16.7	
HT3-2000	60	220	380	5	80	80	150	305	3042	4	83.5	
HT4-2000	30	120	360	5	80.1	42	84	156	625	7.5	18.8	

9.2 起重机橡胶缓冲器（见表17.1-123、表17.1-124）

表17.1-123 橡胶缓冲器的结构型式、基本参数和主要尺寸（摘自JB/T 12988—2016）

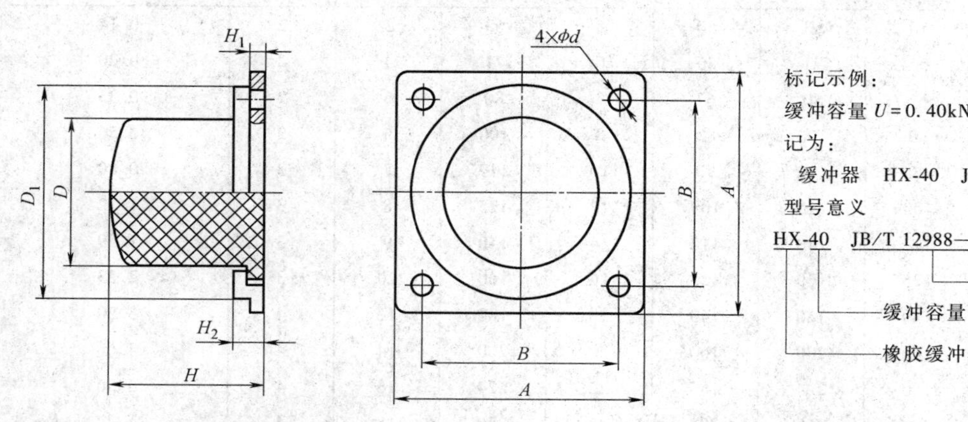

标记示例：

缓冲容量 U=0.40kN·m 的橡胶缓冲器标记为：

缓冲器 HX-40 JB/T 12988—2016

型号意义

HX-40 JB/T 12988—2016
- 标准号
- 缓冲容量（以kN·cm表示）
- 橡胶缓冲器

橡胶缓冲器型号	缓冲容量 U/kN·m	缓冲行程 S/mm	缓冲力 F/kN	主要尺寸/mm								参考质量/kg
				D	D_1	H	H_1	H_2	A	B	d	
HX-10	0.10	22	16	50	71	50	5	8	80	63	7	0.36
HX-16	0.16	25	19	56	80	56	5	10	90	71	7	0.48

（续）

橡胶缓冲器型号	缓冲容量 U/kN·m	缓冲行程 S/mm	缓冲力 F/kN	主要尺寸/mm								参考质量/kg
				D	D_1	H	H_1	H_2	A	B	d	
HX-25	0.25	28	28	67	90	67	6	12	100	80	7	0.70
HX-40	0.40	32	40	80	112	80	6	14	125	100	12	1.34
HX-63	0.63	40	50	90	125	90	6	16	140	112	12	2.13
HX-80	0.80	45	63	100	140	100	8	18	160	125	14	2.70
HX-100	1.00	50	75	112	160	112	8	20	180	140	14	3.68
HX-160	1.60	56	95	125	180	125	8	22	200	160	18	5.00
HX-250	2.50	63	118	140	200	140	8	25	224	180	18	6.50
HX-315	3.15	71	160	160	224	160	10	28	250	200	18	9.18
HX-400	4.00	80	200	180	250	180	10	32	280	224	18	12.00
HX-630	6.30	90	250	200	280	200	10	36	315	250	24	16.18
HX-1000	10.00	100	300	224	315	224	12	40	355	280	24	25.00
HX-1600	16.00	112	425	250	355	250	12	45	400	315	24	34.00
HX-2000	20.00	125	500	280	400	280	12	50	450	355	24	48.20
HX-2500	25.00	140	630	315	450	315	12	56	500	400	24	64.80

表 17.1-124　橡胶弹性体结构型式、尺寸及技术要求（摘自 JB/T 12988—2016）

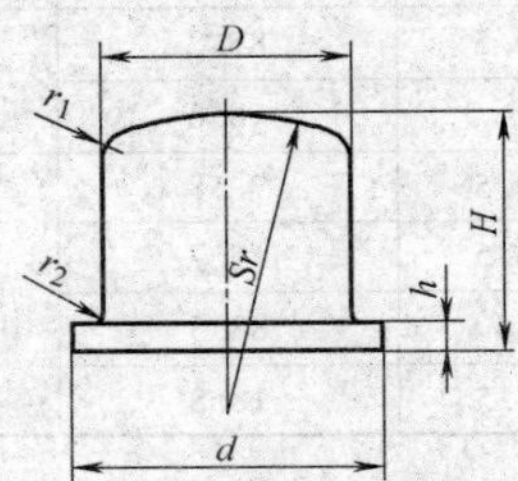

技术要求

1. 在环境温度为-20~40℃时，应能正常工作
2. 橡胶弹性体不宜在强酸、强碱环境下工作
3. 橡胶弹性体选用的胶料，其材料力学性能应符合下列指标：
   拉断强度≥18MPa　　拉断伸长率≥450%
   邵尔 A 硬度 67±4　　拉断永久变形≤20%
   热空气加速老化（70°C×72h）：断裂拉伸强度变化率≥-20%
4. 橡胶弹性体不得有离层、裂纹、海绵状、缺胶和欠硫等现象，其表面不应有气泡、明疤及凹痕等影响使用性能和外观的缺陷

橡胶缓冲器型号	尺　　寸　/mm							参考质量/kg
	D	d	H	h	S_r	r_1	r_2	
HX-10	50	63	50	5	63	3	2	0.14
HX-16	56	71	56	6	71	4	2	0.20
HX-25	67	80	67	7	80	5	2	0.33
HX-40	80	100	80	8	100	6	2	0.56
HX-63	90	112	90	10	112	7	3	0.80
HX-80	100	125	100	12	125	8	3	1.12
HX-100	112	140	112	14	140	9	3	1.59
HX-160	125	160	125	16	160	10	3	2.23
HX-250	140	180	140	18	180	12	4	3.20
HX-315	160	200	160	20	200	14	4	4.60
HX-400	180	224	180	22	224	16	4	6.56
HX-630	200	250	200	25	250	18	4	7.74
HX-1000	224	280	224	28	280	20	5	12.19
HX-1600	250	315	250	32	315	22	5	17.72
HX-2000	280	355	280	36	355	25	5	24.70
HX-2500	315	400	315	40	400	28	5	34.96

（续）

橡胶弹性体尺寸	尺　寸/mm								
	≤10	>10~20	>20~30	>30~50	>50~80	>80~120	>120~180	>180~250	>250
极限偏差/mm	±0.50	±0.60	±0.80	±1.00	±1.20	±1.40	±1.80	±2.40	±1%×尺寸

10　棘轮逆止器

棘轮逆止器一般用来作为机械中防止逆转的止逆装置或供间歇传动用，在某些低速、手动操纵的卷扬机上使用。

棘轮的齿形已经标准化。周节 p 根据齿顶圆来考虑。棘轮的齿数通常在 6~30 的范围内选取，但有特殊用途时，可以更少或更多些，齿数越多，冲击越小，但尺寸较大。为了减少冲击，可以装设两个或多个棘爪。

在设计齿形时，要保证棘爪啮合性能可靠，通常将棘轮工作齿面做成与棘轮半径成 φ 的夹角，$\varphi=15°\sim20°$，见图 17.1-18。图中，F 为棘轮圆周力（N），$F=\frac{2M_n}{D}$。D 为棘轮直径（mm），$D=zm$。

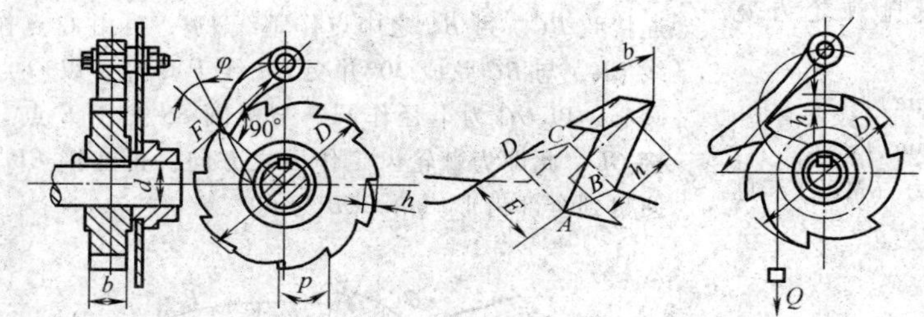

图 17.1-18　棘轮

10.1　棘轮齿的强度计算

棘轮模数按棘轮齿受弯曲计算来确定

$$m = 1.75\sqrt[3]{\frac{M_n}{z\psi_m[\sigma]}} \qquad (17.1\text{-}19)$$

式中　$m=\frac{p}{\pi}$——棘轮模数（mm），m 应取 6、8、10、14、16、18、20、22、24、26、30；

p——周节（mm）；

M_n——棘轮轴所受的扭矩（N · mm）；

z——棘轮的齿数见表 17.1-125；

$\psi_m=\frac{b}{m}$——齿宽系数，见表 17.1-126，其中 b 为齿宽（mm）；

$[\sigma]$——棘轮齿材料的许用弯曲应力（MPa），见表 17.1-126。

棘轮模数按棘轮齿受挤压进行验算

$$m \geqslant \sqrt{\frac{2M_n}{z\psi_m w_p}} \qquad (17.1\text{-}20)$$

式中　w_p——许用单位线压力（N/mm），见表 17.1-126。

表 17.1-125　棘轮齿数表

机械类型	齿条式起重机	蜗轮蜗杆滑车	棘轮停止器	带棘轮的制动器
齿数 z	6~8	6~8	12~20	16~25

表 17.1-126　许用弯曲应力、许用单位线压力及齿宽系数

棘轮材料	HT150	ZG270 500 ZG310 570	Q235	45
齿宽系数 $\psi_m=\frac{b}{m}$	1.5~6.0	1.5~4.0	1.0~2.0	1.0~2.0
许用单位线压力 w_p/N · mm^{-1}	15	30	35	40
许用弯曲应力$[\sigma]$/MPa	30	80	100	120

10.2　棘爪的强度计算

棘爪的回转中心一般选在圆周力 F 的作用线方向，棘爪长度通常取等于 $2p$。

棘爪可制成直头形的或钩头形的（见图 17.1-18），对直头形的棘爪，应按受偏心压缩来进行强度计算；对钩头形的棘爪，则应按受偏心拉伸来计算。基本计算公式为

$$\sigma_w = \frac{M_w}{W} + \frac{F}{A} \leqslant [\sigma] \qquad (17.1\text{-}21)$$

式中　M_w——弯矩（N · mm），$M_w = Fe$；

W——棘爪危险断面的截面系数（mm^3），$W = \dfrac{b_1\delta^2}{6}$；

b_1——棘爪宽度（mm），一般比棘轮齿宽 2~3mm；

δ——棘爪危险断面的厚度（mm）；

A——棘爪危险断面的面积（mm^2）；

$[\sigma]$——棘爪材料的许用弯曲应力（MPa），见表 17.1-126。

10.3　棘爪轴的强度计算

棘爪轴（见图 17.1-19）为悬臂梁，受弯曲作用。d_1 由式（17.1-22）或式（17.1-23）计算。

$$d_1 = 2.2\sqrt[3]{\frac{F}{[\sigma]}\left(\frac{b_1}{2} + b_2\right)} \qquad (17.1\text{-}22)$$

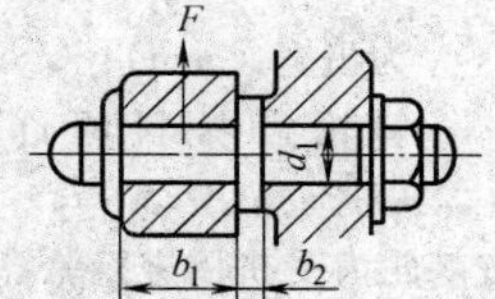

图 17.1-19　棘爪轴

或　$$d_1 = 2.71\sqrt[3]{\frac{M_n}{Zm[\sigma]}\left(\frac{b_1}{2} + b_2\right)} \qquad (17.1\text{-}23)$$

式中　d_1——棘爪轴为实心轴时的直径（mm）；

$[\sigma]$——棘爪轴材料的许用弯曲应力（MPa），见表 17.1-126。

10.4　棘轮齿形与棘爪端的外形尺寸及画法

棘轮齿形与棘爪端的外形尺寸见表 17.1-127。

图 17.1-20 所示为棘轮齿形的画法。其步骤如下：由轮中心以 $R = \dfrac{mZ}{2}$ 为半径画顶圆 NN，再以 $R-h$（齿高 $h = 0.75m$）为半径画根圆 SS。用周节 p 将圆周 NN 分成 Z 等份。自任一等分点 A 作弦 $AB = a = m$ 并连接弦 BC。过 BC 之中点作垂线 LM，再由 C 点作直线 CK，与 BC 弦成 30°并交 LM 线于 O 点。以 O 点为圆心，以 OC 为半径作圆，与根圆 SS 交于 E 点。连接 CE，此即为棘轮齿工作面之方向。再连接 EB 后，便得到全部齿形。角 CEB 为 60°。

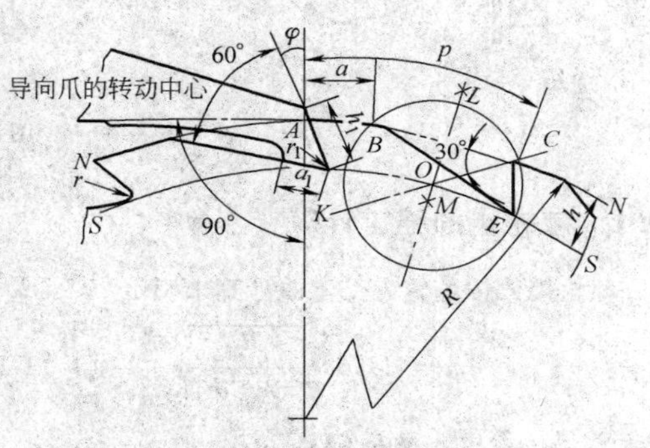

图 17.1-20　棘轮齿形的画法

表 17.1-127　棘轮齿形棘爪端的外形尺寸　　(mm)

m	棘轮				棘爪		
	p	h	a	r	h_1	a_1	r_1
6	18.85	4.5	6	1.5	6	4	2
8	25.13	6	8		8		
10	31.42	7.5	10		10	6	
12	37.70	9	12		12		
14	43.98	10.5	14		14	8	
16	50.27	12	16				
18	56.55	13.5	18		16	12	
20	62.83	15	20		18		
22	69.12	16.5	22		20	14	
24	75.40	18	24				
26	81.68	19.5	26		22		
30	94.25	22.5	30		25	16	

第 2 章　运输机械零部件

1　带式运输机零部件

1.1　输送带

1.1.1　钢丝绳芯输送带（摘自 GB/T 9770—2013）

（1）带型

钢丝绳芯输送带的带型见表 17.2-1。

（2）标记

钢丝绳芯输送带的标记包含订货长度、执行标准、带宽、纵向拉断强度、上覆盖层厚度、下覆盖层厚度和覆盖层性能。

在标记中以符号 ST 表示纵向抗拉体材料——钢丝绳，在该符号之后以牛顿每毫米（N/mm）为单位表示出带的标称拉断强度。

标记示例：一条钢丝绳芯输送带（ST），长为 1400m，宽为 2200mm，最小拉断强度为 3500N/mm，上覆盖层厚度为 10mm，下覆盖层厚度为 7mm，覆盖层橡胶性能类型代号 H，其标记为：

1400m 钢丝绳芯输送带，GB/T 9770—2200 ST 3500/10+7H

（3）技术要求

表 17.2-1　钢丝绳芯输送带带型

带型号		500	630	800	1000	1250	1400	1600	1800	2000	2250	2500	2800	3150	3500	4000	4500	5000	5400	6300	7000	7500
最小拉断强度 K_{Nmin}/N·mm^{-1}		500	630	800	1000	1250	1400	1600	1800	2000	2250	2500	2800	3150	3500	4000	4500	5000	5400	6300	7000	7500
钢丝绳最大直径 d_{max}/mm		3.0	3.0	3.5	4.0	4.5	5.0	5.0	5.6	6.0	5.6	7.2	7.2	8.1	8.6	8.9	9.7	10.9	11.3	12.8	13.5	15.0
钢丝绳最小拉断力 $F_{bs\ min}$/kN		7.6	7.0	8.9	12.9	16.1	20.6	20.6	25.5	25.6	26.2	40.0	39.6	50.5	56.0	63.5	76.3	91.0	98.2	130.4	142.4	166.7
钢丝绳间距 t /mm		14.0	10.0	10.0	12.0	12.0	14.0	12.0	13.5	12.0	11.0	15.0	13.5	15.0	15.0	15.0	16.0	17.0	17.0	19.5	19.5	21.0
覆盖层最小厚度 s_{min}/mm		4.0	4.0	4.0	4.0	4.0	4.0	4.0	4.0	4.0	4.0	5.0	5.0	5.5	6.0	6.5	7.0	7.5	8.0	10.0	10.0	10.0
带宽 B /mm	极限偏差 /mm	钢丝绳根数 n																				
500	+10/-5	33	45	45	39	39	34	39	N/A	N/A	N/A	N/A	N/A	N/A	N/A	N/A	N/A	N/A	N/A	N/A	N/A	N/A
650	+10/-7	44	60	60	51	51	45	51	45	52	56	41	46	41	41	41	39	36	N/A	N/A	N/A	N/A
800	+10/-8	54	75	75	63	63	55	63	57	63	69	50	57	50	50	51	48	45	45	N/A	N/A	N/A
1000	±10	68	95	95	79	79	68	79	71	79	86	64	71	64	64	64	59	55	55	N/A	N/A	N/A
1200	±10	83	113	113	94	94	82	94	85	94	104	76	85	76	77	77	71	66	66	58	59	54
1400	±12	96	133	133	111	111	97	111	100	111	122	89	99	89	90	90	84	78	78	68	69	64
1600	±12	111	151	151	126	126	111	126	114	126	140	101	114	101	104	104	96	90	90	78	80	73
1800	±14	125	171	171	143	143	125	143	129	143	159	114	128	114	117	117	109	102	102	89	90	83
2000	±14	139	191	191	159	159	139	159	144	159	177	128	143	128	130	130	121	113	113	99	100	92
2200	±15	153	211	211	176	176	154	176	159	176	195	141	158	141	144	144	134	125	125	109	110	102
2400	±15	167	231	231	193	193	168	193	174	193	213	155	173	155	157	157	146	137	137	119	119	110
2600	±15	181	251	251	209	209	182	209	189	209	231	168	188	168	170	170	159	149	149	129	129	120
2800	±15	196	271	271	226	226	197	226	203	226	249	181	202	181	183	183	171	161	161	139	139	129
3000	±15	210	291	291	243	243	211	243	218	243	268	195	217	195	195	195	183	172	172	149	149	139
3200	±15	224	311	311	260	260	225	260	233	260	286	208	232	208	208	208	196	184	184	160	160	149

注：N/A—由于成槽性的缘故而不适用。

1）钢丝绳的配置。

① 钢丝绳捻向的配置。带芯的左捻钢丝绳和右捻钢丝绳应交替配置，钢丝绳的根数应符合表 17.2-1 的规定。

② 有接头钢丝绳的配置。

a. 两边部各一根钢丝绳不得有接头。

b. 有接头的钢丝绳根数不得多于总根数的 5%。

c. 一根钢丝绳的接头不得多于一处，且应距带端 10m 以上。

d. 任意两根钢丝绳的接头在长度方向上的距离不得小于 10m。

2）尺寸偏差。

① 输送带的宽度（B）及极限偏差应符合表 17.2-2 的要求。

② 覆盖层厚度的下偏差为 0.5mm。

③ 带厚度的均匀性，即带厚度的最大测定值与最小测定值之差不大于平均厚度的 10%。

④ 带芯钢丝绳在厚度方向的偏心值不得大于 1.5mm。偏心值大于 1.0mm 但不大于 1.5mm 的钢丝绳根数不超过钢丝绳总根数的 5%。

⑤ 钢丝绳平均间距的极限偏差应为±1.5mm，单个钢丝绳间距大于 1.5mm 的钢丝绳根数不得大于钢丝绳总根数的 5%。

⑥ 输送带的边胶宽度应不小于 15mm。

⑦ 输送带长度的极限偏差应符合表 17.2-3 的要求。用户提供的订货长度应包括制作输送带接头及外部试验所需要的长度。

3）覆盖层的物理性能。

① 覆盖层的物理性能（老化前）应满足表 17.2-4 的要求。

② 覆盖层老化性能。覆盖层在 70℃ 老化箱中按 GB/T 3512 进行七天加速老化后，其拉断强度和断后伸长率的中值应不低于老化前相应值的 75%。

4）覆盖层与输送带芯层间的黏合强度。当试验按 GB/T 17044 进行时，覆盖层与输送带芯层间的黏合强度不应小于 12N/mm。

5）钢丝绳的黏合强度。当试验按 GB/T 5755 进行时，钢丝绳的黏合强度应满足表 17.2-5 的要求。

6）成槽性。成槽性的指标是试验中输送带的挠度 F 与带宽 L 之比，应符合表 17.2-6 的要求。

7）钢丝绳的动态黏合强度。

当试验按 GB/T 21352—2008 的附录 A 进行时，在经受 10000 次周期性变负荷循环试验后不出现钢丝绳被拔脱现象。

表 17.2-2　输送带宽（B）及极限偏差　　(mm)

B														
500^{+10}_{-5}	650^{+10}_{-7}	800^{+10}_{-8}	1000 ±10	1200 ±10	1400 ±12	1600 ±12	1800 ±14	2000 ±14	2200 ±15	2400 ±15	2600 ±15	2800 ±15	3000 ±15	3200 ±15

表 17.2-3　输送带长度的极限偏差

输送带的交货条件	输送带的供货长度与订货长度之间的最大容许差值
提供的输送带是整根带	$^{+2.5\%}_{0}$
提供的输送带是几段带	每段输送带的长度极限偏差为±5%，各段输送带长度之和的总极限偏差为 $^{+2.5\%}_{0}$

表 17.2-4　覆盖层物理性能（老化前）

性能类型	拉伸强度/MPa ≥	拉断伸长率(%) ≥	磨耗量/mm^3 ≤
H	24	450	120
D	18	400	100
L	15	350	200

注：H 用于输送对带有强烈损害的尖利磨损性物料；D 用于输送高磨损性物料；L 用于输送中度磨损物料。

表 17.2-5　钢丝绳的黏合强度　　($N \cdot mm^{-1}$)

带型号	500	630	800	1000	1250	1400	1600	1800	2000	2250	2500	2800	3150	3500	4000	4500	5000	5400	6300	7000	7500
老化前≥	60	60	67.5	75	82.5	90	90	99	105	99	123	123	136.5	144	148.5	160.5	178.5	184.5	207	217.5	240
老化后≥	50	50	57.5	65	72.5	80	80	89	95	89	113	113	126.5	134	138.5	150.5	168.5	174.5	197	207.5	230

表 17.2-6　三等长托辊输送机上使用的输送带的 F/L 最小值

侧托辊槽形角/(°)	20	25	30	35	40	45	50	55	60
F/L	0.08	0.10	0.12	0.14	0.16	0.18	0.20	0.23	0.26

1.1.2　织物芯输送带（摘自 GB/T 4490—2009）

（1）有端输送带的公称宽度及极限偏差见表 17.2-7。

（2）输送带的长度极限偏差见表 17.2-8 和表 17.2-9。

（3）全厚度拉断强度

带的纵向全厚度拉断强度值应不小于指定带型号在表 17.2-10 中所示值，最小全厚度拉断强度的数值 $(N \cdot mm^{-1})$ = 指定带型号。

表 17.2-7　有端输送带的公称宽度及极限偏差　（mm）

公称宽度	极限偏差	公称宽度	极限偏差
300	±5	1600	±16
400	±5	1800	±18
500	±5	2000	±20
600	±6	2200	±22
650	±6.5	2400	±24
800	±8	2600	±26
1000	±10	2800	±28
1200	±12	3000	±30
1400	±14	3200	±32

表 17.2-8　环形输送带的长度极限偏差

长度/m	极限偏差/mm
≤15	±50
>15~20	±75
>20	±0.5%×带长（带长精确到 m）

表 17.2-9　有端输送带的长度极限偏差

带交货条件	极限偏差/mm （交货长度和订货长度间的最大公差）
由一段组成	+2.5% 0
由若干段组成 每单根长度或每段长度 各段长度之和	±5% +2.5% 0

表 17.2-10　织物芯输送带的最小全厚度拉断强度　$(N \cdot mm^{-1})$

指定带型号	160	200	250	315	400	500	630
	800	1000	1250	1600	2000	2500	3150

1.2　滚筒

1.2.1　滚筒的基本参数

（1）输送机的滚筒直径（见表 17.2-11）

（2）输送机带宽与滚筒长度和滚筒直径的关系（见表 17.2-12）

（3）最小滚筒直径

按稳定工况确定的最小滚筒直径见表 17.2-13。各种帆布带允许的最小传动滚筒直径见表 17.2-14。

1.2.2　滚筒的技术规格及尺寸

各种滚筒的技术规格及尺寸见表 17.2-15～表 17.2-18。

表 17.2-11　输送机的滚筒直径（摘自 GB/T 10595—2009）　　（mm）

滚筒直径	200、250、315、400、500、630、800、1000、1250、1400、1600、1800

表 17.2-12　输送机带宽与滚筒长度和滚筒直径的关系（摘自 GB/T 10595—2009）　　（mm）

带宽 B	滚筒长度 L	滚筒直径 D
300	400	200、250、315、400
400	500	200、250、315、400、500
500	600	
650	750	200、250、315、400、500、630
800	950	200、250、315、400、500、630、800、1000、1250、1400
1000	1150	250、315、400、500、630、800、1000、1250、1400、1600、1800
1200	1400	
1400	1600	
1600	1800	315、400、500、630、800、1000、1250、1400、1600、1800
1800	2000	
2000	2200	500、630、800、1000、1250、1400、1600、1800
2200	2500	
2400	2800	
2600	3000	630、800、1000、1250、1400、1600、1800
2800	3200	

注：滚筒直径 D 是不包括包层厚度在内的名义滚筒直径，与带宽组合为推荐组合。

表 17.2-13　按稳定工况确定的最小滚筒直径　　（mm）

传动滚筒直径 D	最小直径(无摩擦面层)								
	允许的最高输送带张力利用率								
	>60%～100%			>30%～60%			≤30%		
	传动滚筒	改向滚筒(180°)	改向滚筒(<180°)	传动滚筒	改向滚筒(180°)	改向滚筒(<180°)	传动滚筒	改向滚筒(180°)	改向滚筒(<180°)
500	500	400	315	400	315	250	315	315	250
630	630	500	400	500	400	315	400	400	315
800	800	630	500	630	500	400	500	500	400
1000	1000	800	630	800	630	500	630	630	500
1250	1250	1000	800	1000	800	630	800	800	630
1400	1400	1250	1000	1250	1000	800	1000	1000	800

表 17.2-14　各种帆布带允许的最小传动滚筒直径　　（mm）

型　号	层　数					
	3	4	5	6	7	8
CC-56、NN-100	500	500	630	800	1000	1000
NN-150、EP-100	500	500	630	800	—	—
NN-200～NN-300	500	630	800	1000	—	—
EP-200～EP-300						

表 17.2-15　传动滚筒的技术规格及尺寸

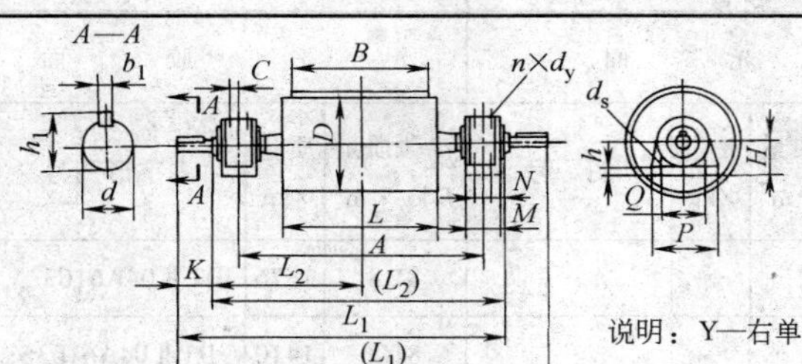

说明：Y—右单出轴；Z—左单出轴；S—双出轴

<table>
<tr><th rowspan="2">B
/mm</th><th rowspan="2">许用转矩
M
/kN · m</th><th rowspan="2">许用合力
F
/kN</th><th rowspan="2">D
/mm</th><th rowspan="2">轴承型号</th><th rowspan="2">轴承座图号</th><th colspan="3">光　面</th><th colspan="4">胶　面</th></tr>
<tr><th>转动惯量
$J/kg\cdot m^2$</th><th>质量
/kg</th><th>图　号</th><th>转动惯量
$J/kg\cdot m^2$</th><th>质量
/kg</th><th>人字形图号</th><th>菱形图号</th></tr>
<tr><td>500</td><td>2.7</td><td>49</td><td rowspan="2">500</td><td rowspan="3">1316</td><td rowspan="3">DTⅡZ1208
DTⅡZ1308</td><td>5</td><td>250</td><td>DTⅡ01A4081</td><td>6</td><td>264</td><td>DTⅡ01A4083 Y Z</td><td>DTⅡ01A4084</td></tr>
<tr><td rowspan="4">650</td><td>3.5</td><td rowspan="2">40</td><td>6.5</td><td>280</td><td>DTⅡ02A4081</td><td>7.8</td><td>298</td><td>DTⅡ02A4083 Y Z</td><td>DTⅡ02A4084</td></tr>
<tr><td>4.1</td><td>630</td><td>16.3</td><td>324</td><td>DTⅡ02A5081</td><td>18.5</td><td>347</td><td>DTⅡ02A5083 Y Z</td><td>DTⅡ02A5084</td></tr>
<tr><td>6.2</td><td>59</td><td>500</td><td rowspan="5">22220</td><td rowspan="5">DTⅡZ1210
DTⅡZ1310</td><td>6.5</td><td>376</td><td>DTⅡ02A4101</td><td>7.8</td><td>393</td><td>DTⅡ02A4103 Y Z</td><td>DTⅡ02A4104</td></tr>
<tr><td>7.3</td><td>80</td><td>630</td><td>16.3</td><td>429</td><td>DTⅡ02A5101</td><td>18.5</td><td>451</td><td>DTⅡ02A5103 Y Z</td><td>DTⅡ02A5104</td></tr>
<tr><td rowspan="11">800</td><td>4.1</td><td>40</td><td>500</td><td>7.8</td><td>432</td><td>DTⅡ03A4101</td><td>9.8</td><td>453</td><td>DTⅡ03A4103 Y Z</td><td>DTⅡ03A4104</td></tr>
<tr><td>6.0</td><td rowspan="2">50</td><td>630</td><td>19.5</td><td>492</td><td>DTⅡ03A5101</td><td>23.5</td><td>521</td><td>DTⅡ03A5103 Y Z</td><td>DTⅡ03A5104</td></tr>
<tr><td>7.0</td><td>800</td><td>—</td><td>—</td><td>—</td><td>25</td><td>782</td><td>DTⅡ03A6103 Y Z</td><td>DTⅡ03A6104</td></tr>
<tr><td rowspan="2">12</td><td rowspan="2">80</td><td>630</td><td rowspan="2">22224</td><td rowspan="2">DTⅡZ1212
DTⅢZ1312</td><td>23.8</td><td>752</td><td>DTⅡ03A5121</td><td>29.5</td><td>776</td><td>DTⅡ03A5123 Y Z</td><td>DTⅡ03A5124</td></tr>
<tr><td>800</td><td>—</td><td>—</td><td>—</td><td>58</td><td>887</td><td>DTⅡ03A6123 Y Z</td><td>DTⅡ03A6124</td></tr>
<tr><td>20</td><td rowspan="2">100</td><td rowspan="2">630</td><td rowspan="4">22228</td><td rowspan="4">DTⅡZ1114
DTⅡZ1214
DTⅡZ1314</td><td>28.5</td><td>844</td><td>DTⅡ03A5141</td><td>32</td><td>920</td><td>DTⅡ03A5143 Y Z</td><td>DTⅡ03A5144</td></tr>
<tr><td>2×16</td><td>—</td><td>—</td><td>—</td><td>32</td><td>967</td><td>DTⅡ03A5143S</td><td>DTⅡ03A5144S</td></tr>
<tr><td>20</td><td rowspan="2">110</td><td rowspan="4">800</td><td>—</td><td>—</td><td>—</td><td>66.3</td><td>1095</td><td>DTⅡ03A6143 Y Z</td><td>DTⅡ03A6144</td></tr>
<tr><td>2×16</td><td>—</td><td>—</td><td>—</td><td>66.3</td><td>1143</td><td>DTⅡ03A6143S</td><td>DTⅡ03A6144S</td></tr>
<tr><td>32</td><td rowspan="2">160</td><td rowspan="2">22232</td><td rowspan="2">DTⅡZ1116
DTⅡZ1216
DTⅡZ1316</td><td>—</td><td>—</td><td>—</td><td>67.5</td><td>1253</td><td>DTⅡ03A6183 Y Z</td><td>DTⅡ03A6164</td></tr>
<tr><td>2×23</td><td>—</td><td>—</td><td>—</td><td>67.5</td><td>1287</td><td>DTⅡ03A6163S</td><td>DTⅡ03A6164S</td></tr>
<tr><td rowspan="8">1000</td><td>6.0</td><td>40</td><td>630</td><td>22220</td><td>DTⅡZ1210
DTⅡZ1310</td><td>—</td><td>—</td><td>—</td><td>26.5</td><td>585</td><td>DTⅡ04A5103 Y Z</td><td>DTⅡ04A5104</td></tr>
<tr><td rowspan="3">12</td><td rowspan="2">73</td><td>630</td><td rowspan="3">22224</td><td rowspan="3">DTⅡZ1212
DTⅡZ1312</td><td>—</td><td>—</td><td>—</td><td>38.3</td><td>857</td><td>DTⅡ04A5123 Y Z</td><td>DTⅡ04A5124</td></tr>
<tr><td>800</td><td>—</td><td>—</td><td>—</td><td>78.8</td><td>964</td><td>DTⅡ04A6123 Y Z</td><td>DTⅡ04A6124</td></tr>
<tr><td>80</td><td>1000</td><td>—</td><td>—</td><td>—</td><td>164.8</td><td>1162</td><td>DTⅡ04A7123 Y Z</td><td>DTⅡ04A7124</td></tr>
<tr><td>20</td><td rowspan="2">110</td><td rowspan="2">800</td><td rowspan="2">22228</td><td rowspan="4">DTⅡZ1114
DTⅡZ1214
DTⅡZ1314</td><td>—</td><td>—</td><td>—</td><td>80.3</td><td>1168</td><td>DTⅡ04A6143 Y Z</td><td>DTⅡ04A6144</td></tr>
<tr><td>2×16</td><td>—</td><td>—</td><td>—</td><td>80.3</td><td>1216</td><td>DTⅡ04A6143S</td><td>DTⅡ04A6144S</td></tr>
<tr><td>20</td><td rowspan="2">110</td><td rowspan="2">1000</td><td rowspan="2">22228</td><td>—</td><td>—</td><td>—</td><td>166.5</td><td>1408</td><td>DTⅡ04A7143 Y Z</td><td>DTⅡ04A7144</td></tr>
<tr><td>2×16</td><td>—</td><td>—</td><td>—</td><td>166.5</td><td>1456</td><td>DTⅡ04A7143S</td><td>DTⅡ04A7144S</td></tr>
</table>

（续）

B /mm	许用转矩 M /kN·m	许用合力 F /kN	D /mm	轴承型号	轴承座图号	光面			胶面			
						转动惯量 J/kg·m²	质量 /kg	图号	转动惯量 J/kg·m²	质量 /kg	人字形图号	菱形图号
1000	27	160	800	22232	DTⅡZ1116 DTⅡZ1216 DTⅡZ1316	—	—	—	81.8	1376	DTⅡ04A6163 Y/Z	DTⅡ04A6164
	2×22					—	—	—	81.8	1410	DTⅡ04A6163S	DTⅡ04A6164S
	27	170	1000			—	—	—	168.3	1617	DTⅡ04A7163 Y/Z	DTⅡ04A7164
	2×22					—	—	—	168.3	1651	DTⅡ04A7163S	DTⅡ04A7164S
	40	190	800	22236	DTⅡZ1118 DTⅡZ1218 DTⅡZ1318	—	—	—	83.3	1691	DTⅡ04A6183 Y/Z	DTⅡ04A6184M
	2×35					—	—	—	83.3	1744	DTⅡ04A6183S	DTⅡ04A6184S
	40	210	1000			—	—	—	170	1928	DTⅡ04A7183 Y/Z	DTⅡ04A7184
	2×35					—	—	—	170	1981	DTⅡ04A7183S	DTⅡ04A7184S
	52	330		22240	DTⅡZ1120 DTⅡZ1220 DTⅡZ1320	—	—	—	215.3	2585	DTⅡ04A7203 Y/Z	DTⅡ04A7204
	2×42					—	—	—	215.3	2677	DTⅡ04A7203S	DTⅡ04A7284S
1200	12	52	630	22224	DTⅡZ1212 DTⅡZ1312	—	—	—	46.5	967	DTⅡ05A5123 Y/Z	DTⅡ05A5124
		80	800			—	—	—	96	1059	DTⅡ05A6123 Y/Z	DTⅡ05A6124
			1000			—	—	—	200	1307	DTⅡ05A7123 Y/Z	DTⅡ05A7124
	20	85	630	22228	DTⅡZ1114 DTⅡZ1214 DTⅡZ1314	—	—	—	47.3	1156	DTⅡ05A5143 Y/Z	DTⅡ05A5144
	2×16					—	—	—	47.3	1204	DTⅡ05A5143S	DTⅡ05A5144S
	20	110	800			—	—	—	97.8	1297	DTⅡ05A6143 Y/Z	DTⅡ05A6144
	2×16					—	—	—	97.8	1345	DTⅡ05A6143S	DTⅡ05A6144S
	20	110	1000	22228	DTⅡZ1114 DTⅡZ1214 DTⅡZ1314	—	—	—	202.5	1567	DTⅡ05A7143 Y/Z	DTⅡ05A7144
	2×16					—	—	—	202.5	1615	DTⅡ05A7143S	DTⅡ05A7144S
	27	140	800	22232	DTⅡZ1116 DTⅡZ1216 DTⅡZ1316	—	—	—	99.5	1520	DTⅡ05A6163 Y/Z	DTⅡ05A6164
	2×22					—	—	—	99.5	1554	DTⅡ05A6163S	DTⅡ05A6164S
	27	160	1000			—	—	—	204.8	1780	DTⅡ05A7163 Y/Z	DTⅡ05A7164
	2×22					—	—	—	204.8	1818	DTⅡ05A7163S	DTⅡ05A7164S
	40	180	800	22236	DTⅡZ1118 DTⅡZ1218 DTⅡZ1318	—	—	—	101.3	1928	DTⅡ05A6183 Y/Z	DTⅡ05A6184
	2×32					—	—	—	101.3	1981	DTⅡ05A6183S	DTⅡ05A6184S
	40	210	1000			—	—	—	207	2173	DTⅡ05A7183 Y/Z	DTⅡ05A7184
	2×32					—	—	—	207	2226	DTⅡ05A7183S	DTⅡ05A7184S

（续）

B /mm	许用转矩 M /kN·m	许用合力 F /kN	D /mm	轴承型号	轴承座图号	光面			胶面			
						转动惯量 J/kg·m²	质量 /kg	图号	转动惯量 J/kg·m²	质量 /kg	人字形图号	菱形图号
1200	52	230	800	22240	DTⅡZ1120 DTⅡZ1220 DTⅡZ1320	—	—	—	118.3	2393	DTⅡ05A6203 Y Z	DTⅡ05A6204
	2×42					—	—	—	118.3	2484	DTⅡ05A6203S	DTⅡ05A6204S
	52	290	1000			—	—	—	262	2813	DTⅡ05A7203 Y Z	DTⅡ05A7204
	2×42					—	—	—	262	2903	DTⅡ05A7203S	DTⅡ05A7204S
	66	330		22244	DTⅡZ1122 DTⅡZ1222 DTⅡZ1322	—	—	—	283	3234	DTⅡ05A7223 Y Z	DTⅡ05A7224
	2×50					—	—	—	283	3329	DTⅡ05A7223S	DTⅡ05A7224S
1400	20	100	800	22228	DTⅡZ1114 DTⅡZ1214 DTⅡZ1314	—	—	—	111.8	1417	DTⅡ06A6143 Y Z	DTⅡ06A6144
	2×16					—	—	—	111.8	1465	DTⅡ06A6143S	DTⅡ06A6144S
	20		1000			—	—	—	202.5	1720	DTⅡ06A7143 Y Z	DTⅡ06A7144
	2×16					—	—	—	202.5	1768	DTⅡ06A7143S	DTⅡ06A7144S
	27	130	800	22232	DTⅡZ1116 DTⅡZ1216 DTⅡZ1316	—	—	—	113.8	1530	DTⅡ06A6163 Y Z	DTⅡ06A6164
	2×22					—	—	—	113.8	1564	DTⅡ06A6163S	DTⅡ06A6164S
	27	160	1000	22234	DTⅡZ1116 DTⅡZ1216 DTⅡZ1316	—	—	—	204.8	1919	DTⅡ06A7163 Y Z	DTⅡ06A7164
	2×22					—	—	—	204.8	1953	DTⅡ06A7163S	DTⅡ06A7164S
	40	170	800	22236	DTⅡZ1118 DTⅡZ1218 DTⅡZ1318	—	—	—	115.8	2004	DTⅡ06A6183 Y Z	DTⅡ06A6184
	2×32					—	—	—	115.8	2057	DTⅡ06A6183S	DTⅡ06A6184S
	40	210	1000		DTⅡZ1120 DTⅡZ1220 DTⅡZ1320	—	—	—	236.5	2287	DTⅡ06A7183 Y Z	DTⅡ06A7184
	2×32					—	—	—	236.5	2339	DTⅡ06A7183S	DTⅡ06A7184S
	52	210	800	22240	DTⅡZ1122 DTⅡZ1222 DTⅡZ1322	—	—	—	135.3	2553	DTⅡ06A6203 Y Z	DTⅡ06A6204
	2×42					—	—	—	135.3	2632	DTⅡ06A6203S	DTⅡ06A6204S
	52	260	1000			—	—	—	299.5	2994	DTⅡ06A7203 Y Z	DTⅡ06A7204
	2×42					—	—	—	299.5	3082	DTⅡ06A7203S	DTⅡ06A7204S
	66	300		22244		—	—	—	300	3456	DTⅡ06A7223 Y Z	DTⅡ06A7224
	2×50					—	—	—	300	3551	DTⅡ06A7223S	DTⅡ06A7224S

（续）

B	D	图号	尺寸/mm A	L	L_1	L_2	K	M	N	Q	P	H	h	h_1	d	b_1	d_s	C	$n\times d_y$
		DTⅡ01A4081																	
500		DTⅡ01A4083 Y Z	850	600	1114	495													
	500	DTⅡ01A4084																	
		DTⅡ02A4081																	
		DTⅡ02A4083 Y Z					140	70	—	350	410	120	33	74.5	70	20	M20	22	2×M8×1
		DTⅡ02A4084																	
		DTⅡ02A5081			1264	570													
	630	DTⅡ02A5083 Y Z																	
		DTⅡ02A5084																	
		DTⅡ02A4101	1000																
	500	DTⅡ02A4103 Y Z																	
		DTⅡ02A4104																	
650		DTⅡ02A5101		750	1324	590	170	80	—	380	460	135		95	90	25		26	
	630	DTⅡ02A5103 Y Z																	
		DTⅡ02A5104																	
		DTⅡ02A4121																	
	500	DTⅡ02A4123 Y Z																	
		DTⅡ02A4124																	
		DTⅡ02A5121	1050		1419	615	210	110	—	440	530	155		116	110	28		32	
	630	DTⅡ02A5123 Y Z											46				M24		4×M8×1
		DTⅡ02A5124																	
		DTⅡ03A4101																	
	500	DTⅡ03A4103 Y Z																	
		DTⅡ03A4104																	
		DTⅡ03A5101																	
800	630	DTⅡ03A5103 Y Z	1300	950	1624	740	170	80	—	380	460	135		95	90	25		26	
		DTⅡ03A5104																	
	800	DTⅡ03A6103 Y Z																	
		DTⅡ03A6104																	

（续）

尺寸/mm																			
B	D	图号	A	L	L_1	L_2	K	M	N	Q	P	H	h	h_1	d	b_1	d_s	C	$n\times d_y$
		DT Ⅱ 03A5121																	
	630	DT Ⅱ 03A5123 Y Z																	
		DT Ⅱ 03A5124			1669	740	210	110	—	440	530	155	46	116	110	28		32	
	800	DT Ⅱ 03A6123 Y Z																	
		DT Ⅱ 03A6124																	
		DT Ⅱ 03A5141																	
		DT Ⅱ 03A5143 Y Z			1724	750													
	630	DT Ⅱ 03A5144	1300																4×M8×1
		DT Ⅱ 03A5143S																	
800		DT Ⅱ 03A5144S		950	2000	1500		120	—	480	570	170	63	137	130	32	M30	37	
		DT Ⅱ 03A6143 Y Z																	
		DT Ⅱ 03A6144			1724	750	250												
		DT Ⅱ 03A6143S																	
	800	DT Ⅱ 03A6144S			2000	1500													
		DT Ⅱ 03A6163 Y Z																	
		DT Ⅱ 03A6164			1839	800													
		DT Ⅱ 03A6163S	1400					200	105	520	640	200	60	158	150	36		43	4×M10×1
		DT Ⅱ 03A6164S			2100	1600													
		DT Ⅱ 04A5103 Y Z																	
		DT Ⅱ 04A5104			1824		170	80	—	380	460	135		95	90	25		26	
	630	DT Ⅱ 04A5123 Y Z																	
		DT Ⅱ 04A5124																	
1000		DT Ⅱ 04A6123 Y Z	1500	1150		840							46				M24		4×M8×1
	800	DT Ⅱ 04A6124			1869		210	110	—	440	680	155		116	110	28		32	
		DT Ⅱ 04A7123 Y Z																	
	1000	DT Ⅱ 04A7124																	

（续）

B	D	图　号	尺寸/mm																
			A	L	L_1	L_2	K	M	N	Q	P	H	h	h_1	d	b_1	d_s	C	$n\times d_y$
		DTⅡ04A5143 Y Z			1924	850													
	630	DTⅡ04A5144																	
		DTⅡ04A5143S			2300	1700													
		DTⅡ04A5144S																	
		DTⅡ04A6143 Y Z			1924	850													
	800	DTⅡ04A6144	1500					120	—	480	570	170	63	137	130	32		37	4×M8×1
		DTⅡ04A6143S			2300	1700													
		DTⅡ04A6144S																	
		DTⅡ04A7143 Y Z			1924	850													
	1000	DTⅡ04A7144					250												
		DTⅡ04A7143			2300	1700													
		DTⅡ04A7144S																	
		DTⅡ04A6163 Y Z			2039	900													
1000	800	DTⅡ04A6164		1150													M30		
		DTⅡ04A6163S			2300	1800													
		DTⅡ04A6164S						200	105	520	640	200	60	158	150	36		43	
		DTⅡ04A7163 Y Z			2039	900													
	1000	DTⅡ04A7164																	
		DTⅡ04A7163S			2300	1800													
		DTⅡ04A7164S																	
		DTⅡ04A6183 Y Z	1600		2110	910													4×M10×1
	800	DTⅡ04A6184																	
		DTⅡ04A6183S			2420	1820													
		DTⅡ04A6184S					300	220	120	570	700	220	70	179	170	40		46	
		DTⅡ04A7183 Y Z			2110	910													
	1000	DTⅡ04A7184																	
		DTⅡ04A7183S			2420	1820													
		DTⅡ04A7184S																	

（续）

<table>
<tr><th colspan="20">尺寸/mm</th></tr>
<tr><th>B</th><th>D</th><th>图　号</th><th>A</th><th>L</th><th>L_1</th><th>L_2</th><th>K</th><th>M</th><th>N</th><th>Q</th><th>P</th><th>H</th><th>h</th><th>h_1</th><th>d</th><th>b_1</th><th>d_s</th><th>C</th><th>$n \times d_y$</th></tr>
<tr><td rowspan="8">1000</td><td rowspan="4">800</td><td>DTⅡ04A6203 Y Z</td><td rowspan="8">1650</td><td rowspan="8">1150</td><td rowspan="2">2278</td><td rowspan="2">975</td><td rowspan="8">350</td><td rowspan="8">240</td><td rowspan="8">140</td><td rowspan="8">640</td><td rowspan="8">780</td><td rowspan="8">240</td><td rowspan="8">75</td><td rowspan="8">200</td><td rowspan="8">190</td><td rowspan="8">45</td><td rowspan="8">M30</td><td rowspan="8">60</td><td rowspan="8">4×M10×1</td></tr>
<tr><td>DTⅡ04A6204</td></tr>
<tr><td>DTⅡ04A6203S</td><td rowspan="2">2650</td><td rowspan="2">1950</td></tr>
<tr><td>DTⅡ04A6204S</td></tr>
<tr><td rowspan="4">1000</td><td>DTⅡ04A7203 Y Z</td><td rowspan="2">2278</td><td rowspan="2">975</td></tr>
<tr><td>DTⅡ04A7204</td></tr>
<tr><td>DTⅡ04A7203S</td><td rowspan="2">2650</td><td rowspan="2">1950</td></tr>
<tr><td>DTⅡ04A7204S</td></tr>
<tr><td rowspan="18">1200</td><td rowspan="2">630</td><td>DTⅡ05A5123 Y Z</td><td rowspan="18">1750</td><td rowspan="18">1400</td><td rowspan="6">2129</td><td rowspan="8">975</td><td rowspan="6">210</td><td rowspan="6">110</td><td rowspan="6">—</td><td rowspan="6">440</td><td rowspan="6">530</td><td rowspan="6">155</td><td rowspan="6">46</td><td rowspan="6">116</td><td rowspan="6">110</td><td rowspan="6">28</td><td rowspan="6">M24</td><td rowspan="6">32</td><td rowspan="18">4×M8×1</td></tr>
<tr><td>DTⅡ05A5124</td></tr>
<tr><td rowspan="2">800</td><td>DTⅡ05A6123 Y Z</td></tr>
<tr><td>DTⅡ05A6124</td></tr>
<tr><td rowspan="2">1000</td><td>DTⅡ05A7123 Y Z</td></tr>
<tr><td>DTⅡ05A7124</td></tr>
<tr><td rowspan="4">630</td><td>DTⅡ05A5143 Y Z</td><td rowspan="2">2174</td><td rowspan="12">250</td><td rowspan="12">120</td><td rowspan="12">—</td><td rowspan="12">480</td><td rowspan="12">570</td><td rowspan="12">170</td><td rowspan="12">63</td><td rowspan="12">137</td><td rowspan="12">130</td><td rowspan="12">32</td><td rowspan="12">M30</td><td rowspan="12">27</td></tr>
<tr><td>DTⅡ05A5144</td></tr>
<tr><td>DTⅡ05A5143S</td><td rowspan="2">2450</td><td rowspan="2">1950</td></tr>
<tr><td>DTⅡ05A5144S</td></tr>
<tr><td rowspan="4">800</td><td>DTⅡ05A6143 Y Z</td><td rowspan="2">2174</td><td rowspan="2">975</td></tr>
<tr><td>DTⅡ05A6144</td></tr>
<tr><td>DTⅡ05A6143S</td><td rowspan="2">2450</td><td rowspan="2">1950</td></tr>
<tr><td>DTⅡ05A6144S</td></tr>
<tr><td rowspan="4">1000</td><td>DTⅡ05A7143 Y Z</td><td rowspan="2">2174</td><td rowspan="2">975</td></tr>
<tr><td>DTⅡ05A7144</td></tr>
<tr><td>DTⅡ05A7143S</td><td rowspan="2">2450</td><td rowspan="2">1950</td></tr>
<tr><td>DTⅡ05A7144S</td></tr>
</table>

（续）

尺寸/mm																			
B	D	图　号	A	L	L_1	L_2	K	M	N	Q	P	H	h	h_1	d	b_1	d_s	C	$n\times d_y$
1200	800	DTⅡ05A6163$^{Y}_{Z}$	1850	1400	2289	1025	250	200	105	520	640	200	60	158	150	36		43	4×M10×1
		DTⅡ05A6164																	
		DTⅡ05A6163S			2550	2050													
		DTⅡ05A6164S																	
	1000	DTⅡ05A7163$^{Y}_{Z}$			2289	1025													
		DTⅡ05A7164																	
		DTⅡ05A7163S			2550	2050													
		DTⅡ05A7164S																	
	800	DTⅡ05A6183$^{Y}_{Z}$			2360	1035	300	220	120	570	700	220	70	179	170	40	M30	46	
		DTⅡ05A6184																	
		DTⅡ05A6183S			2670	2070													
		DTⅡ05A6184S																	
	1000	DTⅡ05A7183$^{Y}_{Z}$			2360	1035													
		DTⅡ05A7184																	
		DTⅡ05A7183S			2670	2070													
		DTⅡ05A7184S																	
	800	DTⅡ05A6203$^{Y}_{Z}$	1900		2528	1100	350	240	140	640	780	240	75	200	190	45		60	
		DTⅡ05A6204																	
		DTⅡ05A6203S			2900	2200													
		DTⅡ05A6204S																	
	1000	DTⅡ05A7203$^{Y}_{Z}$			2528	1100													
		DTⅡ05A7204																	
		DTⅡ05A7203S			2900	2200													
		DTⅡ05A7204S																	
		DTⅡ05A7223$^{Y}_{Z}$			2533	1100		250		720	880	270	80	210	200	45	M36	65	
		DTⅡ05A7224																	
		DTⅡ05A7223S			2900	2200													
		DTⅡ05A7224S																	

（续）

B	D	图号	尺寸/mm																
			A	L	L_1	L_2	K	M	N	Q	P	H	h	h_1	d	b_1	d_s	C	$n \times d_y$
1400	800	DTⅡ06A6143 Y/Z	2050	1600	2474	1125	250	120	—	480	570	170	63	137	130	32	M30	37	4×M8×1
		DTⅡ06A6144																	
		DTⅡ06A6143S			2750	2250													
		DTⅡ06A6144S																	
	1000	DTⅡ06A7143 Y/Z			2474	1125													
		DTⅡ06A7144																	
		DTⅡ06A7143S			2750	2250													
		DTⅡ06A7144S																	
	800	DTⅡ06A6163 Y/Z			2489	1125		200	105	520	640	200	60	158	150	36		43	4×M10×1
		DTⅡ06A6164																	
		DTⅡ06A6163S			2750	2250													
		DTⅡ06A6164S																	
	1000	DTⅡ06A7163 Y/Z			2489	1125													
		DTⅡ06A7164																	
		DTⅡ06A7163S			2750	2250													
		DTⅡ06A7164S																	
	800	DTⅡ06A6183 Y/Z			2560	1135	300	220	120	570	700	220	70	179	170	40		46	
		DTⅡ06A6184																	
		DTⅡ06A6183S			2870	2270													
		DTⅡ06A6184S																	
	1000	DTⅡ06A7183 Y/Z			2560	1135													
		DTⅡ06A7184																	
		DTⅡ06A7183S			2870	2270													
		DTⅡ06A7184S																	

（续）

B	D	图号	A	L	L_1	L_2	K	M	N	Q	P	H	h	h_1	d	b_1	d_s	C	$n\times d_y$
尺寸/mm																			
1400	800	DTⅡ06A6203 Y Z	2100	1600	2728	1200	350	240	140	640	780	240	75	200	190	45	M30	60	4×M10×1
		DTⅡ06A6204																	
		DTⅡ06A6203S			3100	2400													
		DTⅡ06A6204S																	
	1000	DTⅡ06A7203 Y Z			2728	1200													
		DTⅡ06A7204																	
		DTⅡ06A7203S			3100	2400													
		DTⅡ06A7204S																	
		DTⅡ06A7223 Y Z			2733	1200		250		720	880	270	80	210	200		M36	65	
		DTⅡ06A7224																	
		DTⅡ06A7223S			3100	2400													
		DTⅡ06A7224S																	

表 17.2-16　改向滚筒的技术规格及尺寸

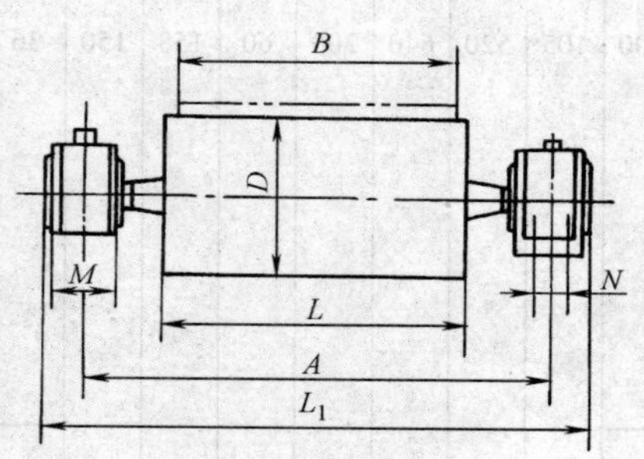

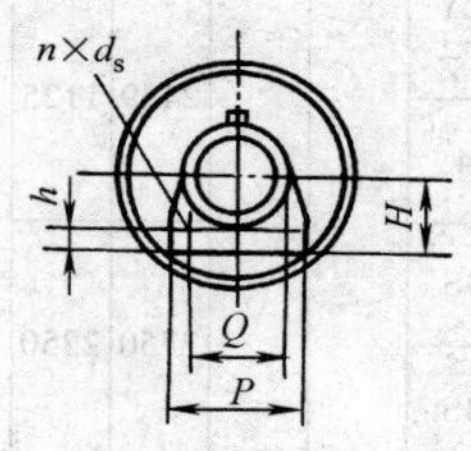

B /mm	D /mm	许用合力 /kN	轴承型号	公称尺寸/mm A	L	L_1	Q	P	H	h	M	N	d_s	n	光面 转动惯量 /kg·m²	光面 质量 /kg	胶面 转动惯量 /kg·m²	胶面 质量 /kg	图号
500	250	9	22210	850	600	945	260	320	90	33	70	—	M16	2	0.5	102	—	—	50B102(G)
	315	10													1.3	116	—	—	50B103(G)
	400														3	135	3.5	147	50B104(G)
		23	22212			953	280	340	100							166		177	50B204(G)
	500	28													5	187	6	201	50B105(G)
		49	22216			959	350	410	120				M20			245		260	50B205(G)
650	250	8	22210	1000	750	1095	260	320	90				M16		0.8	117	—	—	65B102(G)
	315														1.5	133	—	—	65B103(G)
		16	22212			1103	280	340	100						1.8	166	—	—	65B203(G)
		26	22216			1109	350	410	120				M20		2	227	—	—	65B303(G)

（续）

B /mm	D /mm	许用合力 /kN	轴承型号	公称尺寸/mm											光面		胶面		图号
				A	L	L_1	Q	P	H	h	M	N	d_s	n	转动惯量 /kg·m²	质量 /kg	转动惯量 /kg·m²	质量 /kg	
650	400	20	22212	1000	750	1103	280	340	100	33	70		M16	2	3	189	3.5	203	65B104(G)
		32	22216			1109	350	410	120				M20		3.3	251	3.8	265	65B204(G)
		46	22220			1129	380	460	135	46	80		M24		3.5	332	4	346	65B304(G)
	500	40	22216			1109	350	410	120	33	70		M20		6.5	278	7.8	296	65B105(G)
		59	22220			1129	380	460	135	46	80		M24			368		386	65B205(G)
	630														16.3	422	18.5	440	65B106(G)
		70	2224	1050		1189	440	530	155		110				20.3	613	21.3	640	65B206(G)
800	250	6	22210	1250		1345	260	320	90	33	70	—	M16		0.8	136	—	—	80B102(G)
	315	12	22212			1353	280	340	100						1.5	200	—	—	80B103(G)
		20	22216			1359	350	410	120				M20		1.8	260	—	—	80B203(G)
	400														4.5	288	4.8	306	80B104(G)
		29	22220	1300		1429	380	460	135		80				4.8	360	5	487	80B204(G)
		45	22224			1439	440	530	155		110		M24		5.5	509	6.3	527	80B304(G)
	500	40	22220			1429	380	460	135	46	80				7.8	412	9.8	434	80B105(G)
		56	22224			1439	440	530	155		110					560	9.3	582	80B205(G)
	630	50	22220			1429	380	460	135		80				19.5	472	23.5	560	80B106(G)
		73	22224			1439	440	530	155		110				24.3	690	49.5	719	80B205(G)
		100	22228			1449	480	570	170	63	120		M30		27.8	855	30.8	883	80B306(G)
		170	22232	1400		1600	520	640	200	60	200	105		4	30	1080	33	1108	80B406(G)
	800	90	22224	1300		1439	440	530	155	46	110	—	M24	2	49.8	780	57.3	823	80B107(G)
		126	22228		950	1449	480	570	170	63	120				54.8	942	61.8	976	80B207(G)
		170	22232	1400		1600	520	640	200	65	200	105	M30		60.5	1200	67.5	1243	80B307(G)
		250	22236			1620	570	700	220	70	220	120			61.8	1469	68.8	1533	80B407(G)
	1000	240	22232			1600	520	640	200	65	200	105		4	125.3	1413	140	1487	80B108(G)
		330	22236			1620	570	700	220	70	220	120			126.5	1675	140.3	1755	80B208(G)
		400	23240			1655	640	780	240	75	255	140			285.8	2397	290.4	2463	80B308(G)
	1250		23244			1720	720	880	270	80	270	140	M36		365.4	3104	370.8	3174	80B109(G)
1000	250	6	22210	1450		1545	260	320	90	33	70		M16		1	156	—	—	100B102(G)
	315	11	22212			1553	280	340	100						1.8	221	—	—	100B103(G)
		18	22216			1559	350	410	120				M20		2	296	—	—	100B203(G)
	400														5	328	6	350	100B104(G)
		29	22220			1629	380	460	135		80					427		445	100B204(G)
		45	22224			1639	440	530	155	46	110	—	M24	2	7.3	567	8.3	589	100B304(G)
	500	35	22220	1500		1629	380	460	135		80				8.5	472	9.8	500	100B105(G)
		45	22224			1639	440	530	155		110				9.5	624	11.3	652	100B205(G)
		75	22228			1649	480	570	170	63	120		M30		11.5	804	13.3	831	100B305(G)
	630	43	22220			1629	380	460	135	46	80		M24		23	546	26.5	567	100B106(G)
		64	22224			1639	440	530	155		110				29.8	753	33.3	797	100B206(G)
		87	22228			1649	480	570	170	63	120		M30		32.5	940	36	975	100B306(G)
		168	22232	1600	1150	1800	520	640	200	65	200	105		4	34	1180	38.5	1214	100B406(G)
	800	79	22224	1500		1639	440	530	155	46	110	—	M24	2	58.3	864	67	916	100B107(G)
		110	22228			1649	480	570	170	63	120				64.3	1042	73	1094	100B207(G)
		168	22232	1600		1800	520	640	200	65	200	105	M30	4	73.3	1313	81.8	1365	100B307(G)
		220	22236			1820	570	700	220	70	220	120			74.8	1606	83.3	1659	100B407(G)

（续）

B /mm	D /mm	许用合力 /kN	轴承型号	公称尺寸/mm											光面		胶面		图号
				A	L	L_1	Q	P	H	h	M	N	d_s	n	转动惯量 /kg·m²	质量 /kg	转动惯量 /kg·m²	质量 /kg	
		130	22228	1500		1649	480	570	170	63	120	—			131.5	1214	150.8	1280	100B108(G)
		200	22232	1600		1800	520	640	200	65	200	105	M30		151.5	1542	168.3	1607	100B208(G)
	1000	290	22236			1822	570	700	220	70	220	120			153.3	1830	170	1885	100B308(G)
1000		387	23240		1150	1930	640	780	240	75	255			4	198.5	2440	215.3	2510	100B408(G)
		429	23244	1650		1952	720	880	270	80	270	140			215.8	2818	232.5	2884	100B508(G)
	1250	400											M36		410.5	3340	545.8	3380	100B109(G)
	1400	600	23248			1976	750	900	290	90	300	150			556.3	3972	827.6	4085	100B110(G)
	250	6	22210			1795	260	320	90				M16		1.3	181	—	—	120B102(G)
	315	11	22212	1700		1803	280	340	100	33	70				1.8	255	—	—	120B103(G)
		17	22216			1809	350	410	120				M20		2	341	—	—	120B203(G)
															6	378	7	405	120B104(G)
	400	26	22220			1879	380	460	135		80				—	—		556	120B204(G)
		38	22224			1889	440	530	155	46	110	—	M24	2	—	—	10	659	120B304(G)
		30	22220			1879	380	460	135		80				—	—	16.3	572	120B105(G)
	500	41	22224	1750		1889	440	530	155		110				—	—	13.8	731	120B205(G)
		70	22228			1899	480	570	170	63	120		M30		—	—	21	925	120B305(G)
		37	22220			1879	380	460	135	46	80		M24		—	—	32.3	659	120B106(G)
	630	53	22224			1889	440	530	155	46	110				—	—	38	893	120B206(G)
		90	22228			1899	480	570	170	63	120		M30		—	—	42.5	1090	120B306(G)
		150	22232	1850		2050	520	640	200	65	200	105		4	—	—	46.8	1334	120B406(G)
1200		64	22224	1750	1400	1889	440	530	155	46	110		M24	2	—	—	79.5	1032	120B107(G)
		100	22228			1899	480	570	170	63	120				—	—	87	1229	120B207(G)
	800	150	22232	1850		2050	520	640	200	65	200	105			—	—	99.5	1507	120B307(G)
		200	22236			2070	570	700	220	70	220	120		4	—	—	101.3	1824	120B407(G)
		230	23240	1900		2180	640	780	240	75	255	140	M30		—	—	118.3	2309	120B507(G)
		134	22228	1750		1899	480	570	170	63	120	—		2	—	—	175.8	1438	120B108(G)
		150	22232	1850		2050	520	640	200	65	200	105			—	—	204.8	1770	120B208(G)
	1000	200	22236			2070	570	700	220	70	220	120			—	—	207	2086	120B308(G)
		351	23240			2180	640	780	240	75	255	140			—	—	262	2711	120B408(G)
		391	23244			2202	720	880	270	80	270			4	—	—	283	3068	120B508(G)
		437	23248			2226					300	150			—	—	291	3622	120B608(G)
	1250	400		1900			750	900	290	90			M36		—	—	528	4173	120B109(G)
		550	24152			2230					320	170			—	—	564	4324	120B209(G)
	1400	900	24060				940	1150	330	100					—	—	906	5983	120B110(G)
	315	17	22216			2009	350	410	120	33	70		M20		2.3	356	—	—	140B103(G)
															6.8	398	8	429	140B104(G)
	400	25	22220			2079	380	460	135		80				—	—		560	140B204(G)
1400		40	22224	1950	1600	2089	440	530	155	46	110			2	—	—	11.5	729	140B304(G)
	500	25	22220			2079	380	460	135		80		M24		—	—	18.5	629	140B105(G)
		40	22224			2089	440	530	155		110				—	—	15.8	809	140B205(G)

（续）

B /mm	D /mm	许用合力 /kN	轴承型号	公称尺寸/mm A	L	L_1	Q	P	H	h	M	N	d_s	n	光面 转动惯量 /kg·m²	光面 质量 /kg	胶面 转动惯量 /kg·m²	胶面 质量 /kg	图号
1400	500	66	22228	2050	1600	2199	480	570	170	63	120	—	M30	2	—	—	24	1009	140B305(G)
	630	50	22224	1950		2089	440	530	155	46	110		M24		—	—	42.8	971	140B106(G)
		90	22228	2050		2199	480	570	170	63	120		M30		—	—	48	1197	140B206(G)
		120	22232			2250	520	640	200	65	200	105		4	—	—	53.5	1439	140B306(G)
	800	50	22224	1950		2089	440	530	155	46	110	—	M24	2	—	—	89.3	1124	140B107(G)
		94	22228	2050		2199	480	570	170	63	120		M30		—	—	98.3	1350	140B207(G)
		150	22232			2250	520	640	200	65	200	105		4	—	—	113.8	1628	140B307(G)
		186	22236			2270	570	700	220	70	220	120			—	—	115.8	1970	140B407(G)
		214	23240	2100		2380	640	780	240	75	240	140			—	—	135.3	2253	140B507(G)
	1000	100	22228	2050		2199	480	570	170	63	120	—		2	—	—	198	1580	140B108(G)
		150	22232			2250	520	640	200	65	200	105		4	—	—	234	1910	140B208(G)
		236	22236			2270	570	700	220	70	220	120			—	—	236.5	2253	140B308(G)
		331	23240	2100		2380	640	780	240	75	255	140			—	—	299.5	2820	140B408(G)
		361	23244			2402	720	880	270	80	270		M36		—	—	300	3831	140B508(G)
		400	23248			2426	750	900	290	90	300	150			—	—	323.8	3748	140B608(G)
		427	24152			2444					320	170			—	—	375.5	4118	140B708(G)
	1250	600	24156				840	1000	310	100					—	—	592	4519	140B109(G)
		900	24060				940	1150	330						—	—	713	5828	140B209(G)
	1400														—	—	990	6329	140B110(G)

注：1. 表中轴承型号均省略了尾标。其省略的尾标为：尾数小于或等于 32 的为 C/W33，尾数大于或等于 36 的为 CA/W33。如轴承 22232 全称为 22232C/W33，轴承 22236 全称为 22236CA/W33。

2. 图号后加 G 为光面滚筒，无 G 为胶面滚筒。

表 17.2-17　电动滚筒的技术规格

滚筒规格 B、D	电动机功率 P/kW	带速 v/m·s⁻¹	输出转矩 M/N·m	最大张力 F_1/N	滚筒规格 B、D	电动机功率 P/kW	带速 v/m·s⁻¹	输出转矩 M/N·m	最大张力 F_1/N
50、50 65、50 80、50	2.2	0.80	640	2585	50、50 65、50 80、50	5.5	1.60	808	3231
		1.00	517	2068			2.00	646	2585
		1.25	413	1654			2.50	517	2068
		1.60	323	1293			3.15	410	1616
		2.00	258	1034	65、50 80、50	7.5	0.80	2203	8695
	3.0	0.80	881	3525			1.00	1762	6956
		1.00	705	2820			1.25	1410	5565
		1.25	564	2256			1.60	1101	4348
		1.60	440	1763			2.00	881	3478
		2.00	352	1410			2.50	705	2782
		2.50	282	1128			3.15	559	2174
	4.0	0.80	1175	4700			4.00	440	1739
		1.00	940	3760		11	0.80	3232	12926
		1.25	752	3008			1.00	2585	10340
		1.60	587	2350			1.25	2068	8272
		2.00	470	1880			1.60	1616	6463
		2.50	376	1504			2.00	1292	5170
	5.5	0.80	1616	6463			2.50	1034	4136
		1.00	1292	5170			3.15	820	3231
		1.25	1034	4136			4.00	646	2585

（续）

滚筒规格 B、D	电动机功率 P/kW	带速 $v/\mathrm{m\cdot s^{-1}}$	输出转矩 $M/\mathrm{N\cdot m}$	最大张力 F_1/N
80、50	15	0.80	4407	17625
		1.00	3525	14100
		1.25	2821	11280
		1.60	2203	8813
		2.00	1762	7050
		2.50	1410	5640
		3.15	1119	4406
65、63 80、63 100、63	3.0	0.80	1110	3525
		1.00	888	2820
		1.25	710	2256
		1.60	555	1763
		2.00	444	1410
		2.50	355	1128
		3.15	282	895
65、63 80、69 100、63 120、63	4.0	0.80	1480	4700
		1.00	1184	3760
		1.25	947	3008
		1.60	740	2350
		2.00	592	1880
		2.50	473	1504
		3.15	376	1194
	5.5	0.80	2036	6463
		1.00	1628	5170
		1.25	1303	4136
		1.60	1018	3231
		2.00	814	2585
		2.50	651	2068
		3.15	517	1616
	7.5	0.80	2776	8695
		1.00	2221	6956
		1.25	1776	5565
		1.60	1388	4348
		2.00	1110	3478
		2.50	888	2782
		3.15	705	2174
	11	0.80	4072	12925
		1.00	3256	10340
		1.25	2605	8272
		1.60	2036	6463
		2.00	1628	5170
		2.50	1302	4136
		3.15	1034	3231
		4.00	814	2585
80、63 100、63 120、63	15	1.00	4442	14100
		1.25	3553	11280
		1.60	2775	8813
80、63 100、63 120、63	15	2.00	2221	7050
		2.50	1776	5640
		3.15	1410	4406
		4.00	1110	3525
80、63 100、63 120、63 140、63	18.5	1.00	5479	17390
		1.25	4383	13912
		1.60	3424	10869
		2.00	2739	8695
		2.50	2191	6956
		3.15	1739	5434
	22	1.00	6515	20680
		1.25	5212	16544
		1.60	4072	12925
		2.00	3257	10340
		2.50	2606	8272
		3.15	2068	6463
	30	1.25	7107	22560
		1.60	5551	17625
		2.00	4442	14100
		2.50	3553	11280
		3.15	2820	8813
100、63 120、63 140、63	37	1.60	6849	21738
		2.00	5479	17390
		2.50	4383	13912
		3.15	3479	10869
140、63	45	1.60	8859	26438
		2.00	7087	21250
		2.50	5670	16920
		3.15	4500	13429
80、80 100、80 120、80 140、80	5.5	1.00	2068	5170
		1.25	1654	4136
		1.60	1292	3231
		2.00	1034	2585
		2.50	827	2068
		3.15	656	1616
	7.5	1.00	2820	6956
		1.25	2256	5565
		1.60	1762	4348
		2.00	1410	3478
		2.50	1128	2782
		3.15	895	2174
	11	1.00	4136	10340
		1.25	3309	8272
		1.60	2585	6463
		2.00	2067	5170
		2.50	1654	4136
		3.15	1313	3231

（续）

滚筒规格 B、D	电动机功率 P/kW	带速 v/m·s⁻¹	输出转矩 M/N·m	最大张力 F_1/N
80、80 100、80 120、80 140、80	15	1.00	5640	14100
		1.25	4512	11280
		1.60	3525	8813
		2.00	2820	7050
		2.50	2256	5640
		3.15	1790	4406
	18.5	1.00	6956	17390
		1.25	5565	13912
		1.60	4347	10869
		2.00	3478	8695
		2.50	2782	6956
		3.15	2268	5434
		4.00	1739	4348
	22	1.25	6618	16544
		1.60	5170	12925
		2.00	4136	10340
		2.50	3309	8272
		3.15	2628	6463
		4.00	2068	5170
100、80 120、80 140、80	30	1.60	7050	17625
		2.00	5640	14100
		2.50	4512	11280
		3.15	3581	8813
		4.00	2820	7050
	37	1.25	11130	27824
		1.60	8695	21738
		2.00	6956	17390
		2.50	5565	13912
		3.15	4416	10869
		4.00	3478	8695
	45	1.60	10575	26438
		2.00	8468	21250
		2.50	6768	16920
		3.15	5371	13429
		4.00	4230	10575
	55	1.60	12925	32313
		2.00	10340	25850
		2.50	8272	20680
100、100 120、100 140、100	37	1.25	13911	27824
		1.60	10868	21738
		2.00	8694	17390
		2.50	6955	13912
		3.15	5520	10869
		4.00	4347	8695
	45	1.25	16919	33840
		1.60	13218	26438
		2.00	10574	21250
		2.50	8459	16920
		3.15	6714	13429
		4.00	5625	10575
	55	1.25	20681	41360
		1.60	16157	32313
		2.00	12925	25850
		2.50	10340	20680
		3.15	8206	16413
		4.00	6875	12925

注：1. 表中“滚筒规格 B、D”一栏，表示带宽、直径，单位均为 cm。

2. 选用电动滚筒时，请尽量考虑表中的输出转矩及最大张力。

表 17.2-18　电动滚筒的安装尺寸　　（mm）

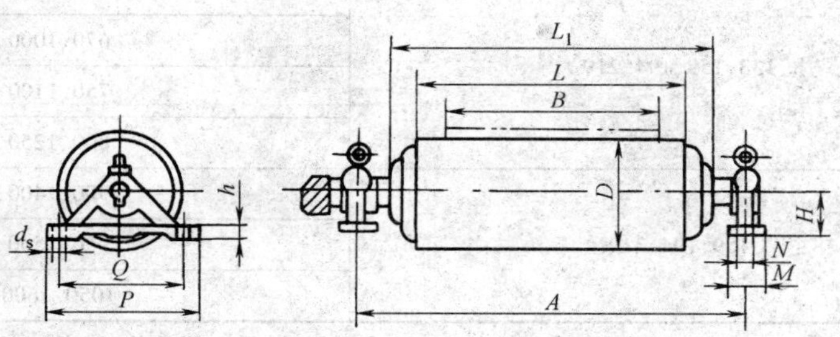

（续）

D	B	A	L	H	M	N	P	Q	h	L_1	d_s
500	500	850	620	100	70	—	340	280	35	748	$\phi27$
	650	1000	750	120	90	—	340	280	35	900	$\phi27$
	800	1300	950	120	90	—	340	280	35	1100	$\phi27$
630	650	1000	750	120	90	—	340	280	35	868	$\phi27$
	800	1300	950	140	130	80	400	330	35	1068	$\phi27$
	1000	1500	1150	140	130	80	400	330	35	1268	$\phi27$
	1200	1750	1400	160	160	90	440	360	50	1514	$\phi34$
	1400	2000	1600	160	160	90	440	360	50	1720	$\phi34$
800	800	1300	950	140	130	80	400	330	35	1068	$\phi27$
	1000	1500	1150	140	145	80	400	330	35	1268	$\phi27$
	1200	1750	1400	160	160	90	440	360	50	1514	$\phi34$
	1400	2000	1600	160	160	90	440	360	50	1720	$\phi34$
1000	1000	1500	1150	140	145	80	400	330	35	1268	$\phi27$
	1200	1750	1400	160	160	90	440	360	50	1514	$\phi34$
	1400	2000	1600	160	160	90	440	360	50	1720	$\phi34$

1.3 托辊

1.3.1 托辊的基本参数

（1）公称直径（见表 17.2-19）

表 17.2-19 输送机托辊的公称直径

（摘自 GB/T 10595—2009） （mm）

托辊公称直径	63.5、76、89、108、133、159、194、219

（2）基本参数和尺寸（见表 17.2-20）

表 17.2-20 输送机托辊辊子的基本参数和尺寸（摘自 GB/T 10595—2009） （mm）

带宽 B	辊子直径 d	辊子长度 l
300	63.5、76、89	160、380
400		160、250、500
500		200、315、600
650	76、89、108	250、380、750
800	89、108、133、159	315、465、950
1000	108、133、159、194	380、600、1150
1200		465、700、1400
1400		530、800、1600
1600	133、159、194、219	600、900、1800
1800		670、1000、2000
2000		750、1100、2200
2200		800、1250、2500
2400	159、194、219	900、1400、2800
2600		950、1500、3000
2800		1050、1600、3200

（3）托辊间距

承载分支托辊间距见表 17.2-21，回程分支托辊间距一般为 2.4~3m。

（4）头部滚筒中心线至第一组槽形托辊最小距离 A（见图 17.2-1 及表 17.2-22）

表 17.2-21　承载分支托辊间距

松散密度 ρ/kg·m^{-3}	带宽 B/mm		
	500、650	800、1000	1200、1400
	托辊间距 l_1/mm		
≤1600 >1600	1200 1000	1200 1000	1200 1000

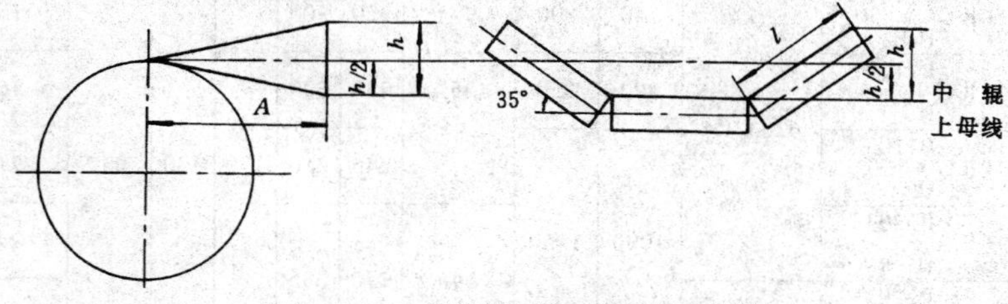

图 17.2-1　头部滚筒与第一组托辊示意图

表 17.2-22　最小距离 A

额定张力(%)	各种帆布输送带	钢绳芯输送带
>90	1.6B	3.4B
60~90	1.3B	2.6B
<60	1.0B	1.8B

注：B 为带宽。

1.3.2　托辊种类、技术规格及尺寸（见表 17.2-23～表 17.2-29）

表 17.2-23　托辊种类

承载托辊	槽形托辊		槽形前倾托辊	过渡托辊			缓冲托辊		调心托辊		平行托辊	
							固定式		摩擦上调心辊	锥形上调心辊	摩擦上平调心辊	平行上托辊
	35°	45°	35°	10°	20°	30°	35°	45°				
代码	01	02	03	04	05	06	07	08	11	12	13	14

回程托辊	平行下托辊		平行梳形托辊		V形托辊	V形前倾托辊	V形梳形托辊	摩擦下调心辊	反V形托辊	锥形下调心辊	螺旋托辊	
	一节	二节	一节	二节	10°	10°	10°	二节		10°	一节	二节
代码	21	—	23	—	25	26	27	28	29	30	31	—

表 17.2-24　槽形托辊及缓冲托辊（35°）的技术规格及尺寸　（mm）

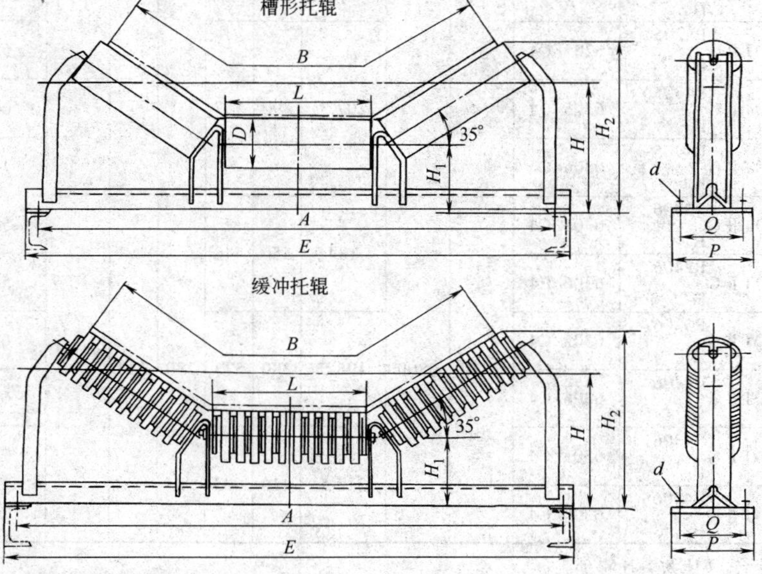

说明：与中间架连接的紧固件包括在本装配图内

（续）

带宽 B	辊子 D	辊子 L	辊子 图号	辊子 轴承	A	E	H_1	H	H_2	P	Q	d	槽形托辊质量/kg	橡胶圈式缓冲托辊质量/kg
500		200	DTⅡG $^{P}_{H}$1101		740	800		220	300				15.3	17.5
650	89	250	DTⅡG $^{P}_{H}$1102		890	950	135.5	235	329				16.6	21.0
			DTⅡG $^{P}_{H}$1103	6204/C4				245	366	170	130	M12	21.5	27.7
800		315	DTⅡG $^{P}_{H}$2203		1090	1150							24.3	
			DTⅡG $^{P}_{H}$2203				146	270	385				26.2	35.3
	108		DTⅡG $^{P}_{H}$2204	6205/C4									37.6	
			DTⅡG $^{P}_{H}$2304	6305/C4			159	300	437				38.7	49.4
1000		380	DTⅡG $^{P}_{H}$3204	6205/C4	1290	1350				220	170	M16	43.5	
	133		DTⅡG $^{P}_{H}$3304	6305/C4			173.5	325	462				45	61.1
			DTⅡG $^{P}_{H}$2205	6205/C4									50.1	
	108		DTⅡG $^{P}_{H}$2305	6305/C4			176	335	503				51.2	66.4
			DTⅡG $^{P}_{H}$2405	6306/C4									55.1	
			DTⅡG $^{P}_{H}$3205	6205/C4									57.5	
1200	133	465	DTⅡG $^{P}_{H}$3305	6305/C4	1540	1600	190.5	360	528	260	200	M16	58.6	77.1
			DTⅡG $^{P}_{H}$3405	6306/C4									63.8	
			DTⅡG $^{P}_{H}$4205	6205/C4									65.1	88.5
	159		DTⅡG $^{P}_{H}$4305	6305/C4			207.5	390	557				66.4	
			DTⅡG $^{P}_{H}$4405	6306/C4									71.6	99.6
	108		DTⅡG $^{P}_{H}$2306	6305/C4			184	350	548				56.6	76.1
			DTⅡG $^{P}_{H}$2406	6306/C4									58.8	
			DTⅡG $^{P}_{H}$3306	6305/C4									64.9	
1400	133	530	DTⅡG $^{P}_{H}$3406	6306/C4	1740	1800	198.5	380	573	280	220	M16	68.3	96.2
			DTⅡG $^{P}_{H}$4306	6305/C4									74.8	107.8
	159		DTⅡG $^{P}_{H}$4406	6306/C4			215.5	410	603				78.9	111.1

注：GP 为普通辊子；GH 为缓冲辊子。

表 17.2-25　槽形前倾托辊（35°）的技术规格及尺寸　（mm）

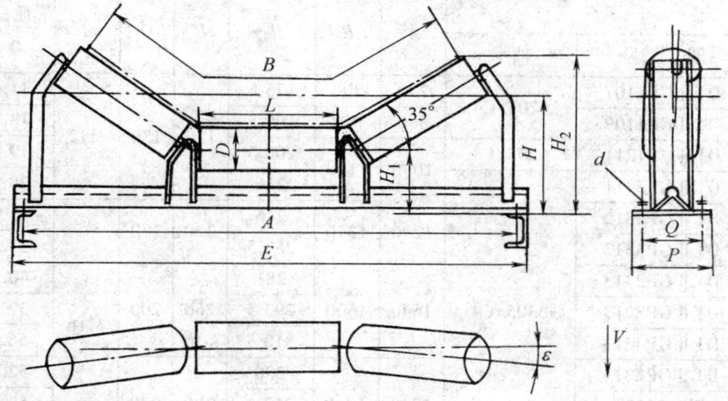

说明：与中间架连接的紧固件包括在本装配图内

带宽 B	辊子 D	辊子 L	辊子 图号	辊子 轴承	A	E	H_1	H	H_2	ε	P	Q	d	质量/kg	图号
500	89	200	DT Ⅱ GP1101	6204/C4	740	800	135.5	220	300	1°30′	170	130	M12	15.3	DT Ⅱ 01C0311
650	89	250	DT Ⅱ GP1102	6204/C4	890	950	135.5	235	329	1°26′				16.6	DT Ⅱ 02C0311
800	89	315	DT Ⅱ GP1103	6204/C4	1090	1150	135.5	245	366	1°20′				21.5	DT Ⅱ 03C0311
	108		DT Ⅱ GP2103	6204/C4			146	270	385					24.3	DT Ⅱ 03C0321
			DT Ⅱ GP2203	6205/C4										26.1	DT Ⅱ 03C0322
1000	108	380	DT Ⅱ GP2204	6205/C4	1290	1350	159	300	437	1°23′	220	170	M16	37.6	DT Ⅱ 04C0322
			DT Ⅱ GP2304	6305/C4										38.7	DT Ⅱ 04C0323
	133		DT Ⅱ GP3204	6205/C4			173.5	325	462					43.9	DT Ⅱ 04C0332
			DT Ⅱ GP3304	6305/C4										45.0	DT Ⅱ 04C0333
1200	108	465	DT Ⅱ GP2205	6205/C4	1540	1600	176	335	503	1°23′	260	200	M16	50.1	DT Ⅱ 05C0322
			DT Ⅱ GP2305	6305/C4										51.2	DT Ⅱ 05C0323
			DT Ⅱ GP2405	6306/C4										55.1	DT Ⅱ 05C0324
	133		DT Ⅱ GP3205	6205/C4			190.5	360	528					57.5	DT Ⅱ 05C0332
			DT Ⅱ GP3305	6305/C4										58.6	DT Ⅱ 05C0333
			DT Ⅱ GP3405	6306/C4										63.8	DT Ⅱ 05C0334
	159		DT Ⅱ GP4205	6205/C4			207.5	390	557	1°22′				65.1	DT Ⅱ 05C0342
			DT Ⅱ GP4305	6305/C4										66.4	DT Ⅱ 05C0343
			DT Ⅱ GP4405	6306/C4										71.6	DT Ⅱ 05C0344
1400	108	530	DT Ⅱ GP2306	6305/C4	1740	1800	184	350	548	1°25′	280	220	M16	56.5	DT Ⅱ 06C0233
			DT Ⅱ GP2406	6306/C4										67.7	DT Ⅱ 06C0324
	133		DT Ⅱ GP3306	6305/C4			198.5	380	573					73.9	DT Ⅱ 06C0333
			DT Ⅱ GP3406	6306/C4										78.3	DT Ⅱ 06C0334
	159		DT Ⅱ GP4306	6305/C4			215.5	410	603					74.8	DT Ⅱ 06C0343
			DT Ⅱ GP4406	6306/C4										86.9	DT Ⅱ 06C0344

表 17.2-26　平行上托辊的技术规格及尺寸　（mm）

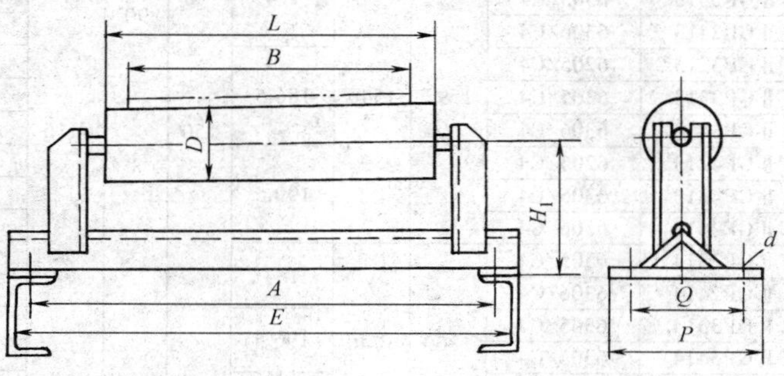

说明：与中间架连接的紧固件包括在本装配图内

（续）

带宽 B	辊子 D	辊子 L	辊子 图号	辊子 轴承	A	E	H_1	P	Q	d	质量 /kg	图号
500	89	600	DTⅡGP1107	6204/C4	740	800	175.5	170	130	M12	11.6	DTⅡ01C1411
650		750	DTⅡGP1109		890	950	190.5				13.7	DTⅡ02C1411
800	89	950	DTⅡGP1211	6205/C4	1090	1150	200.5				19.0	DTⅡ03C1412
	108		DTⅡGP2311	6305/C4			216				20.9	DTⅡ03C1423
1000		1150	DTⅡGP2312		1290	1350	246	220	170		31.9	DTⅡ04C1423
	133		DTⅡGP3312				258.5				37.2	DTⅡ04C1433
1200	108	1400	DTⅡGP2313		1540	1600	281	260	200	M16	40.9	DTⅡ05C1423
	133		DTⅡGP3313				293.5				52.1	DTⅡ05C1433
	159		DTⅡGP4313				310.5				56.7	DTⅡ05C1443
1400	108	1600	DTⅡGP2314		1740	1800	296	280	220		52.7	DTⅡ06C1423
	133		DTⅡGP3314				313.5				59.6	DTⅡ06C1433
	159		DTⅡGP4314				330.5				63.1	DTⅡ06C1443

表 17.2-27　平行下托辊的技术规格及尺寸　　（mm）

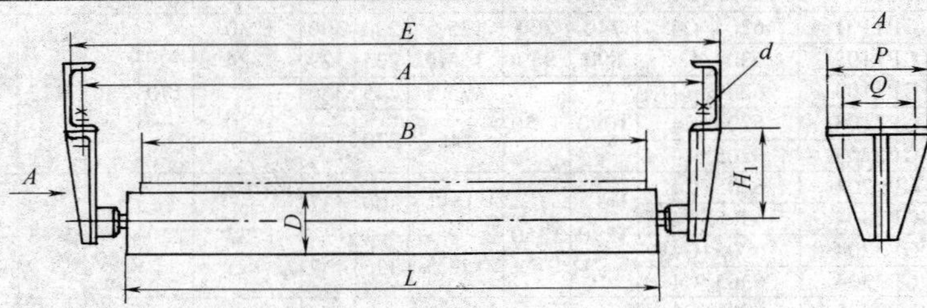

说明：与中间架连接的紧固件包括在本装配图内

带宽 B	辊子 D	辊子 L	辊子 图号	辊子 轴承	E	A	H_1	P	Q	d	质量 /kg	图号
500	89	600	DTⅡGP1107	6204/C4	792	740	100	145	90	M12	10.4	DTⅡ01C2111
650		750	DTⅡGP1109		942	890					11.8	DTⅡ02C2111
800		950	DTⅡGP1111		1142	1090	144.5				14.3	DTⅡ03C2111
			DTⅡGP1211	6205/C4							15.8	DTⅡ03C2112
	108		DTⅡGP2111	6204/C4			154				16.0	DTⅡ03C2121
			DTⅡGP2211	6205/C4							17.4	DTⅡ03C2122
			DTⅡGP2311	6305/C4							17.8	DTⅡ03C2123
1000		1150	DTⅡGP2212	6205/C4	1342	1290	164				19.2	DTⅡ04C2122
			DTⅡGP2312	6305/C4							20.8	DTⅡ04C2123
	133		DTⅡGP3212	6205/C4			176.5				25.7	DTⅡ04C2132
			DTⅡGP3312	6305/C4							26.1	DTⅡ04C2133
1200	108	1400	DTⅡGP2213	6205/C4	1592	1540	174	150		M16	20.7	DTⅡ05C2122
			DTⅡGP2313	6305/C4							23.6	DTⅡ05C2123
			DTⅡGP2413	6306/C4							26.6	DTⅡ05C2124
	133		DTⅡGP3213	6205/C4			186.5				30.0	DTⅡ05C2132
			DTⅡGP3313	6305/C4							30.3	DTⅡ05C2133
			DTⅡGP3413	6306/C4							32.1	DTⅡ05C2134
	159		DTⅡGP4213	6205/C4			199.5				36.6	DTⅡ05C2142
			DTⅡGP4313	6305/C4							37.0	DTⅡ05C2143
			DTⅡGP4413	6306/C4							40.5	DTⅡ05C2144
1400	108	1600	DTⅡGP2314	6305/C4	1800	1740	184				19.8	DTⅡ06C2123
			DTⅡGP2414	6306/C4							29.6	DTⅡ06C2124
	133		DTⅡGP3314	6305/C4			196.5				33.9	DTⅡ06C2133
			DTⅡGP3414	6306/C4							36.8	DTⅡ06C2134
	159		DTⅡGP4314	6305/C4			209.5				41.5	DTⅡ06C2143
			DTⅡGP4414	6306/C4							45.2	DTⅡ06C2144

表 17.2-28　普通辊子的技术规格及尺寸　　(mm)

<table>
<tr><th>D</th><th>d</th><th>轴承型号</th><th>L</th><th>b</th><th>h</th><th>f</th><th>旋转部分质量/kg</th><th>图　　号</th><th>质量/kg</th></tr>
<tr><td rowspan="8">89</td><td rowspan="7">20</td><td rowspan="7">6204/C4</td><td>200</td><td rowspan="7">14</td><td rowspan="7">6</td><td rowspan="7">14</td><td>2.08</td><td>DTⅡGP1101</td><td>2.79</td></tr>
<tr><td>250</td><td>2.15</td><td>DTⅡGP1102</td><td>2.98</td></tr>
<tr><td>315</td><td>2.58</td><td>DTⅡGP1103</td><td>3.58</td></tr>
<tr><td>465</td><td>3.87</td><td>DTⅡGP1105</td><td>5.24</td></tr>
<tr><td>600</td><td>4.78</td><td>DTⅡGP1107</td><td>6.48</td></tr>
<tr><td>750</td><td>5.79</td><td>DTⅡGP1109</td><td>7.87</td></tr>
<tr><td rowspan="2">950</td><td>7.15</td><td>DTⅡGP1111</td><td>9.72</td></tr>
<tr><td>25</td><td>6205/C4</td><td>18</td><td>8</td><td>17</td><td>7.23</td><td>DTⅡGP1211</td><td>11.21</td></tr>
<tr><td rowspan="26">108</td><td rowspan="3">20</td><td rowspan="3">6204/C4</td><td>315</td><td rowspan="3">14</td><td rowspan="3">6</td><td rowspan="3">14</td><td>3.46</td><td>DTⅡGP2103</td><td>4.46</td></tr>
<tr><td>465</td><td>4.7</td><td>DTⅡGP2105</td><td>6.07</td></tr>
<tr><td>950</td><td>8.71</td><td>DTⅡGP2111</td><td>11.27</td></tr>
<tr><td rowspan="18">25</td><td rowspan="8">6205/C4</td><td>315</td><td rowspan="18">18</td><td rowspan="23">8</td><td rowspan="23">17</td><td>3.53</td><td>DTⅡGP2203</td><td>5.07</td></tr>
<tr><td>380</td><td>4.07</td><td>DTⅡGP2204</td><td>5.86</td></tr>
<tr><td>465</td><td>4.77</td><td>DTⅡGP2205</td><td>6.89</td></tr>
<tr><td>600</td><td>5.89</td><td>DTⅡGP2207</td><td>8.53</td></tr>
<tr><td>700</td><td>6.72</td><td>DTⅡGP2208</td><td>9.74</td></tr>
<tr><td>950</td><td>8.4</td><td>DTⅡGP2211</td><td>12.77</td></tr>
<tr><td>1150</td><td>8.74</td><td>DTⅡGP2212</td><td>13.99</td></tr>
<tr><td>1400</td><td>10.03</td><td>DTⅡGP2213</td><td>15.62</td></tr>
<tr><td rowspan="10">6305/C4</td><td>380</td><td>4.19</td><td>DTⅡGP2304</td><td>6.23</td></tr>
<tr><td>465</td><td>4.89</td><td>DTⅡGP2305</td><td>7.26</td></tr>
<tr><td>530</td><td>5.43</td><td>DTⅡGP2306</td><td>8.05</td></tr>
<tr><td>600</td><td>6.01</td><td>DTⅡGP2307</td><td>8.9</td></tr>
<tr><td>700</td><td>6.84</td><td>DTⅡGP2308</td><td>10.11</td></tr>
<tr><td>800</td><td>7.67</td><td>DTⅡGP2310</td><td>11.32</td></tr>
<tr><td>950</td><td>8.91</td><td>DTⅡGP2311</td><td>13.14</td></tr>
<tr><td>1150</td><td>10.56</td><td>DTⅡGP2312</td><td>15.57</td></tr>
<tr><td>1400</td><td>12.76</td><td>DTⅡGP2313</td><td>18.47</td></tr>
<tr><td>1600</td><td>14.42</td><td>DTⅡGP2314</td><td>21.02</td></tr>
<tr><td rowspan="5">30</td><td rowspan="5">6306/C4</td><td>465</td><td rowspan="5">22</td><td>5.35</td><td>DTⅡGP2405</td><td>8.57</td></tr>
<tr><td>530</td><td>5.89</td><td>DTⅡGP2406</td><td>9.47</td></tr>
<tr><td>800</td><td>8.12</td><td>DTⅡGP2410</td><td>13.2</td></tr>
<tr><td>1400</td><td>13.08</td><td>DTⅡGP2413</td><td>21.49</td></tr>
<tr><td>1600</td><td>14.73</td><td>DTⅡGP2414</td><td>24.26</td></tr>
</table>

（续）

D	d	轴承型号	L	b	h	f	旋转部分质量/kg	图　　号	质量/kg
133	25	6205/C4	340	18	8	17	6.04	DTⅡGP3204	7.84
133	25	6205/C4	465	18	8	17	7.12	DTⅡGP3205	9.24
133	25	6205/C4	600	18	8	17	8.84	DTⅡGP3207	11.48
133	25	6205/C4	700	18	8	17	10.11	DTⅡGP3208	13.14
133	25	6205/C4	1150	18	8	17	15.80	DTⅡGP3212	20.60
133	25	6205/C4	1400	18	8	17	18.98	DTⅡGP3213	24.61
133	25	6305/C4	380	18	8	17	6.3	DTⅡGP3304	8.21
133	25	6305/C4	465	18	8	17	7.38	DTⅡGP3305	9.62
133	25	6305/C4	530	18	8	17	8.21	DTⅡGP3306	10.7
133	25	6305/C4	600	18	8	17	9.1	DTⅡGP3307	11.86
133	25	6305/C4	700	18	8	17	10.37	DTⅡGP3308	13.51
133	25	6305/C4	800	18	8	17	11.64	DTⅡGP3310	15.17
133	25	6305/C4	1150	18	8	17	16.09	DTⅡGP3312	20.97
133	25	6305/C4	1400	18	8	17	19.28	DTⅡGP3313	24.99
133	25	6305/C4	1600	18	8	17	21.83	DTⅡGP3314	28.44
133	30	6306/C4	465	22	8	17	8.13	DTⅡGP3405	11.34
133	30	6306/C4	530	22	8	17	8.96	DTⅡGP3406	12.54
133	30	6306/C4	800	22	8	17	12.4	DTⅡGP3410	17.48
133	30	6306/C4	1400	22	8	17	18.35	DTⅡGP3413	26.75
133	30	6306/C4	1600	22	8	17	20.9	DTⅡGP3414	31.38
159	25	6205/C4	465	18	8	17	9.46	DTⅡGP4205	11.58
159	25	6205/C4	700	18	8	17	13.45	DTⅡGP4208	16.52
159	25	6205/C4	1400	18	8	17	25.46	DTⅡGP4213	31.09
159	25	6305/C4	465	18	8	17	9.64	DTⅡGP4305	12.02
159	25	6305/C4	530	18	8	17	10.68	DTⅡGP4306	13.84
159	25	6305/C4	700	18	8	17	13.6	DTⅡGP4308	16.95
159	25	6305/C4	800	18	8	17	15.32	DTⅡGP4310	19.06
159	25	6305/C4	1400	18	8	17	25.82	DTⅡGP4313	31.52
159	25	6305/C4	1600	18	8	17	29.25	DTⅡGP4314	35.85
159	30	6306/C4	465	22	8	17	10.53	DTⅡGP4405	13.76
159	30	6306/C4	530	22	8	17	11.64	DTⅡGP4406	15.23
159	30	6306/C4	800	22	8	17	16.27	DTⅡGP4410	21.36
159	30	6306/C4	1400	22	8	17	26.56	DTⅡGP4413	34.98
159	30	6306/C4	1600	22	8	17	29.99	DTⅡGP4414	39.51

表 17.2-29　缓冲辊子的技术规格及尺寸　（mm）

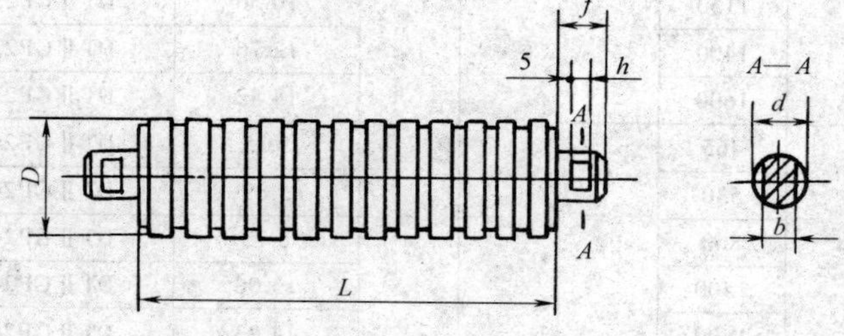

（续）

D	d	轴承代号	L	b	h	f	旋转部分质量/kg	图　号	质量/kg
89	20	6204/C4	200	14	6	14	2.82	DT Ⅱ GH1101	3.53
89	20	6204/C4	250	14	6	14	3.61	DT Ⅱ GH1102	4.45
108	20	6204/C4	315	14	6	14	4.64	DT Ⅱ GH1103	5.64
108	20	6204/C4	315	14	6	14	5.71	DT Ⅱ GH2103	6.75
108	25	6205/C4	315	18	8	17	6.57	DT Ⅱ GH2203	8.11
108	25	6305/C4	380	18	8	17	7.9	DT Ⅱ GH2304	9.81
108	25	6305/C4	465	18	8	17	9.5	DT Ⅱ GH2305	12.33
108	25	6305/C4	530	18	8	17	11.43	DT Ⅱ GH2306	14.62
133	30	6306/C4	380	22	8	17	10.82	DT Ⅱ GH3404	13.59
133	30	6306/C4	465	22	8	17	11.72	DT Ⅱ GH3405	15.77
133	30	6306/C4	530	22	8	17	14.08	DT Ⅱ GH3406	18.49
159	30	6306/C4	465	22	8	17	15.34	DT Ⅱ GH4405	19.39
159	30	6306/C4	530	22	8	17	17.76	DT Ⅱ GH4406	22.17
159	40	6308/C4	465	32	8	17	17.41	DT Ⅱ GH4605	23.15
159	40	6308/C4	530	32	8	17	20	DT Ⅱ GH4606	26.39

1.4　拉紧装置

螺旋拉紧装置见表 17.2-30；车式重锤拉紧装置见表 17.2-31；垂直重锤拉紧装置见表 17.2-32。

表 17.2-30　螺旋拉紧装置　（mm）

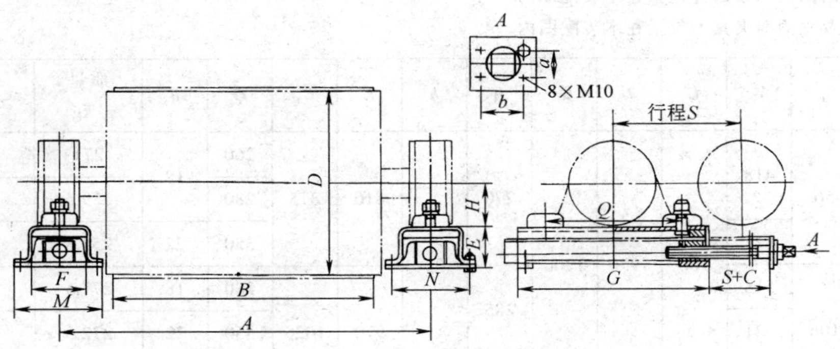

说明：1. 每种带宽有三种行程，即 S＝500mm、800mm、1000mm，订货时应注明

2. 该拉紧装置不包括改向滚筒

3. 改向滚筒的紧固件包括在本装配图内

带宽 B	D	A	H	E	F	M	N	Q	G	a	b	C	质量/kg S300	质量/kg S800	质量/kg S1000	图　号
500	400	850	90	85	100	182	150	260	390	28	45	180	31.9	33.4	34.3	DT Ⅱ 01D1
650	400	1000	120	85	100	182	150	350	480	28	45	180	35.0	37.9	39.8	DT Ⅱ 02D1
800	400	1300	135	95	120	202	170	380	516	32	50	180	48.1	54.0	56.1	DT Ⅱ 03D1
1000	500	1500	155	102	140	228	196	440	576	32	50	180	61.8	66.8	69.8	DT Ⅱ 04D1
1200	500	1750	155	145	174	264	232	440	576	55	55	190	84.7	91.8	96.6	DT Ⅱ 05D1
1400	630	1950	155	145	174	264	232	440	576	55	55	190	84.7	91.8	96.6	DT Ⅱ 05D1

表 17.2-31　车式重锤拉紧装置

（mm）

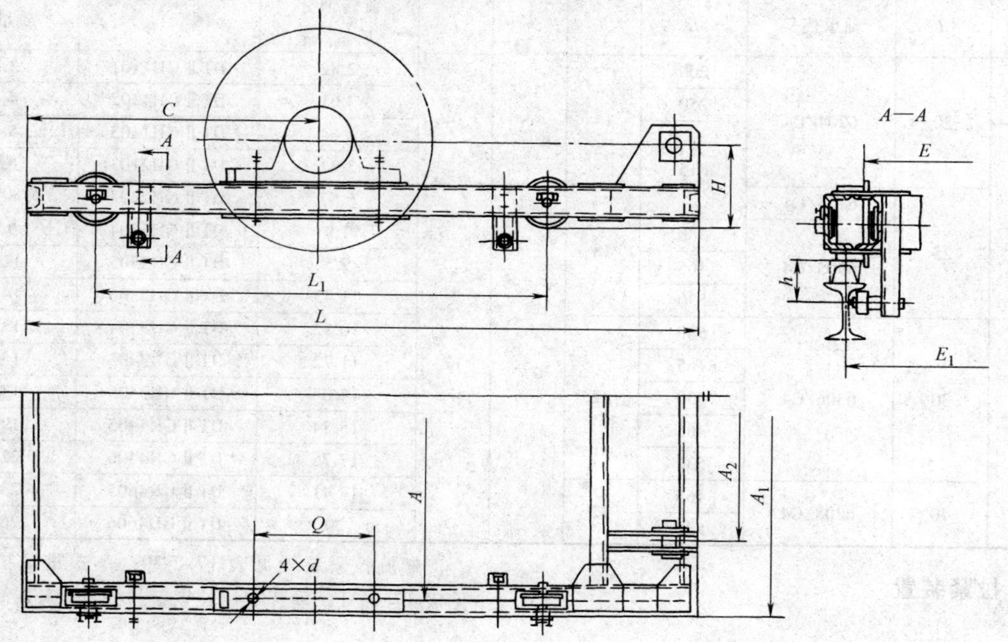

说明：1. 改向滚筒不包括在本装配图内

2. 固定改向滚筒的紧固件包括在本装配图内

3. 钢丝绳及紧固绳夹具不包括在本装配图内

<table>
<tr><th>带宽 B</th><th>A</th><th>A_1</th><th>A_2</th><th>C</th><th>L</th><th>L_1</th><th>H</th><th>h</th><th>E</th><th>E_1</th><th>Q</th><th>d</th><th>质量 /kg</th><th>图　号</th></tr>
<tr><td rowspan="3">500</td><td rowspan="3">850</td><td rowspan="3">956</td><td rowspan="2">418</td><td rowspan="6">900</td><td rowspan="6">1950</td><td rowspan="6">1200</td><td rowspan="3">270</td><td rowspan="6">93</td><td rowspan="3">810</td><td rowspan="3">875</td><td>260</td><td rowspan="2">18</td><td>271</td><td>DTⅡ01D305</td></tr>
<tr><td>280</td><td>259.5</td><td>DTⅡ01D306</td></tr>
<tr><td>421</td><td>350</td><td>22</td><td>258.8</td><td>DTⅡ01D308</td></tr>
<tr><td rowspan="3">650</td><td rowspan="3">1000</td><td rowspan="3">1106</td><td>518</td><td rowspan="2">285</td><td rowspan="3">970</td><td rowspan="3">1025</td><td>280</td><td>18</td><td>277.5</td><td>DTⅡ02D306</td></tr>
<tr><td>521</td><td>350</td><td>22</td><td>272.3</td><td>DTⅡ02D308</td></tr>
<tr><td>528</td><td>295</td><td rowspan="2">380</td><td rowspan="5">26</td><td>272.3</td><td>DTⅡ02D310</td></tr>
<tr><td rowspan="2">800</td><td rowspan="2">1300</td><td rowspan="2">1420</td><td>628</td><td rowspan="5">950</td><td rowspan="5">2100</td><td rowspan="5">1300</td><td rowspan="4">335</td><td rowspan="10">95</td><td rowspan="2">1260</td><td rowspan="2">1325</td><td>372.8</td><td>DTⅡ03D310</td></tr>
<tr><td>632</td><td>440</td><td>368.2</td><td>DTⅡ03D312</td></tr>
<tr><td rowspan="3">1000</td><td rowspan="3">1500</td><td rowspan="3">1620</td><td>828</td><td rowspan="3">1470</td><td rowspan="3">1525</td><td>380</td><td>395</td><td>DTⅡ04D310</td></tr>
<tr><td rowspan="2">832</td><td>440</td><td>387.9</td><td>DTⅡ04D312</td></tr>
<tr><td>352</td><td>480</td><td>33</td><td>410.6</td><td>DTⅡ04D314</td></tr>
<tr><td rowspan="3">1200</td><td rowspan="3">1750</td><td rowspan="3">1880</td><td>928</td><td rowspan="5">1100</td><td rowspan="5">2400</td><td rowspan="5">1400</td><td rowspan="2">355</td><td rowspan="3">1710</td><td rowspan="3">1775</td><td>380</td><td rowspan="2">26</td><td>506.4</td><td>DTⅡ05D310</td></tr>
<tr><td rowspan="2">932</td><td>440</td><td>517.1</td><td>DTⅡ05D312</td></tr>
<tr><td>372</td><td>480</td><td>33</td><td>524.7</td><td>DTⅡ05D314</td></tr>
<tr><td rowspan="2">1400</td><td>1950</td><td>2120</td><td rowspan="2">1032</td><td rowspan="2">381</td><td rowspan="2">1960</td><td rowspan="2">2025</td><td>440</td><td>26</td><td>591.3</td><td>DTⅡ06D312</td></tr>
<tr><td>2050</td><td>2220</td><td>480</td><td>33</td><td>605.3</td><td>DTⅡ06D314</td></tr>
</table>

表 17.2-32　垂直重锤拉紧装置　　（mm）

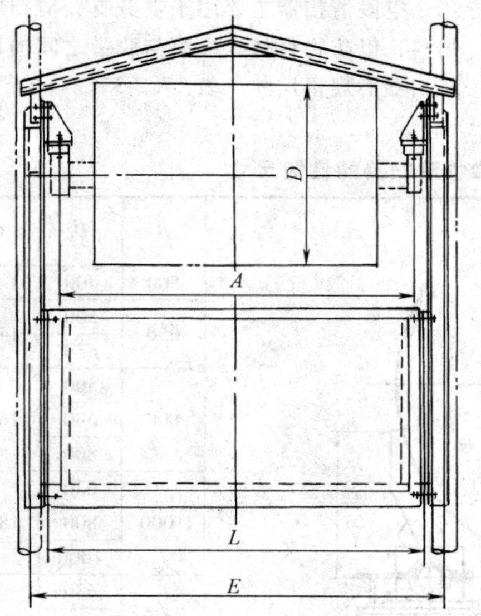

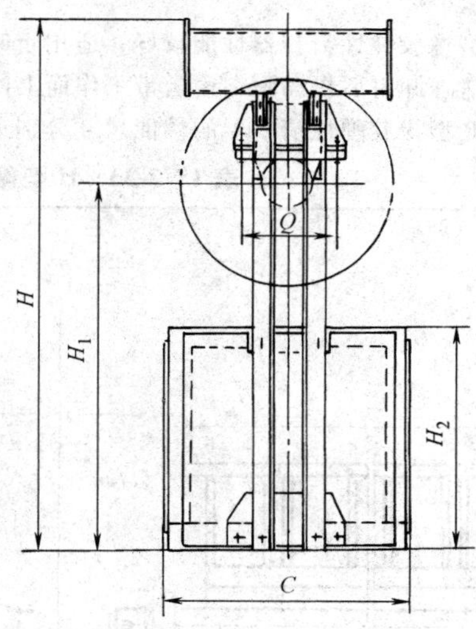

说明：1. 本装配图不包括改向滚筒

2. 固定改向滚筒的紧固件包括在本装配图内

3. 箱内重锤块的数量应根据实际拉紧力确定

带宽 B	D	A	C	L	E	H	H_1	H_2	Q	最大拉紧力 /kN	质量 /kg	图　号
500	400	850	500	956	1100	1606	1110	670	260	8	237.7	DT Ⅱ 01D2053
			700			1746	1240	770	280	16	304	DT Ⅱ 01D2063
	500										311.8	DT Ⅱ 01D2064
			800			1866	1340	900	350	25	351.3	DT Ⅱ 01D2084
650	400	1000	700	1136	1280	1770	1240	770	280	16	342.2	DT Ⅱ 02D2063
			800			1890	1340	900	350	25	401	DT Ⅱ 02D2083
	500										402	DT Ⅱ 02D2084
	400		900			2050	1465	960	380	40	472	DT Ⅱ 02D2103
	500										473.2	DT Ⅱ 02D2104
	630					2150	1565				483.3	DT Ⅱ 02D2105
800	400	1250	600	1436	1580	1790	1180	770	350	16	365.5	DT Ⅱ 03D2083
		1300	700			1990	1365	870	380	25	452.3	DT Ⅱ 03D2103
	500										458.6	DT Ⅱ 03D2104
			800			2290	1645	1070	440	40	552.3	DT Ⅱ 03D2124
	630										554.8	DT Ⅱ 03D2125
1000	400	1500	700	1636	1810	2017	1365	940	380	25	498.2	DT Ⅱ 04D2103
	500										505.3	DT Ⅱ 04D2104
	630					2217	1565				522.7	DT Ⅱ 04D2105
	500		800			2317	1645	1070	440	40	610.4	DT Ⅱ 04D2124
	630									50	619	DT Ⅱ 04D2125
	800										630	DT Ⅱ 04D2126
1200	500	1750	600	1882	2060	2000	1315	840	380	25	514.5	DT Ⅱ 05D2104
	630										524	DT Ⅱ 05D2105
	500		900			2350	1645	1070	440	40	689	DT Ⅱ 05D2124
	630									50	707.4	DT Ⅱ 05D2125
	800										720	DT Ⅱ 05D2126
1400	500	1950	500	2192	2370	2012	1245	770	380	25	529.3	DT Ⅱ 06D2104
			700			2092	1365	800	440	40	619.7	DT Ⅱ 06D2124
	630					2262	1495	900		50	672	DT Ⅱ 06D2125
	800										686.6	DT Ⅱ 06D2126
	630	2050	900			2412	1630	1000	480	63	762.6	DT Ⅱ 06D2145
	800										777	DT Ⅱ 06D2146

1.5　清扫器

H 型和 P 型橡胶弹性清扫器性能较好，适用于卸料滚筒，用以清理卸料后仍黏附在输送带工作面上的物料。H 型和 P 型橡胶弹性清扫器的性能尺寸分别见表 17.2-33 和表 17.2-34。

空段清扫器主要用于下分支，清扫尾部滚筒前的物料，以防物料挤入滚筒与胶带之间损坏胶带。空段清扫器的规格尺寸见表 17.2-35。

表 17.2-33　H 型橡胶弹性清扫器的性能尺寸　　(mm)

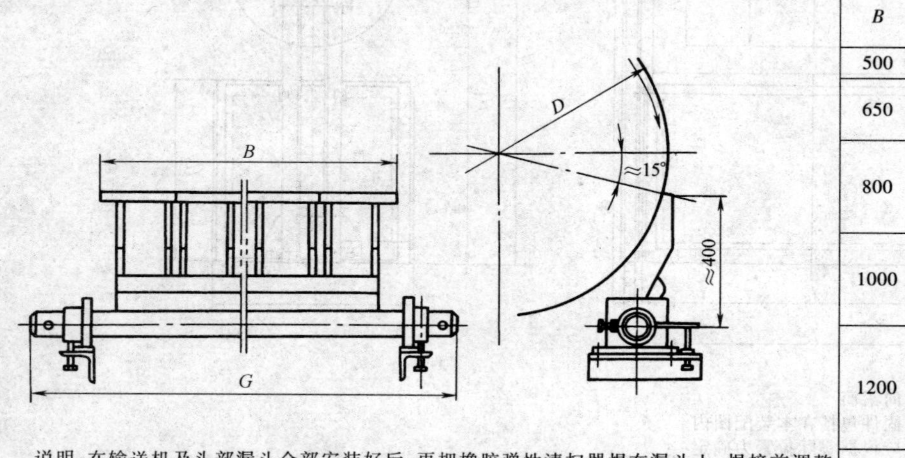

B	D	G	质量/kg
500	500	1200	—
650	500 630	1400	31.5
800	500 630 800	1600	36
1000	630 800 1000	1800	39
1200	630 800 1000 1250	2000	43
1400	800 1000 1250 1400	2200	47

说明：在输送机及头部漏斗全部安装好后，再把橡胶弹性清扫器焊在漏斗上，焊接前调整好使清扫器刮刃与胶带接合平直

表 17.2-34　P 型橡胶弹性清扫器的性能尺寸　　(mm)

B	D	G	H	质量/kg
500	500	1150	720	32.6
650	500 630	1300	870	46.3
800	500	1500	1100	51.5
	630 800		1170	
1000	630 800 1000	1700	1280	56.6
1200	630 800 1000 1250	1900	1538	61.86
1400	800 1000 1250 1400	2100	1798	67.19

说明：在输送机的输送带及头部漏斗全部安装好后，橡胶弹性清扫器焊在头架上，焊接前调整好使清扫器刮刃与胶带的水平面成 70°角。H 值可根据与其相连部件的尺寸调整

表 17.2-35　空段清扫器的规格尺寸　(mm)

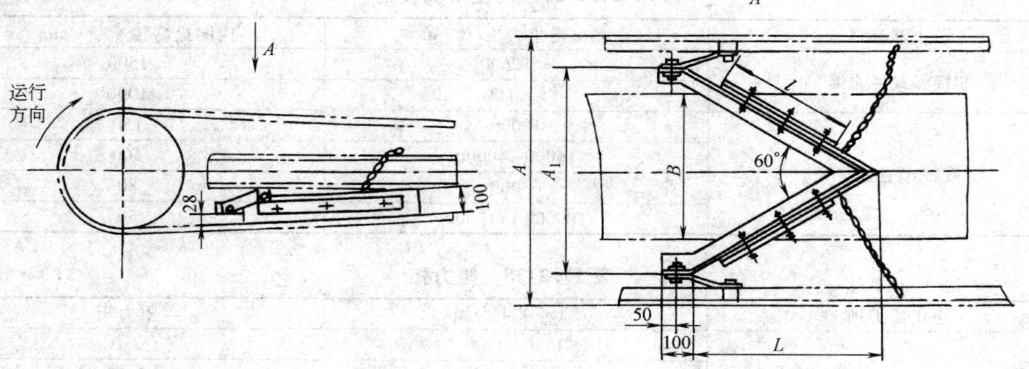

说明：刮板的厚度均为 10mm

B	A	A_1	L	l	质量/kg	图　号
500	800	620	537	430	15.2	DTⅡ01E2
650	950	770	667	580	17.9	DTⅡ02E2
800	1150	970	840	770	22.3	DTⅡ03E2
1000	1350	1170	1013	980	24.0	DTⅡ04E2
1200	1600	1420	1230	1220	27.8	DTⅡ05E2
1400	1810	1630	1412	1430	30.9	DTⅡ06E2

1.6 逆止器（摘自 JB/T 9015—2011）

逆止器是为了防止倾斜带式输送机有载停车时发生倒转或顺滑现象，经对制动力矩的核算，视具体情况增设的逆止或制动装置。

1.6.1 形式

按逆止器内圈旋转时楔块与外圈的接触形式分为非接触式逆止器和接触式逆止器两种形式。

（1）非接触式逆止器标记方法

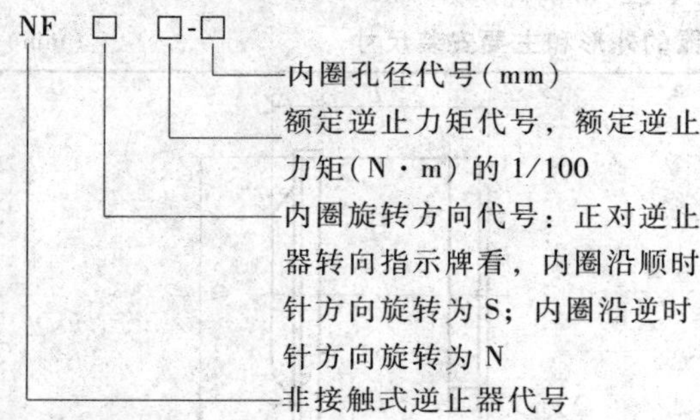

标记示例：

额定逆止力矩为 2500N·m，内圈孔径为 65mm，内圈沿顺时针方向旋转的非接触式逆止器，其标记为：逆止器　NFS25-65　JB/T 9015—2011

（2）接触式逆止器标记方法

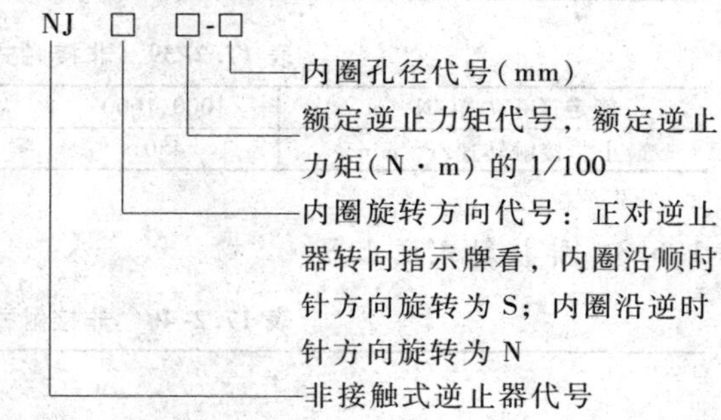

标记示例：

额定逆止力矩为 25000N·m，内圈孔径为 140mm，内圈沿逆时针方向旋转的接触式逆止器，其标记为：逆止器　NJN250-140　JB/T 9015—2011

1.6.2 基本参数

（1）额定逆止力矩（见表 17.2-36）

表 17.2-36　额定逆止力矩　(N·m)

非接触式额定逆止力矩	1000、1600、2500、4000、6300、8000、10000、12500、16000、20000、25000
接触式额定逆止力矩	10000、16000、25000、40000、63000、100000、160000、200000、250000、315000、500000、710000

（2）内圈最高转速（见表 17.2-37）

（3）阻力矩（见表 17.2-38）

（4）最小非接触转速（见表 17.2-39）

表 17.2-37　内圈最高转速

逆止器类别	额定逆止力矩/N·m	内圈最高转速/r·min^{-1}
非接触式逆止器	≤12500	1500
	>12500	1000
接触式逆止器	10000	150
	16000~40000	100
	63000	80
	100000~710000	50

表 17.2-38　阻力矩　（N·m）

逆止器类别	额定逆止力矩	阻力矩
非接触式逆止器	1000~4000	2.0
	6300~10000	3.15
	12500、16000	4.5
	20000、25000	5.6
接触式逆止器	10000	16
	16000	20
	25000	36
	40000	45
	63000	71
	100000	90
	160000	100
	200000	112
	250000	140
	315000	160
	500000	220
	710000	250

表 17.2-39　非接触式逆止器内圈的最小非接触转速

额定逆止力矩/N·m	1000、1600	2500、4000	6300~10000	12500、16000	20000、25000
最小非接触转速/r·min^{-1}	450	425	400	375	350

1.6.3　非接触式逆止器

非接触式逆止器的外形和主要安装尺寸应符合表 17.2-40 的规定。

表 17.2-40　非接触式逆止器的外形和主要安装尺寸　（mm）

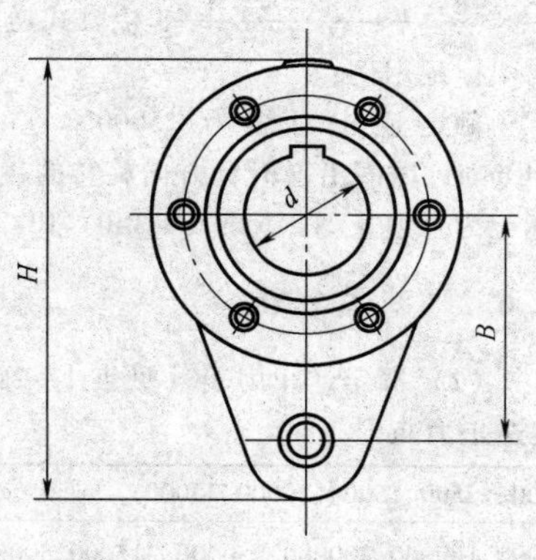

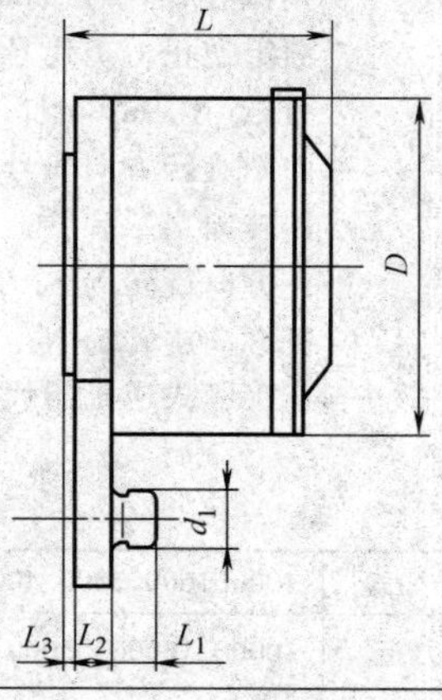

（续）

额定逆止力矩/N·m	d	D	d_1	H	B	L	L_1	L_2	L_3
1000	40～50	190	28	308	150	162	25	20	5
1600	45～60	208	32	335	160	167	25	22	5
2500	50～70	230	38	380	170	172	25	25	5
4000	60～80	245	42	393	185	183	28	30	5
6300	70～90	260	45	415	195	196	30	35	5
8000	80～100	275	48	443	210	200	35	35	5
10000	90～110	295	52	475	225	238	35	45	5
12500	100～130	330	58	525	250	262	40	50	8
16000	110～140	360	62	565	270	273	40	55	8
20000	120～150	405	65	620	300	275	50	58	8
25000	130～160	440	70	675	335	285	50	63	8

1.6.4　接触式逆止器

接触式逆止器的外形和主要安装尺寸应符合表 17.2-41 的规定。

表 17.2-41　接触式逆止器的外形和主要安装尺寸　（mm）

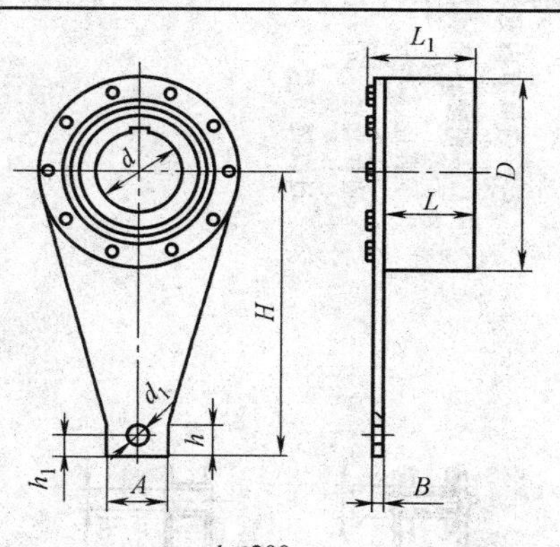

$d<200$

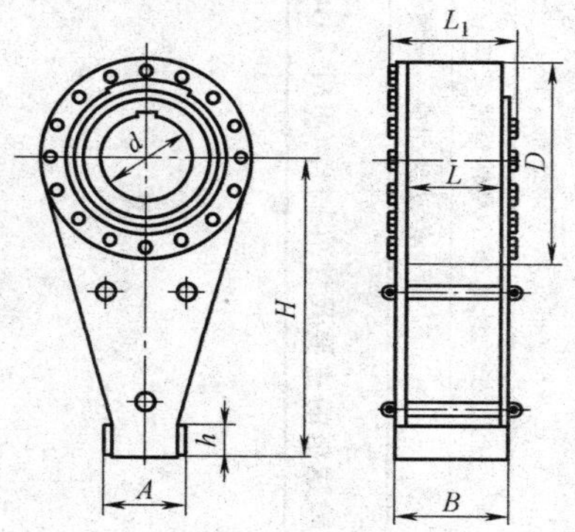

$d>220$

额定逆止力矩/N·m	d	A	B	D	H	h	d_1	h_1	L	L_1
10000	90～110	110	12	270	425	60	26	40	110	141
16000	100～130	120	12	320	506	65	26	40	130	161
25000	120～160	120	20	360	612	65	30	40	140	183
40000	160～200	130	20	430	623	70	40	40	160	207
63000	160～220	238	259	500	820	80	—	—	230	303
100000	180～250	288	323	600	1000	100	—	—	290	367
160000	200～270	298	323	650	1100	110	—	—	290	367
200000	230～300	356	335	780	1300	135	—	—	290	392
250000	250～320	386	345	850	1500	135	—	—	320	412
315000	250～320	414	360	930	1600	135	—	—	360	426
500000	320～420	474	484	1030	1800	165	—	—	450	550
710000	350～450	526	494	1090	2000	165	—	—	480	574

2　输送链和链轮

2.1　输送链、附件和链轮（摘自 GB/T 8350—2008）

几种常见输送链的特点及应用范围见表 17.2-42。

2.1.1　链条

链条的规格、基本参数尺寸见表 17.2-43～表 17.2-46。

表 17.2-42　几种常用输送链的特点及应用范围

名　称	标　准	特点或应用范围
输送链	GB/T 8350—2008	适用于一般输送和机械化传送
输送用平顶链	GB/T 4140—2003	主要用于输送瓶、罐
带附件短节距精密滚子输送链	GB/T 1243—2006	适用于小型输送机输送轻型物品
双节距滚子输送链	GB/T 5269—2008	适用于传动功率小、速度低和中心距长的输送装置

表 17.2-43　实心销轴输送链的主要尺寸（摘自 GB/T 8350—2008）　（mm）

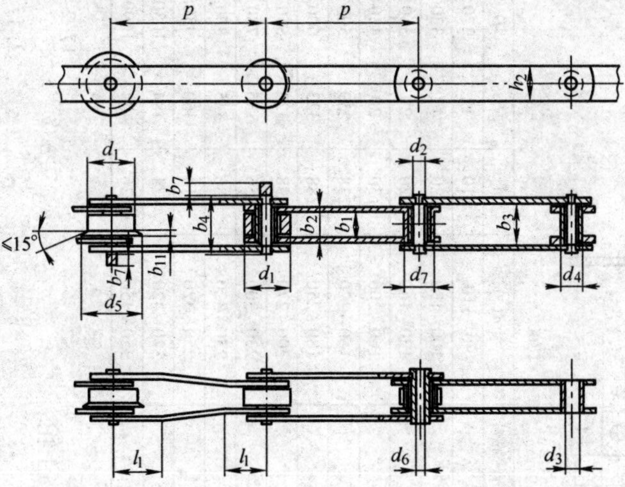

b_1—内链节内宽　b_2—内链节外宽　b_3—外链节内宽　b_4—销轴长度　b_7—销轴止锁端加长量　b_{11}—带边滚子边缘宽度　d_1—大滚子或带边滚子直径　d_2—销轴直径　d_3—套筒孔径　d_4—套筒外径　d_5—带边滚子边缘直径　d_6—空心销轴内径　d_7—小滚子直径　h_2—链板高度　l_1—过渡链节尺寸　p—节距

（续）

链号（基本）	抗拉强度/kN min	d_1 max	节距 p[①②③] 40	50	63	80	100	125	160	200	250	315	400	500	630	800	1000	d_2 max	d_3 min	d_4 max	h_2 max	b_1 min	b_2 max	b_3 min	b_4 max	b_7 max	l_1[④] min	d_5 max	b_{11} max	d_7 max	测量力/kN
M20	20	25	×															6	6.1	9	19	16	22	22.2	35	7	12.5	32	3.5	12.5	0.4
M28	28	30		×														7	7.1	10	21	18	25	25.2	40	8	14	36	4	15	0.56
M40	40	36																8.5	8.6	12.5	26	20	28	28.3	45	9	17	42	4.5	18	0.8
M56	56	42			×													10	10.1	15	31	24	33	33.3	52	10	20.5	50	5	21	1.12
M80	80	50																12	12.1	18	36	28	39	39.4	62	12	23.5	60	6	25	1.6
M112	112	60				×												15	15.1	21	41	32	45	45.5	73	14	27.5	70	7	30	2.24
M160	160	70					×											18	18.1	25	51	37	52	52.5	85	16	34	85	8.5	36	3.2
M224	224	85						×										21	21.2	30	62	43	60	60.6	98	18	40	100	10	42	4.5
M315	315	100							×									25	25.2	36	72	48	70	70.7	112	21	47	120	12	50	6.3
M450	450	120																30	30.2	42	82	56	82	82.8	135	25	55	140	14	60	9
M630	630	140																36	36.2	50	103	66	96	97	154	30	66.5	170	16	70	12.5
M900	900	170									×							44	44.2	60	123	78	112	113	180	37	81	210	18	85	18

① 节距 p 是理论参考尺寸，用来计算链长和链轮尺寸，而不是用作检验链节的尺寸。

② 用×表示的链条节距规格仅用于套筒链条和小滚子链条。

③ 粗实线包含区内的节距规格是优选节距规格。

④ 过渡链节尺寸 l_1 决定最大链板长度和对铰链轨迹的最小限制。

表 17.2-44　空心销轴输送链主要尺寸（摘自 GB/T 8350—2008）

（mm）

链号（基本）	抗拉强度/kN min	d_1 max	节距 p[①②] 63	80	100	125	160	200	250	315	400	500	d_2 max	d_3 min	d_4 max	h_2 max	b_1 min	b_2 max	b_3 min	b_4 max	b_7 max	l_1[③] min	d_5 max	b_{11} max	d_6 min	d_7 max	测量力/kN
MC28	28	36											13	13.1	17.5	26	20	28	28.3	42	10	17.0	42	4.5	8.2	25	0.56
MC56	56	50											15.5	15.6	21.0	36	24	33	33.3	48	13	23.5	60	5	10.2	30	1.12
MC112	112	70											22	22.2	29.0	51	32	45	45.5	67	19	34.0	85	7	14.3	42	2.24
MC224	224	100											31	31.2	41.0	72	43	60	60.6	90	24	47.0	120	10	20.3	60	4.50

① 节距 p 是理论参考尺寸，用来计算链长和链轮尺寸，而不是用作检验链节的尺寸。

② 粗实线包含区内的节距规格是优选节距规格。

③ 过渡链节尺寸 l_1 决定最大链板长度和对铰链轨迹的最小限制。

表 17.2-45　K 型附板尺寸（摘自 GB/T 8350—2008）　　（mm）

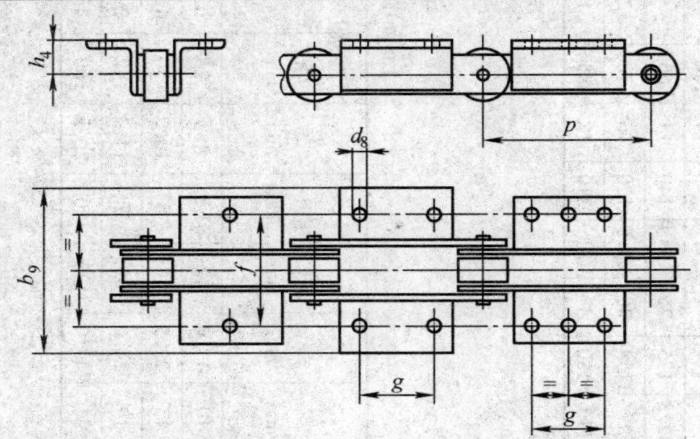

b_9—附板横向外宽　d_8—附板孔直径　f—附板孔中心线之间的横向距离　g—附板孔中心线之间的纵向距离　h_4—附板平台高度　p—节距

链号	d_8	h_4	f	b_9 max	纵向孔心距 短 p①min	短 g	中 p①min	中 g	长 p①min	长 g
M20	6.6	16	54	84	63	20	80	35	100	50
M28	9	20	64	100	80	25	100	40	125	65
M40	9	25	70	112	80	20	100	40	125	65
M56	11	30	88	140	100	25	125	50	160	85
M80	11	35	96	160	125	50	160	85	200	125
M112	14	40	110	184	125	35	160	65	200	100
M160	14	45	124	200	160	50	200	85	250	145
M224	18	55	140	228	200	65	250	125	315	190
M315	18	65	160	250	200	50	250	100	315	155
M450	18	75	180	280	250	85	315	155	400	240
M630	24	90	230	380	315	100	400	190	500	300
M900	30	110	280	480	315	65	400	155	500	240
MC28	9	25	70	112	80	20	100	40	125	65
MC56	11	35	88	152	125	50	160	85	200	125
MC112	14	45	110	192	160	50	200	85	250	145
MC224	18	65	140	220	200	50	250	100	315	155

① 对应纵向孔心距 g 的最小链条节距。

表 17.2-46　加高链板高度（摘自 GB/T 8350—2008）　　（mm）

h_6—加高链板高度

链号	h_6	链号	h_6
M20	16	M315	65
M28	20	M450	80
M40	22.5	M630	90
M56	30	M900	120
M80	32.5	MC28	22.5
M112	40	MC56	32.5
M160	45	MC112	45
M224	60	MC224	65

注：抗拉强度及其他所有的数据见表 17.2-43 和表 17.2-44。

2.1.2　链轮

（1）基本参数与直径尺寸见表 17.2-47。

（2）齿槽形状

齿槽形状尺寸见表 17.2-48，压力角见表 17.2-49，链轮的轴向齿廓见表 17.2-50。

表 17.2-47　链轮的基本参数与直径尺寸（摘自 GB/T 8350—2008）

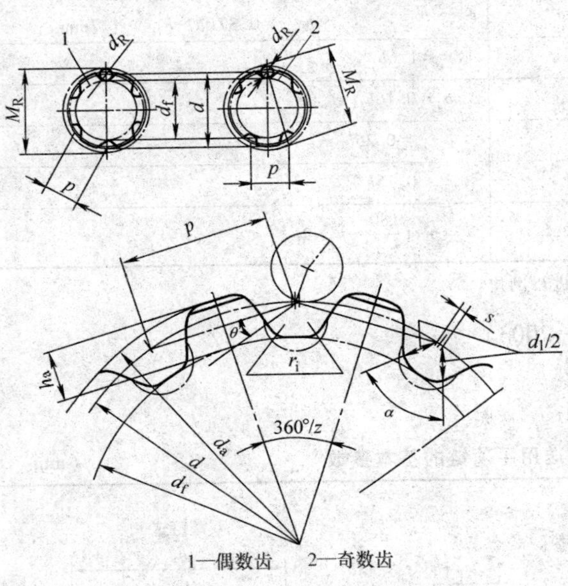

1—偶数齿　2—奇数齿

d—分度圆直径　d_a—齿顶圆直径　d_f—齿根圆直径　d_R—量柱直径　d_1—滚子直径　d_2—销轴直径　h_a—齿根圆以上的齿高　M_R—跨柱测量距　p—弦节距，等于链条节距　r_i—齿沟圆弧半径　s—齿槽中心分离量　z—齿数　α—齿沟角　θ—压力角

对非滚子链条，用套筒代替滚子

分度圆直径 d：　$d=\dfrac{p}{\sin\dfrac{180°}{z}}$

齿顶圆直径 d_a：　$d_{amax}=d+d_1$

量柱直径 d_R　$d_R=d_1$、d_4 或者 d_7，d_R 的极限偏差为 $^{+0.01}_{0}$ mm

齿根圆直径 d_f：根据不同情况，$d_{fmax}=d-d_1$、$d-d_4$ 或者 $d-d_7$，公差带按 h11。最小齿根圆直径应该由制造商选择，以提供与链条良好的啮合

跨柱测量距 M_R：对于偶数齿的链轮，跨柱测量距 $M_R=d+d_{Rmin}$；对于奇数齿的链轮，跨柱测量距 $M_R=d\cos(90°/z)+d_{Rmin}$

齿根圆直径以上的齿高 h_a：$h_a=\dfrac{d_a-d_f}{2}$

表 17.2-48　齿槽形状尺寸

名　称	计算公式或说明
齿槽中心分离量 s	$s_{min}=0.04p$（非机加工齿链轮） $s_{min}=0.08d_1$（机加工齿链轮）
齿沟圆弧半径 r_i	$r_{imax}=\dfrac{d_1}{2}$、$\dfrac{d_4}{2}$、$\dfrac{d_7}{2}$
齿沟角 α/(°)	$\alpha_{max}=140°-\dfrac{90°}{z}$、$\alpha_{min}=120°-\dfrac{90°}{z}$
工作面	工作面为两个滚子与齿面接触线之间的区域，一个滚子的中心线位于分度圆上，另一个滚子中心线在直径等于$\dfrac{p+0.25d_2}{\sin\dfrac{180°}{z}}$的圆周上（式中 d_2 为销轴外径）。工作面可以是直的，也可以是凸的
齿形	不论齿沟圆弧半径的大小，也不论齿形是直线的或曲线的，从节距线与齿沟中心分离量尺寸界线交点到齿面之间的距离应等于$\dfrac{d_1}{2}$或$\dfrac{d_4}{2}$或$\dfrac{d_7}{2}$
压力角 θ/(°)	压力角是链节的节距线与链轮工作面和滚子接触点的法线之间的夹角。工作面上任意一点的压力角应符合表 17.2-49 的规定

注：齿槽形状及相关尺寸符号的意义见表 17.2-47。

表 17.2-49　压力角

齿数 z	压力角 θ min	压力角 θ max	齿数 z	压力角 θ min	压力角 θ max
6 或 7	7°	10°	14 或 15	16°	20°
8 或 9	9°	12°	16 或 19	18°	22°
10 或 11	12°	15°	20 或 27	20°	25°
12 或 13	14°	17°	28 以上	23°	28°

表 17.2-50　链轮的轴向齿廓

名　称	计算公式或说明
齿宽 b_f	对于非带边滚子：$b_{fmax}=0.9b_1-1\text{mm}$ $b_{fmin}=0.87b_1-1.7\text{mm}$ 对于带边滚子：$b_{fmax}=0.9(b_1-b_{11})-1\text{mm}$ $b_{fmin}=0.87(b_1-b_{11})-1.7\text{mm}$
最小倒圆半径 r_x	$r_x=1.6b_1$
倒角宽 b_a	$b_a=0.16b_1$
齿根宽 b_g	$b_{gmin}=0.25b_f$
齿侧凸缘圆角半径 r_a	$r_a\approx0.15h_2$
最大齿侧凸缘直径 d_g	$d_g=p\cot\dfrac{180°}{z}-h_2-2r_{aact}$

注：齿沟端面倒角——避免物料聚集，允许对齿沟两端进行倒角。

2.2　输送用平顶链和链轮（摘自 GB/T 4140—2003）

2.2.1　输送用平顶链（见表 17.2-51）

表 17.2-51　标准输送用平顶链的基本参数　　（mm）

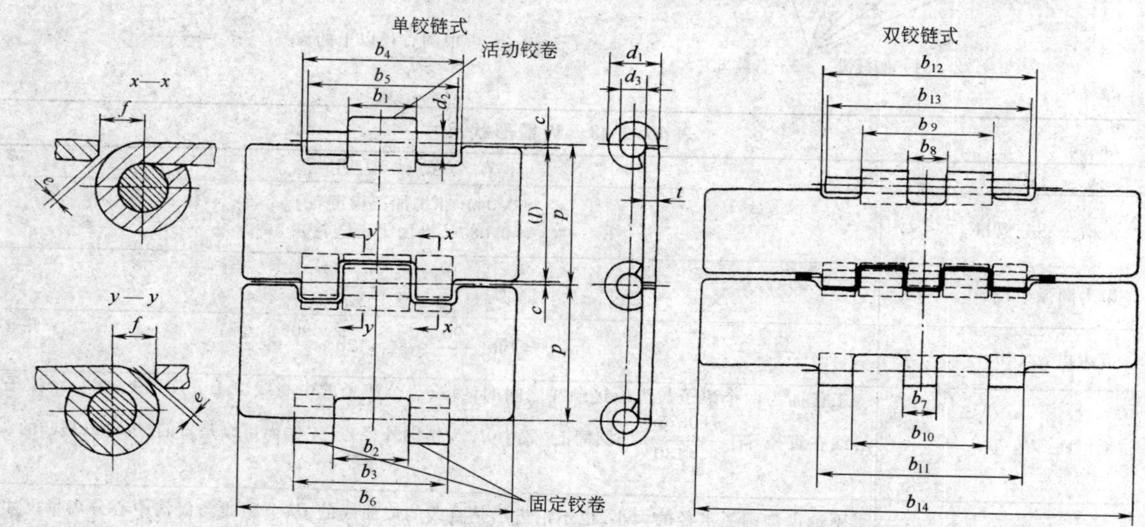

型号	链号	节距	铰卷外径	销轴直径	活动铰卷孔径	链板厚度	活动铰卷宽度	固定铰卷内宽	固定铰卷外宽	链板凹槽宽度	销轴长度	链板宽度
		p	d_1	d_2	d_3	t	b_1	b_2	b_3	b_4、b_{12}	b_5、b_{13}	b_6、b_{14}
			max		min	max		min	max	min	max	max
单铰链	C12S	38.10	13.13	6.38	6.40	3.35	20.00	20.10	42.05	42.10	42.60	77.20
	C13S											83.60
	C14S											89.90
	C16S											102.60
	C18S											115.30
	C24S											153.40
	C30S											191.50
双铰链	C30D	38.10	13.13	6.38	6.40	3.35	—	—	—	80.60	81.00	191.50

（续）

型号	链号	链板宽度	中央固定铰卷宽度	活动铰卷间宽	活动铰卷跨宽	外侧固定铰卷间宽	外侧固定铰卷跨宽	链板长度	铰卷轴心线与链板外缘间距	铰链间隙		测量载荷	抗拉强度 Q
		b_6、b_{14}	b_7	b_8	b_9	b_{10}	b_{11}	(l)	c	e	f	N	
		公称尺寸	max	min	max	min	max		min				min
单铰链	C12S C13S C14S C16S C18S C24S C30S	76.20 82.60 88.90 101.60 114.30 152.40 190.50	—	—	—	—	—	37.28	0.41	0.14	5.08	碳钢 200 一级耐蚀钢 160 二级耐蚀钢 120	10000 8000 6250
双铰链	C30D	190.50	13.50	13.70	53.50	53.60	80.50	37.28	0.41	0.14	5.08	碳钢 400 一级耐蚀钢 320 二级耐蚀钢 250	20000 16000 12500

注：1. 平顶链链号中 C 后面的数字是表示链板宽度的代号，它乘以 25.4/4mm 等于链板宽度的公称尺寸。字母 S 表示单铰链，D 表示双铰链。

2. 节距 p 是一个理论计算尺寸，不适用于检验链节的尺寸。

3. 链板长（l）为参考值。

4. 一级耐蚀钢和二级耐蚀钢的划分仅与耐蚀钢相应的抗拉强度有关，有关钢的耐腐蚀性能详情请向制造厂咨询。

2.2.2　输送用平顶链链轮

（1）基本参数与直径尺寸（见表 17.2-52）

表 17.2-52　平顶链链轮的基本参数与直径尺寸

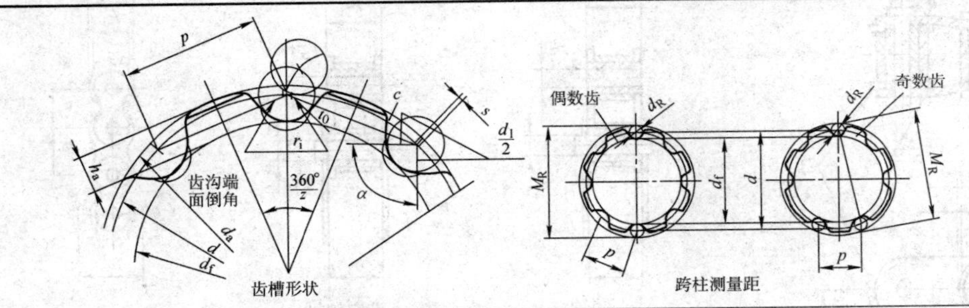

名　称	计 算 方 法	备　注
分度圆直径 d	$d=\dfrac{p}{\sin\dfrac{180°}{z}}$	p 为链条节距，z 为有效齿数
齿顶圆直径 d_a	$d_a=d\cos\dfrac{180°}{z}+6.35$	—
最大齿根圆直径 d_{fmax}	$d_{fmax}=d-d_1$	—
有效齿数 z		—
实际齿数 z_1	单切齿：$z=z_1$ 双切齿：$z=\dfrac{1}{2}z_1$	z_1 优先选用 17、19、21、25、27、29、31、35
跨柱测量距 M_R	z_1 为奇数时：$M_R=d\cos\dfrac{90°}{z_1}+d_R$ z_1 为偶数时：$M_R=d+d_R$	量柱直径 $d_R=d_1$

注：式中 d_a 指链轮齿与链板底边发生接触时的齿顶圆直径。

（2）齿槽形状及轴向齿廓尺寸（见表 17.2-53）

（3）链轮公差

齿根圆对孔轴心线的圆跳动公差应符合表 17.2-54的规定。

表 17.2-53 平顶链链轮的齿槽形状及轴向齿廓尺寸 （mm）

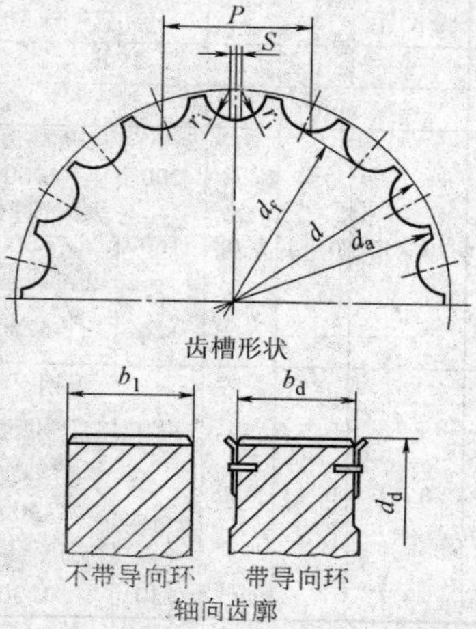

名称		代号	数值
齿沟圆弧半径		r_i	6.63
齿沟中心分离量		s	2.00
齿宽	单铰链式	b_f	42.5
	双铰链式		81.3
导向环间宽	单铰链式	b_d	$b_d \geqslant b_3$ 或 b_5
	双铰链式		$b_d \geqslant b_{11}$ 或 b_{13}
导向环外径		d_d	$d_d \leqslant d_a$

表 17.2-54 齿根圆对孔轴心线的圆跳动公差 （mm）

齿根圆直径 d_f	径向圆跳动	端面圆跳动	齿根圆直径 d_f	径向圆跳动	端面圆跳动
≤177.80	$0.25+0.001d_f$	0.51	>508.00~762.00	0.76	$0.003d_f$
>177.80~508.00	$0.25+0.001d_f$	$0.003d_f$	>762.00	0.76	2.29

2.3 带附件短节距精密滚子链（摘自 GB/T 1243—2006）

滚子链的结构型式和链条的尺寸代号如图 17.2-2 所示。

根据图 17.2-2 中的尺寸代号，查表 17.2-55 和表 17.2-56 可以得到各种链号对应的技术数据。

K 型附板的尺寸见表 17.2-57。M 型附板的尺寸见表 17.2-58。加长销轴的尺寸见表 17.2-59。

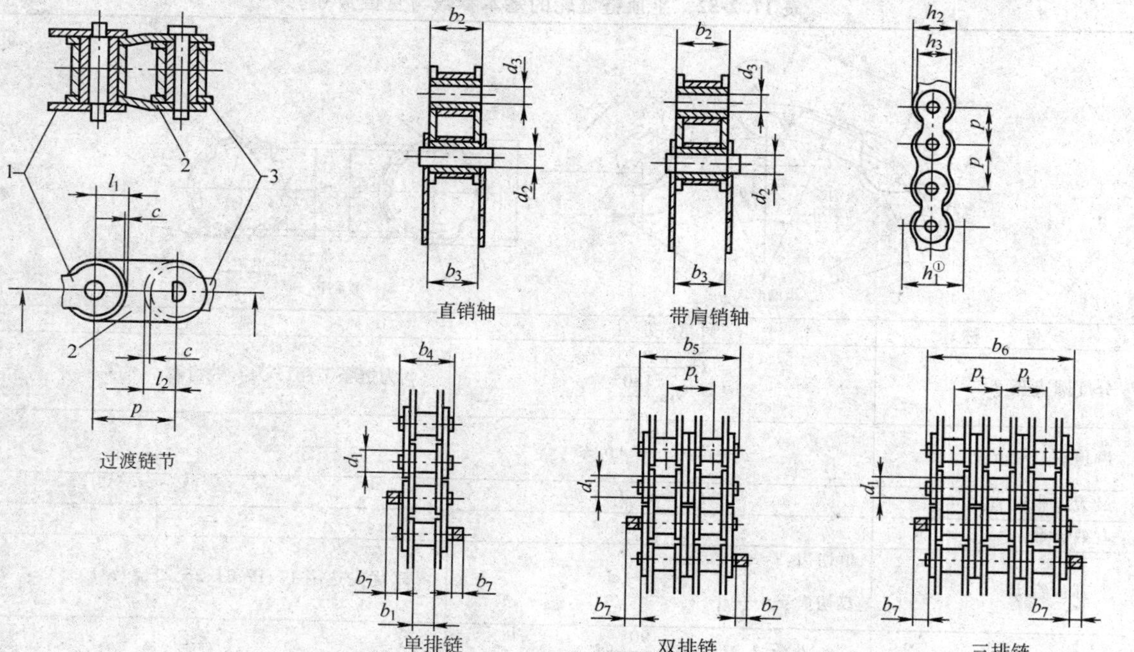

图 17.2-2 滚子链的结构型式和链条的尺寸代号

c—过渡链板与直链板在连接处的回转间隙 p—节距 1—外链板 2—过渡链板 3—内链板

① 链条通道高度 h_1 是考虑过渡链板与直链板在连接处的回转间隙。

表 17.2-55　链条的主要尺寸、测量力、抗拉强度及动载强度

链号[1]	节距 p nom	滚子直径 d_1 max	内节内宽 b_1 min	销轴直径 d_2 max	套筒孔径 d_3 min	链条通道高度 h_1 min	内链板高度 h_2 max	外或中链板高度 h_3 max	过渡链节尺寸[2]			排距 p_t	内节外宽 b_2 max	外节内宽 b_3 min	销轴长度			止锁件附加宽度[3] b_7 max	测量力			抗拉强度 F_u			动载强度[4][5][6] 单排 F_d min
									l_1 min	l_2 min	c				单排 b_4 max	双排 b_5 max	三排 b_6 max		单排	双排	三排	单排 min	双排 min	三排 min	
	mm																		N			kN			N
04C	6.35	3.30[7]	3.10	2.31	2.34	6.27	6.02	5.21	2.65	3.08	0.10	6.40	4.80	4.85	9.1	15.5	21.8	2.5	50	100	150	3.5	7.0	10.5	630
06C	9.525	5.08[7]	4.68	3.60	3.62	9.30	9.05	7.81	3.97	4.60	0.10	10.13	7.46	7.52	13.2	23.4	33.5	3.3	70	140	210	7.9	15.8	23.7	1410
05B	8.00	5.00	3.00	2.31	2.36	7.37	7.11	7.11	3.71	3.71	0.08	5.64	4.77	4.90	8.6	14.3	19.9	3.1	50	100	150	4.4	7.8	11.1	820
06B	9.525	6.35	5.72	3.28	3.33	8.52	8.26	8.26	4.32	4.32	0.08	10.24	8.53	8.66	13.5	23.8	34.0	3.3	70	140	210	8.9	16.9	24.9	1290
08A	12.70	7.92	7.85	3.98	4.00	12.33	12.07	10.42	5.29	6.10	0.08	14.38	11.17	11.23	17.8	32.3	46.7	3.9	120	250	370	13.9	27.8	41.7	2480
08B	12.70	8.51	7.75	4.45	4.50	12.07	11.81	10.92	5.66	6.12	0.08	13.92	11.30	11.43	17.0	31.0	44.9	3.9	120	250	370	17.8	31.1	44.5	2480
081	12.70	7.75	3.30	3.66	3.71	10.17	9.91	9.91	5.36	5.36	0.08	—	5.80	5.93	10.2	—	—	1.5	125	—	—	8.0	—	—	—
083	12.70	7.75	4.88	4.09	4.14	10.56	10.30	10.30	5.36	5.36	0.08	—	7.90	8.03	12.9	—	—	1.5	125	—	—	11.6	—	—	—
084	12.70	7.75	4.88	4.09	4.14	11.41	11.15	11.15	5.77	5.77	0.08	—	8.80	8.93	14.8	—	—	1.5	125	—	—	15.6	—	—	—
085	12.70	7.77	6.25	3.60	3.62	10.17	9.91	8.51	4.35	5.03	0.08	—	9.06	9.12	14.0	—	—	2.0	80	—	—	6.7	—	—	1340
10A	15.875	10.16	9.40	5.09	5.12	15.35	15.09	13.02	6.61	7.62	0.10	18.11	13.84	13.89	21.8	39.9	57.9	4.1	200	390	590	21.8	43.6	65.4	3850
10B	15.875	10.16	9.65	5.08	5.13	14.99	14.73	13.72	7.11	7.62	0.10	16.59	13.28	13.41	19.6	36.2	52.8	4.1	200	390	590	22.2	44.5	66.7	3330
12A	19.05	11.91	12.57	5.96	5.98	18.34	18.10	15.62	7.90	9.15	0.10	22.78	17.75	17.81	26.9	49.8	72.6	4.6	280	560	840	31.3	62.6	93.9	5490
12B	19.05	12.07	11.68	5.72	5.77	16.39	16.13	16.13	8.33	8.33	0.10	19.46	15.62	15.75	22.7	42.2	61.7	4.6	280	560	840	28.9	57.8	86.7	3720
16A	25.40	15.88	15.75	7.94	7.96	24.39	24.13	20.83	10.55	12.20	0.13	29.29	22.60	22.66	33.5	62.7	91.9	5.4	500	1000	1490	55.6	111.2	166.8	9550
16B	25.40	15.88	17.02	8.28	8.33	21.34	21.08	21.08	11.15	11.15	0.13	31.88	25.45	25.58	36.1	68.0	99.9	5.4	500	1000	1490	60.0	106.0	160.0	9530
20A	31.75	19.05	18.90	9.54	9.56	30.48	30.17	26.04	13.16	15.24	0.15	35.76	27.45	27.51	41.1	77.0	113.0	6.1	780	1560	2340	87.0	174.0	261.0	14600
20B	31.75	19.05	19.56	10.19	10.24	26.68	26.42	26.42	13.89	13.89	0.15	36.45	29.01	29.14	43.2	79.7	116.1	6.1	780	1560	2340	95.0	170.0	250.0	13500

（续）

链号①	节距 p nom	滚子直径 d_1 max	内节内宽 b_1 min	销轴直径 d_2 max	套筒孔径 d_3 min	链条通道高度 h_1 min	内链板高度 h_2 max	外或中链板高度 h_3 max	过渡链节尺寸② l_1 min	过渡链节尺寸② l_2 min	过渡链节尺寸② c	排距 p_t	内节外宽 b_2 max	外节内宽 b_3 min	销轴长度 单排 b_4 max	销轴长度 双排 b_5 max	销轴长度 三排 b_6 max	止锁件附加宽度③ b_7 max	测量力 单排	测量力 双排	测量力 三排	抗拉强度 F_u 单排 min	抗拉强度 F_u 双排 min	抗拉强度 F_u 三排 min	动载强度④⑤⑥ 单排 F_d min
	mm																		N			kN			N
24A	38.10	22.23	25.22	11.11	11.14	36.55	36.2	31.24	15.80	18.27	0.18	45.44	35.45	35.51	50.8	96.3	141.7	6.6	1110	2220	3340	125.0	250.0	375.0	20500
24B	38.10	25.40	25.40	14.63	14.68	33.73	33.4	33.40	17.55	17.55	0.18	48.36	37.92	38.05	53.4	101.8	150.2	6.6	1110	2220	3340	160.0	280.0	425.0	19700
28A	44.45	25.40	25.22	12.71	12.74	42.67	42.23	36.45	18.42	21.32	0.20	48.87	37.18	37.24	54.9	103.6	152.4	7.4	1510	3020	4540	170.0	340.0	510.0	27300
28B	44.45	27.94	30.99	15.90	15.95	37.46	37.08	37.08	19.51	19.51	0.20	59.56	46.58	46.71	65.1	124.7	184.3	7.4	1510	3020	4540	200.0	360.0	530.0	27100
32A	50.80	28.58	31.55	14.29	14.31	48.74	48.26	41.68	21.04	24.33	0.20	58.55	45.21	45.26	65.5	124.2	182.9	7.9	2000	4000	6010	223.0	446.0	669.0	34800
32B	50.80	29.21	30.99	17.81	17.86	42.72	42.29	42.29	22.20	22.20	0.20	58.55	45.57	45.70	67.4	126.0	184.5	7.9	2000	4000	6010	250.0	450.0	670.0	29900
36A	57.15	35.71	35.48	17.46	17.49	54.86	54.30	46.86	23.65	27.36	0.20	65.84	50.85	50.90	73.9	140.0	206.0	9.1	2670	5340	8010	281.0	562.0	843.0	44500
40A	63.50	39.68	37.85	19.85	19.87	60.93	60.33	52.07	26.24	30.36	0.20	71.55	54.88	54.94	80.3	151.9	223.5	10.2	3110	6230	9340	347.0	694.0	1041.0	53600
40B	63.50	39.37	38.10	22.89	22.94	53.49	52.96	52.96	27.76	27.76	0.20	72.29	55.75	55.88	82.6	154.9	227.2	10.2	3110	6230	9340	355.0	630.0	950.0	41800
48A	76.20	47.63	47.35	23.81	23.84	73.13	72.39	62.49	31.45	36.40	0.20	87.83	67.81	67.87	95.5	183.4	271.3	10.5	4450	8900	13340	500.0	1000.0	1500.0	73100
48B	76.20	48.26	45.72	29.24	29.29	64.52	63.88	63.88	33.45	33.45	0.20	91.21	70.56	70.69	99.1	190.4	281.6	10.5	4450	8900	13340	560.0	1000.0	1500.0	63600
56B	88.90	53.98	53.34	34.32	34.37	78.64	77.85	77.85	40.61	40.61	0.20	106.60	81.33	81.46	114.6	221.2	327.8	11.7	6090	12190	20000	850.0	1600.0	2240.0	88900
64B	101.60	63.50	60.96	39.40	39.45	91.08	90.17	90.17	47.07	47.07	0.20	119.89	92.02	92.15	130.9	250.8	370.7	13.0	7960	15920	27000	1120.0	2000.0	3000.0	106900
72B	114.30	72.39	68.58	44.48	44.53	104.67	103.63	103.63	53.37	53.37	0.20	136.27	103.81	103.94	147.4	283.7	420.0	14.3	10100	20190	33500	1400.0	2500.0	3750.0	132700

① 重载系列链条详见表 17.2-56。

② 对于高应力使用场合，不推荐使用过渡链节。

③ 止锁件的实际尺寸取决于其类型，但都不应超过规定尺寸，使用者应从制造商处获取详细资料。

④ 动载强度值不适用于过渡链节、连接链节或带有附件的链条。

⑤ 双排链和三排链的动载试验不能用单排链的值按比例套用。

⑥ 动载强度值是基于 5 个链节的试样，不含 36A、40A、40B、48A、48B、56B、64B 和 72B，这些链条是基于 3 个链节的试样。链条最小动载强度的计算方法见 GB/T 1243—2006 附录 C。

⑦ 套筒直径。

表 17.2-56 ANSI 重载系列链条主要尺寸、测量力、抗拉强度及动载强度

链号①	节距 p nom	滚子直径 d_1 max	内节内宽 b_1 min	销轴直径 d_2 max	套筒孔径 d_3 min	链条通道高度 h_1 min	内链板高度 h_2 max	外或中链板高度 h_3 max	过渡链节尺寸② l_1 min	过渡链节尺寸② l_2 min	过渡链节尺寸② c	排距 p_1	内节外宽 b_2 max	外节内宽 b_3 min	销轴长度 单排 b_4 max	销轴长度 双排 b_5 max	销轴长度 三排 b_6 max	止锁件附加宽度③ b_7 max	测量力 单排	测量力 双排	测量力 三排	抗拉强度 F_u 单排 min	抗拉强度 F_u 双排 min	抗拉强度 F_u 三排 min	动载强度④⑤⑥ 单排 F_d min
	mm																		N			kN			N
60H	19.05	11.91	12.57	5.96	5.98	18.34	18.10	15.62	7.90	9.15	0.10	26.11	19.43	19.48	30.2	56.3	82.4	4.6	280	560	840	31.3	62.6	93.9	6330
80H	25.40	15.88	15.75	7.94	7.96	24.39	24.13	20.83	10.55	12.20	0.13	32.59	24.28	24.33	37.4	70.0	102.6	5.4	500	1000	1490	55.6	112.2	166.8	10700
100H	31.75	19.05	18.90	9.54	9.56	30.48	30.17	26.04	13.16	15.24	0.15	39.09	29.10	29.16	44.5	83.6	122.7	6.1	780	1560	2340	87.0	174.0	261.0	16000
120H	38.10	22.23	25.22	11.11	11.14	36.55	36.2	31.24	15.80	18.27	0.18	48.87	37.18	37.24	55.0	103.9	152.8	6.6	1110	2220	3340	125.0	250.0	375.0	22200
140H	44.45	25.40	25.22	12.71	12.74	42.67	42.23	36.45	18.42	21.32	0.20	52.20	38.86	38.91	59.0	111.2	163.4	7.4	1510	3020	4540	170.0	340.0	510.0	29200
160H	50.80	28.58	31.55	14.29	14.31	48.74	48.26	41.66	21.04	24.33	0.20	61.90	46.88	46.94	69.4	131.3	193.2	7.9	2000	4000	6010	223.0	446.0	669.0	36900
180H	57.15	35.71	35.48	17.46	17.49	54.86	54.30	46.86	23.65	27.36	0.20	69.16	52.50	52.55	77.3	146.5	215.7	9.1	2670	5340	8010	281.0	562.0	843.0	46900
200H	63.50	39.68	37.85	19.85	19.87	60.93	60.33	52.07	26.24	30.36	0.20	78.31	58.29	58.34	87.1	165.4	243.7	10.2	3110	6230	9340	347.0	694.0	1041.0	58700
240H	76.20	47.63	47.35	23.81	23.84	73.13	72.39	62.49	31.45	36.40	0.20	101.22	74.54	74.60	111.4	212.6	313.8	10.5	4450	8900	13340	500.0	1000.0	1500.0	84400

① 标准系列链条详见表 17.2-55。

② 对于高应力使用场合，不推荐使用过渡链节。

③ 止锁件的实际尺寸取决于其类型，但都不应超过规定尺寸，使用者应从制造商处获取详细资料。

④ 动载强度值不适用于过渡链节、连接链节或带有附件的链条。

⑤ 双排链和三排链的动载试验不能用单排链的值按比例套用。

⑥ 动载强度值是基于 5 个链节的试样，不含 180H、200H 和 240H，这些链条是基于 3 个链节的试样。链条最小动载强度的计算方法见 GB/T 1243—2006 附录 C。

表 17.2-57　K 型附板的尺寸　　(mm)

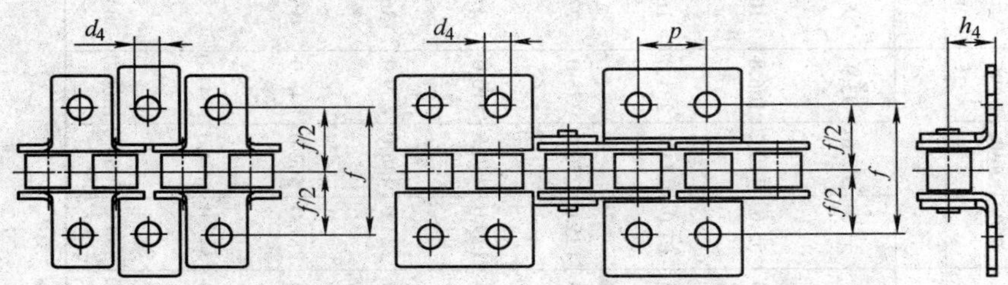

链号	附板平台高 h_4	板孔直径 d_4 min	孔中心间横向距离 f
06C	6.4	2.6	19.0
08A	7.9	3.3	25.4
08B	8.9	4.3	
10A	10.3	5.1	31.8
10B		5.3	
12A	11.9	5.1	38.1
12B	13.5	6.4	
16A	15.9	6.6	50.8
16B		6.4	
20A	19.8	8.2	63.5
20B		8.4	
24A	23.0	9.8	76.2
24B	26.7	10.5	
28A	28.6	11.4	88.9
28B		13.1	
32A 32B	31.8	13.1	101.6
40A	42.9	16.3	127.0

注：1. p 见表 17.2-55。

2. K 型附板既可装在外链节，也可装在内链节。

3. K1 和 K2 型附板可以相同，区别是 K1 型附板中心有一个孔。

4. K2 型附板不能逐节安装。

表 17.2-58　M 型附板的尺寸　　(mm)

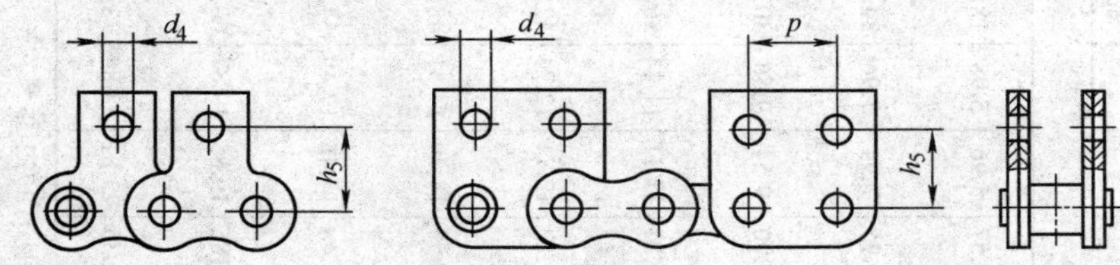

链　号	附板孔与链板中心的距离 h_5	板孔直径 d_4 min
06C	9.5	2.6
08A	12.7	3.3
08B	13.0	4.3

（续）

链　号	附板孔与链板中心的距离 h_5	板孔直径 d_4 min
10A	15.9	5.1
10B	16.5	5.3
12A	18.3	5.1
12B	21.0	6.4
16A	24.6	6.6
16B	23.0	6.4
20A	31.8	8.2
20B	30.5	8.4
24A	36.5	9.8
24B	36.0	10.5
28A	44.4	11.4
32A	50.8	13.1
40A	63.5	16.3

注：1. p 见表 17.2-55。
2. M 型附板既可装在外链节，也可装在内链节。
3. M1 和 M2 型附板可以相同，区别是 M1 型附板中心有一个孔。
4. M2 型附板不推荐逐节安装。

表 17.2-59　加长销轴的尺寸　（mm）

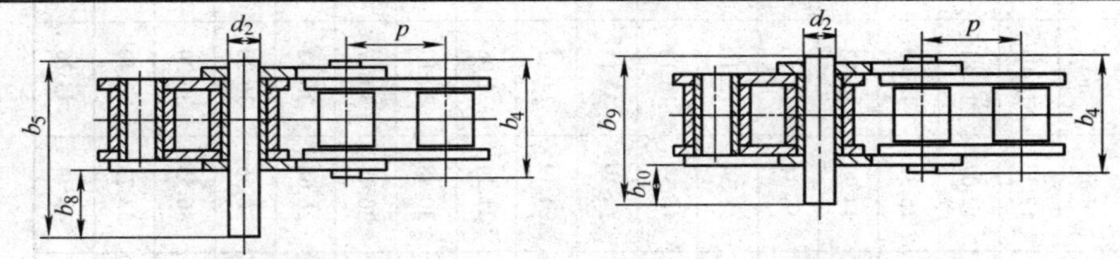

X型加长销轴　　Y型加长销轴

链号	X 型加长销轴		Y 型加长销轴[①]		X 型和 Y 型销轴直径
	b_8 max	b_5 max	b_{10} max	b_9 max	d_2 max
05B	7.1	14.3	—	—	2.31
06C	12.3	23.4	10.2	21.9	3.60
06B	12.2	23.8	—	—	3.28
08A	16.5	32.3	10.2	26.3	3.98
08B	15.5	31.0	—	—	4.45
10A	20.6	39.9	12.7	32.6	5.09
10B	18.5	36.2	—	—	5.08
12A	25.7	49.8	15.2	40.0	5.96
12B	21.5	42.2	—	—	5.72
16A	32.2	62.7	20.3	51.7	7.94
16B	34.5	68.0	—	—	8.28
20A	39.1	77.0	25.4	63.8	9.54
20B	39.4	79.7	—	—	10.19
24A	48.9	96.3	30.5	78.6	11.11
24B	51.4	101.8	—	—	14.63
28A	—	—	35.6	87.5	12.71
32A	—	—	40.60	102.6	14.29

① Y 型加长销轴可选择使用，通常用在“A”系列链条。

2.4　双节距精密滚子输送链（摘自 GB/T 5269—2008）

2.4.1　链条的结构名称和代号（见图 17.2-3）

根据图 17.2-3 中的尺寸代号查表 17.2-60，可以得到不同链号对应的主要尺寸和抗拉强度。

K 型附板尺寸见表 17.2-61。M1 型附板的尺寸见表 17.2-62。M2 型附板的尺寸见表 17.2-63。X 型加长销轴和 Y 型加长销轴的尺寸见表 17.2-64。

表 17.2-60　输送链条的主要尺寸、测量力和抗拉强度　（mm）

链号[①]	节距 p	小滚子直径 d_1 max	大滚子直径 d_7 max	内链节内宽 b_1 min	销轴直径 d_2 max	套筒内径 d_3 min	链条通道高度 h_1 min	链板高度 h_2 max	过渡链板尺寸[②] l_1 min	内链节外宽 b_2 max	外链节内宽 b_3 min	销轴长度 b_4 max	销轴止锁端加长量[③] b_7 max	测量力 /N	抗拉强度 /kN min
C208A	25.4	7.92	15.88	7.85	3.98	4.00	12.33	12.07	6.9	11.17	11.31	17.8	3.9	120	13.9
C208B	25.4	8.51	15.88	7.75	4.45	4.50	12.07	11.81	6.9	11.30	11.43	17.0	3.9	120	17.8
C210A	31.75	10.16	19.05	9.40	5.09	5.12	15.35	15.09	8.4	13.84	13.97	21.8	4.1	200	21.8
C210B	31.75	10.16	19.05	9.65	5.08	5.13	14.99	14.73	8.4	13.28	13.41	19.6	4.1	200	22.2
C212A	38.1	11.91	22.23	12.57	5.96	5.98	18.34	18.10	9.9	17.75	17.88	26.9	4.6	280	31.3
C212A-H	38.1	11.91	22.23	12.57	5.96	5.98	18.34	18.10	9.9	19.43	19.56	30.2	4.6	280	31.3
C212B	38.1	12.07	22.23	11.68	5.72	5.77	16.39	16.13	9.9	15.62	15.75	22.7	4.6	280	28.9
C216A	50.8	15.88	28.58	15.75	7.94	7.96	24.39	24.13	13	22.60	22.74	33.5	5.4	500	55.6
C216A-H	50.8	15.88	28.58	15.75	7.94	7.96	24.39	24.13	13	24.28	24.41	37.4	5.4	500	55.6
C216B	50.8	15.88	28.58	17.02	8.28	8.33	21.34	21.08	13	25.45	25.58	36.1	5.4	500	60.0
C220A	63.5	19.05	39.67	18.90	9.54	9.56	30.48	30.17	16	27.45	27.59	41.1	6.1	780	87.0
C220A-H	63.5	19.05	39.67	18.90	9.54	9.56	30.48	30.17	16	29.11	29.24	44.5	6.1	780	87.0
C220B	63.5	19.05	39.67	19.56	10.19	10.24	26.68	26.42	16	29.01	29.14	43.2	6.1	780	95.0
C224A	76.2	22.23	44.45	25.22	11.11	11.14	36.55	36.20	19.1	35.45	35.59	50.8	6.6	1110	125.0
C224A-H	76.2	22.23	44.45	25.22	11.11	11.14	36.55	36.20	19.1	37.18	37.31	55.0	6.6	1110	125.0
C224B	76.2	25.4	44.45	25.40	14.63	14.68	33.73	33.40	19.1	37.92	38.05	53.4	6.6	1110	160.0
C232A-H	101.6	28.58	57.15	31.55	14.29	14.31	48.74	48.26	25.2	46.88	47.02	69.4	7.9	2000	222.4

注：带大滚子链条的公称尺寸与表相同，其链板通常是直边的（不是曲边的）。

① 链号是从传动链基本链号派生出来的，前缀加字母 C 表示输送链，字尾加 S 表示小滚子链、L 表示大滚子链、加 H 表示重载链条。

② 重载应用场合不推荐使用过渡链节。

③ 实际尺寸取决于止锁件的形式，但不得超过所给尺寸，详细资料应从链条制造商得到。

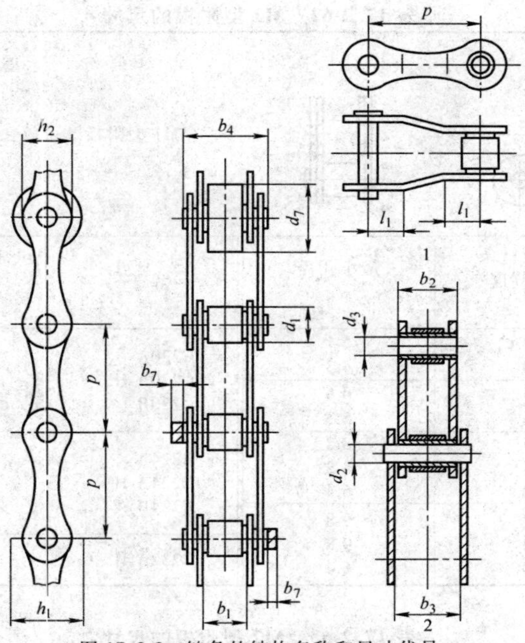

图 17.2-3　链条的结构名称和尺寸代号
1—过渡链节　2—链条剖面图

链条通道高度 h_1 是装配完成的小滚子系列链条所能通过的最小高度带有止锁件的链条全宽为：

铆头销轴、一侧带有止锁件：b_4+b_7　带头部的销轴、一侧带有止锁件：$b_4+1.6b_7$　两侧均带止锁件：b_4+2b_7

表 17.2-61　K 型附板的尺寸　（mm）

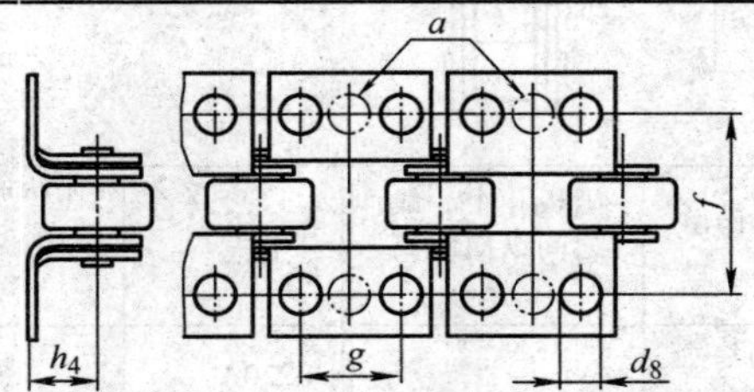

K2 型附板带有两个孔；K1 附板只在中间开一个孔

链　号①	附板平台高度 h_4	附板孔中心线之间横向距离 f	最小孔径 d_8	附板孔中心线之间纵向距离 g
C208A	9.1	25.4	3.3	9.5
C208B	9.1	25.4	4.3	12.7
C210A	11.1	31.8	5.1	11.9
C210B	11.1	31.8	5.3	15.9
C212A	14.7	42.9	5.1	14.3
C212A-H	14.7	42.9	5.1	14.3
C212B	14.7	38.1	6.4	19.1
C216A	19.1	55.6	6.6	19.1
C216A-H	19.1	55.6	6.6	19.1
C216B	19.1	50.8	6.4	25.4
C220A	23.4	66.6	8.2	23.8
C220A-H	23.4	66.6	8.2	23.8
C220B	23.4	63.5	8.4	31.8
C224A	27.8	79.3	9.8	28.6
C224A-H	27.8	79.3	9.8	28.6
C224B	27.8	76.2	10.5	38.1
C232A-H	36.5	104.7	13.1	38.1

① 重载链条标以后缀 H。

表 17.2-62　M1 型附板的尺寸　　(mm)

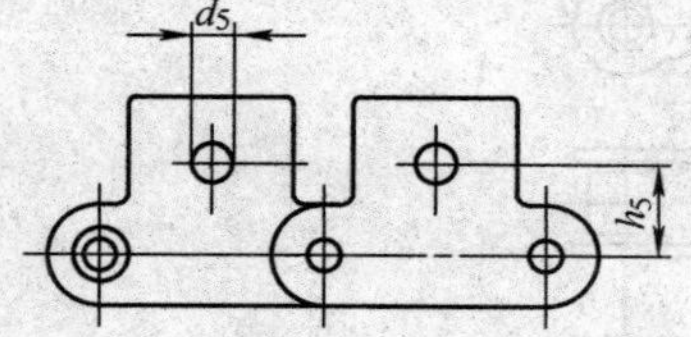

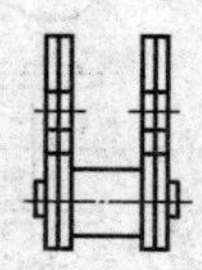

M1 型附板既可放在内链板上，也可放在外链板上

链号①	附板孔至链条中心线高度 h_5	最小孔径 d_5
C208A	11.1	5.1
C208B	13.0	4.3
C210A	14.3	6.6
C210B	16.5	5.3
C212A	17.5	8.2
C212A-H	17.5	8.2
C212B	21.0	6.4
C216A	22.2	9.8
C216A-H	22.2	9.8
C216B	23.0	6.4
C220A	28.6	13.1
C220A-H	28.6	13.1
C220B	30.5	8.4
C224A	33.3	14.7
C224A-H	33.3	14.7
C224B	36.0	10.5
C232A-H	44.5	19.5

① 重载链条标以后缀 H。

表 17.2-63　M2 型附板的尺寸　　(mm)

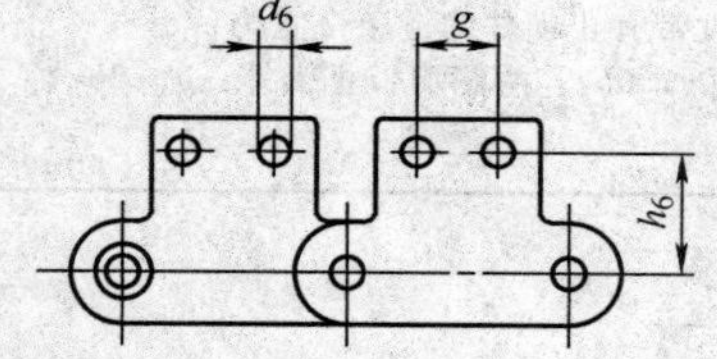

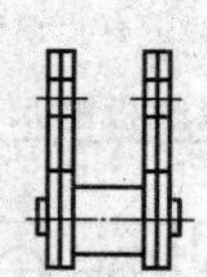

M2 型附板既可放在内链板上，也可放在外链板上

链号①	附板孔至链条中心线高度 h_6	最小孔径 d_6	附板孔中心线之间纵向距离 g
C208A	13.5	3.3	9.5
C208B	13.7	4.3	12.7
C210A	15.9	5.1	11.9
C210B	16.5	5.3	15.9
C212A	19.0	5.1	14.3
C212A-H	19.0	5.1	14.3
C212B	18.5	6.4	19.1
C216A	25.4	6.6	19.1
C216A-H	25.4	6.6	19.1
C216B	27.4	6.4	25.4
C220A	31.8	8.2	23.8
C220A-H	31.8	8.2	23.8
C220B	33.0	8.4	31.8
C224A	37.3	9.8	28.6
C224A-H	37.3	9.8	28.6
C224B	42.7	10.5	38.1
C232A-H	50.8	13.1	38.1

① 重载链条标以后缀 H。

表 17.2-64　X 型加长销轴和 Y 型加长销轴尺寸　　(mm)

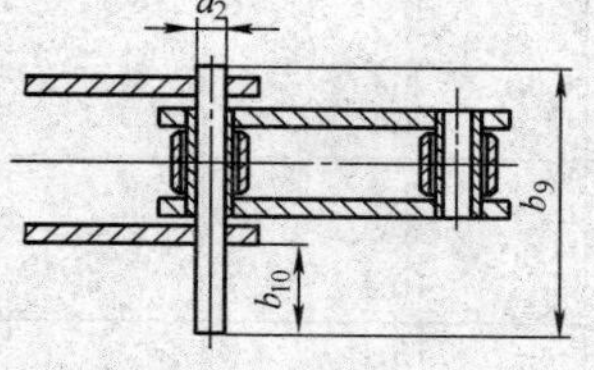

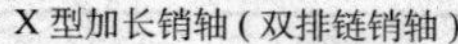

X 型加长销轴（双排链销轴）

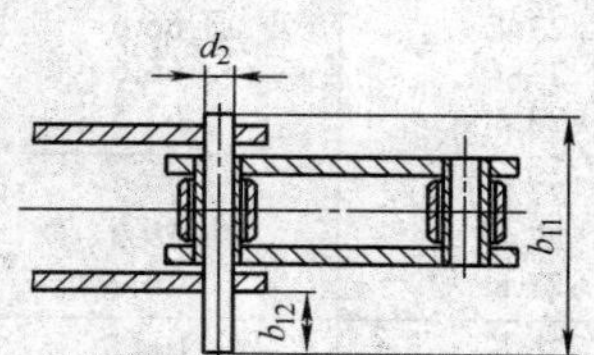

Y 型加长销轴（通常用于 A 系列链条）

（续）

链　号①	X 型销轴加长量		Y 型销轴加长量		销轴直径
	b_{10} max	b_9 max	b_{12} max	b_{11} max	d_2 max
C208A	—	—	10.2	26.3	3.98
C208B	15.5	31.0	—	—	4.45
C210A	—	—	12.7	32.6	5.09
C210B	18.5	36.2	—	—	5.08
C212A	—	—	15.2	40.0	5.96
C212A-H	—	—	15.2	43.3	5.96
C212B	21.5	42.2	—	—	5.72
C216A	—	—	20.3	51.7	7.94
C216A-H	—	—	20.3	55.3	7.94
C216B	34.5	68.0	—	—	8.28
C220A	—	—	25.4	63.8	9.54
C220A-H	—	—	25.4	67.2	9.54
C220B	39.4	79.7	—	—	10.19
C224A	—	—	30.5	78.6	11.11
C224A-H	—	—	30.5	82.4	11.11
C224B	51.4	101.8	—	—	14.63
C232A-H	—	—	40.6	106.3	14.29

① 重载链条标以后缀 H。

2.4.2　链轮

链轮的基本参数及尺寸见表 17.2-65。

表 17.2-65　链轮的基本参数及尺寸

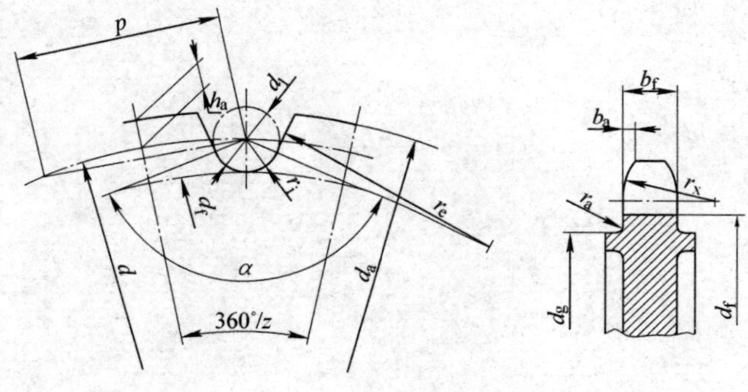

b_a—齿侧倒角宽　b_f—齿宽　d—分度圆直径　d_a—齿顶圆直径　d_f—齿根圆直径　d_g—最大齿侧凸缘直径　d_1—最大滚子直径　h_a—分度圆弦齿高　p—弦节距，等于链条节距　r_a—齿侧凸缘圆角半径　r_e—齿廓圆弧半径　r_i—滚子定位圆弧半径　r_x—齿侧半径　z—有效围链齿数　z_1—双切齿链轮齿数，$z_1=2z$　α—滚子定位角

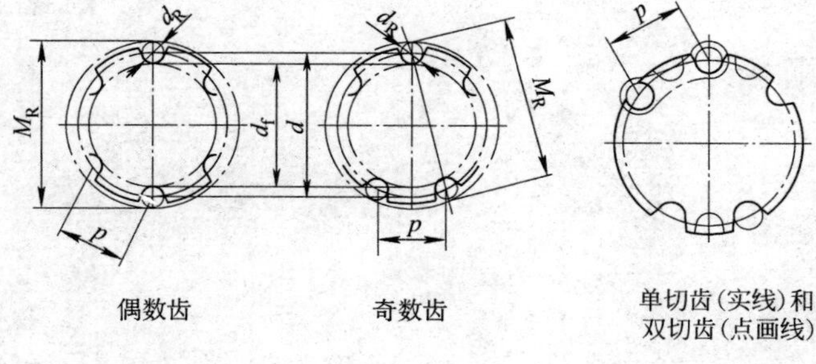

偶数齿　　奇数齿　　单切齿（实线）和双切齿（点画线）

d_f—齿根圆直径　d_R—量柱直径　M_R—跨柱测量距　p—弦节距，等于链条节距　d—分度圆直径

（续）

分度圆直径 d $d=\dfrac{p}{\sin\dfrac{180°}{z}}$	弦齿高 $h_{amax}=p\left(0.3125+\dfrac{0.8}{z}\right)-0.5d_1$ $h_{amin}=p\left(0.25+\dfrac{0.6}{z}\right)-0.5d_1$
量柱直径 d_R $d_R=d_1{}^{+0.01}_{0}$ mm	最小齿槽形状 $r_{emax}=0.12d_1(z+2)$ $r_{imin}=0.505d_1$ $\alpha_{max}=140°-\dfrac{90°}{z}$
齿根圆直径 d_f $d_f=d-d_1$	
跨柱测量距 对偶数齿链轮：$M_R=d+d_{Rmin}$ 对奇数齿的单切齿链轮：$M_R=d\cos\dfrac{90°}{z}+d_{Rmin}$ 对奇数齿的双切齿链轮： $M_R=d\cos\dfrac{90°}{z_1}+d_{Rmin}$	最大齿槽形状 $r_{emin}=0.008d_1(z^2+180)$ $r_{imax}=0.505d_1+0.069\sqrt[3]{d_1}$ $\alpha_{min}=120°-\dfrac{90°}{z}$
	齿宽 $b_f=0.95b_1$(h14)
	齿侧倒角 $b_{anom}=0.065p$
齿顶圆直径 d_a $d_{amax}=d+0.625p-d_1$ $d_{amin}=d+p\left(0.5-\dfrac{0.4}{z}\right)-d_1$	齿侧倒角半径 $r_{xnom}=0.5p$
	最大齿侧凸缘直径 $d_g=p\cot\dfrac{180°}{z}-1.05h_2-1-2r_a$ 式中 h_2—最大链板高度

第3章 操 作 件

各种最常用的操作件有手柄、手轮和把手以及与它们有关的零件，其图形和尺寸详见表 17. 3-1 ~ 表 17. 3-26。

1 手柄（见表 17. 3-1 ~ 表 17. 3-16）

表 17. 3-1 手柄（摘自 JB/T 7270.1—2014） （mm）

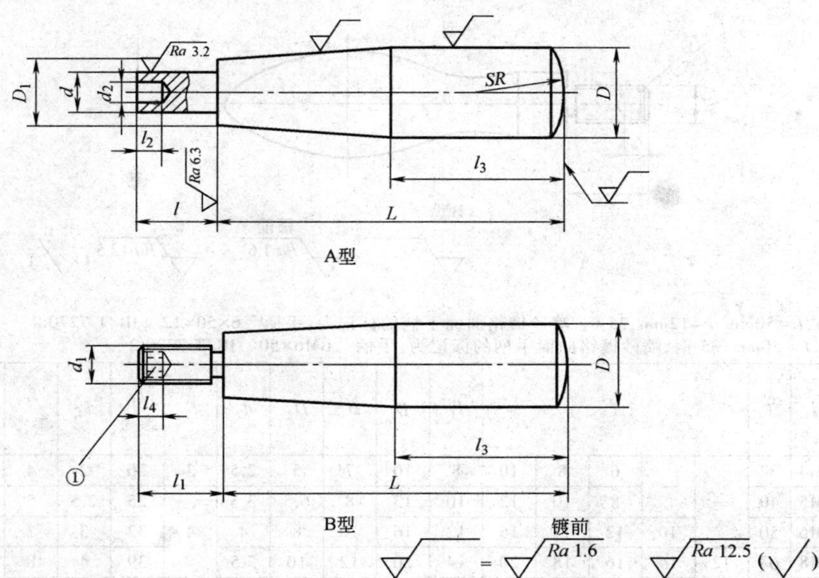

标记示例：

A 型，$d=6$mm，$L=50$mm，$l=10$mm，35 钢，喷砂镀铬手柄的标记为：手柄 6×50×10 JB/T 7270.1

B 型，$d_1=$M6，$L=50$mm，35 钢，喷砂镀铬手柄的标记为：手柄 BM6×50 JB/T 7270.1

d 公称尺寸	d 极限偏差 js7	d_1	L	l					l_1	D	D_1	d_2	l_2	l_3 参考	l_4	SR
4	±0.006	M4	32	—	—	6	8	10	8	9	7	2.5	3	16	2	12
5		M5	40			8	10	12	10	11	8	3.5		20	2.5	14
6		M6	50		10	12	14	16	12	13	10	4	4	25	3	16
8	±0.007	M8	63	12	14	16	18	20	14	16	12	5.5		32	4	20
10		M10	80	16	18	20	22	25	16	20	15	7	5	40	5	25
12	±0.009	M12	100	20	22	25	28	32	18	25	18	9	6	50	6	32
16		M16	112	22	25	28	32	36	20	32	22	12	8	56	8	40

注：1. 材料：35 钢、Q235A。如使用其他材料，由供需双方确定。

2. 表面处理：喷砂镀铬（PS/D · Cr），镀铬抛光（D · L_3Cr），氧化（H · Y）。

3. 其他技术要求应符合 JB/T 7277 的规定。

① 经供需双方协商，B 型手柄顶端可不制出内六角。

表 17.3-2　曲面手柄（摘自 JB/T 7270.2—2014）　　(mm)

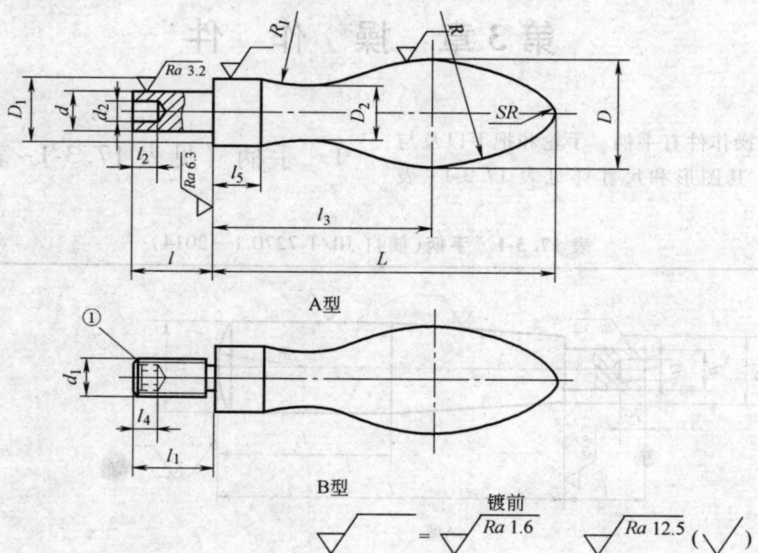

标记示例：

A 型，d=6mm，L=50mm，l=12mm，35 钢，喷砂镀铬曲面手柄的标记为：手柄　6×50×12　JB/T 7270.2

B 型，d_1=M6，L=50mm，35 钢，喷砂镀铬曲面手柄的标记为：手柄　BM6×50　JB/T 7270.2

d 公称尺寸	d 极限偏差 js7	d_1	L	l					l_1	D	D_1	D_2	d_2	l_2	l_3 参考	l_4	l_5 参考	R	R_1	SR
4	±0.006	M4	32	—	—	6	8	10	8	10	7	5	2.5	3	20	2	4	20	9.5	2
5		M5	40			8	10	12	10	13	8	6.5	3.5		25	2.5	5	24	14.5	2.5
6		M6	50		10	12	14	16	12	16	10	8	4	4	32	3	7	28	19	3
8	±0.007	M8	63	12	14	16	18	20	14	20	12	10	5.5		39	4	8	41	21	3
10		M10	80	16	18	20	22	25	16	25	15	13	7	5	49	5	10	50	29	4
12	±0.009	M12	100	20	22	25	28	32	18	32	18	16	9	6	60	6	13	63	40	4.5
16		M16	112	22	25	28	32	36	20	36	22	18	12	8	70	8	14	68	41	7

注：1. 材料：35 钢、Q235A。如使用其他材料，由供需双方确定。

2. 表面处理：喷砂镀铬（PS/D · Cr），镀铬抛光（D · L_3Cr），氧化（H · Y）。

3. 其他技术要求应符合 JB/T 7277 的规定。

① 经供需双方协商，B 型手柄顶端可不制出内六角。

表 17.3-3　转动小手柄（摘自 JB/T 7270.4—2014）　　(mm)

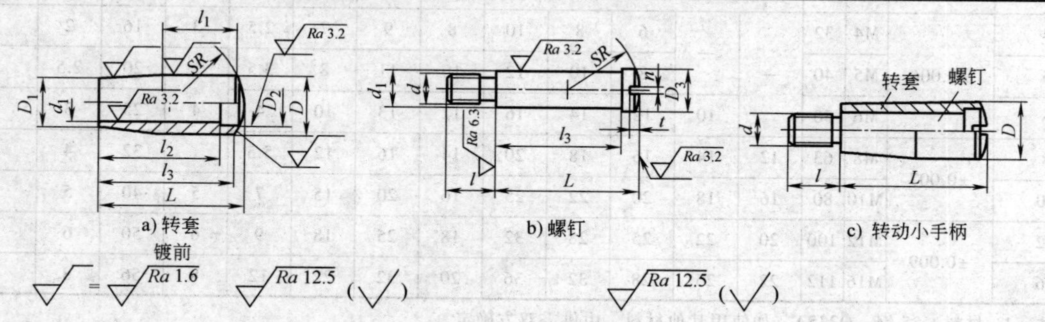

标记示例：

d=M8，L=40mm，35 钢，氧化转动小手柄的标记为：手柄　M8×40　JB/T 7270.4

d=M8，L=40mm，塑料，转动小手柄的标记为：手柄　M8×40-塑　JB/T 7270.4

（续）

d	L	l	D	D_1	D_2	l_1	l_2	l_3	n	t	SR 参考	d_1 公称尺寸	d_1 转套极限偏差	d_1 螺钉极限偏差
M5	25	10	12	10	8	12	20	21	1.2	2	14	6	+0.075 0	-0.030 -0.105
M6	32	12	14	12	10	16	27	28	1.6	2.5	16	8	+0.090 0	-0.040 -0.130
M8	40	14	16	14	12	20	34	35	2	3	20	10		
M10	50	16	20	16	16	25	43	44	2.5	3.5	25	12	+0.110 0	-0.050 -0.160

注：1. 材料：35 钢、Q235A、ZL102、塑料。如使用其他材料，由供需双方确定。

2. 表面处理：转套，钢件氧化（H·Y）、喷砂镀铬（PS/D·Cr）、镀铬抛光（D·L_3Cr）、ZL102 阳极氧化（D·Y）；螺钉，氧化（H·Y）。

3. 其他技术要求应符合 JB/T 7277 的规定。

表 17.3-4　转动手柄（摘自 JB/T 7270.5—2014）　（mm）

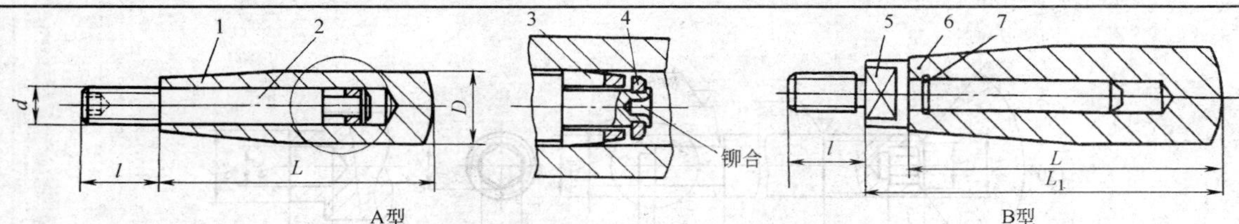

1、6—手柄套　2—手柄杆　3—弹性套　4—平垫圈　5—手柄杆　7—钢丝挡圈

标记示例：

A 型，d=M6，L=50mm，35 钢，喷砂镀铬转动手柄的标记为：手柄　M6×50　JB/T 7270.5

B 型，d=M6，L=50mm，塑料，转动手柄的标记为：手柄　BM6×50-塑　JB/T 7270.5

主要尺寸					件号	1,6	2,5	3	4	7
					名　称	手柄套 A、B	手柄杆 A、B	弹性套	平垫圈	钢丝挡圈
d	L	L_1	l	D	标准号	—	—	—	GB/T 97.1	GB/T 895.1
M6	50	—	12	16	规格	50	M6	4	2	—
M8	63	71	14	18		63	M8	5	2.5	7
M10	80	90	16	22		80	M10	6	3	8
M12	100	112	18	25		100	M12	8	4	10
M16	112	126	20	32		112	M16	10	6	14

注：1. 材料：手柄套 A、B，35 钢、Q235A、塑料；手柄杆 A、B，35 钢。

2. 表面处理：手柄套 A、B，钢件喷砂镀铬（PS/D·Cr）、镀铬抛光（D·L_3Cr）、氧化（H·Y）；手柄杆 A，氧化（H·Y）；手柄杆 B，d_8 处喷砂镀铬（PS/D·Cr）、镀铬抛光（D·L_3Cr）、氧化（H·Y）。

3. 热处理：弹性套为 42HRC。

4. 其他技术条件应符合 JB/T 7277 的规定。

表 17.3-5　手柄套（摘自 JB/T 7270.5—2014）　（mm）

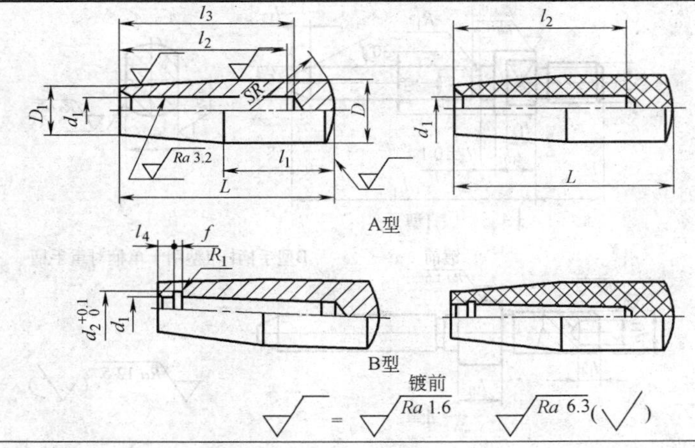

（续）

L	D	D_1	d_1(H11)		d_2	l_1	l_2		l_3		l_4	f	R_1	SR 参考
			A 型	B 型			A 型	B 型	A 型	B 型				
50	16	12	$6^{+0.075}_{0}$	—	—	25	40	—	42	—	—	—	—	20
63	18	14	$8^{+0.090}_{0}$	$7^{+0.090}_{0}$	7.4	32	50	45	52	50	3	0.8	0.4	25
80	22	16	$10^{+0.090}_{0}$	$8^{+0.090}_{0}$	8.5	40	60	55	65	60	3.5	0.8	0.4	28
100	25	18	$12^{+0.110}_{0}$	$10^{+0.090}_{0}$	10.5	50	75	65	80	70	4.5	0.8	0.4	32
112	32	22	$16^{+0.110}_{0}$	$14^{+0.110}_{0}$	14.6	60	85	80	90	85	5.5	1	0.5	40

表 17.3-6　A 型手柄杆（摘自 JB/T 7270.5—2014）　（mm）

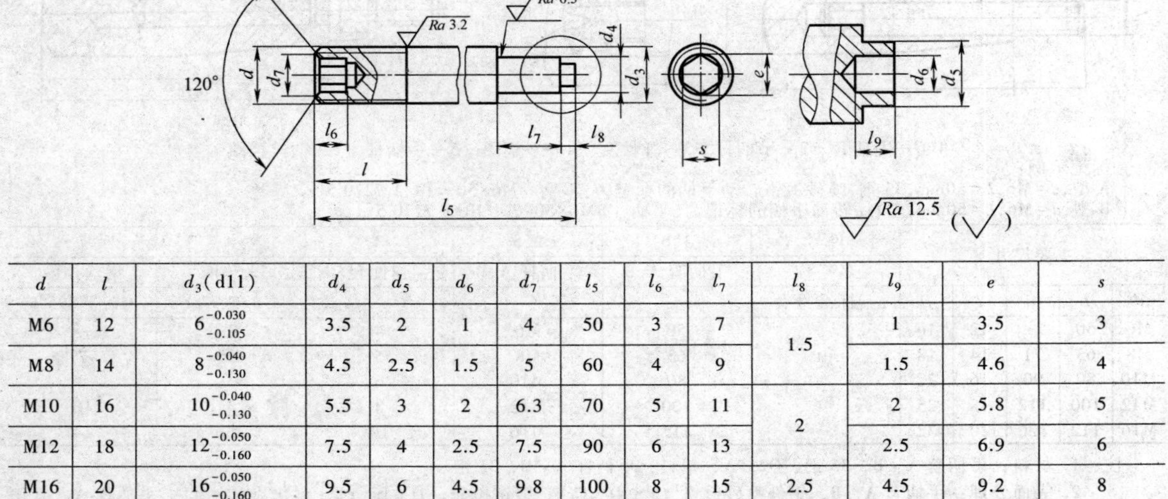

d	l	d_3(d11)	d_4	d_5	d_6	d_7	l_5	l_6	l_7	l_8	l_9	e	s
M6	12	$6^{-0.030}_{-0.105}$	3.5	2	1	4	50	3	7	1.5	1	3.5	3
M8	14	$8^{-0.040}_{-0.130}$	4.5	2.5	1.5	5	60	4	9		1.5	4.6	4
M10	16	$10^{-0.040}_{-0.130}$	5.5	3	2	6.3	70	5	11	2	2	5.8	5
M12	18	$12^{-0.050}_{-0.160}$	7.5	4	2.5	7.5	90	6	13		2.5	6.9	6
M16	20	$16^{-0.050}_{-0.160}$	9.5	6	4.5	9.8	100	8	15	2.5	4.5	9.2	8

表 17.3-7　B 型手柄杆（摘自 JB/T 7270.5—2014）　（mm）

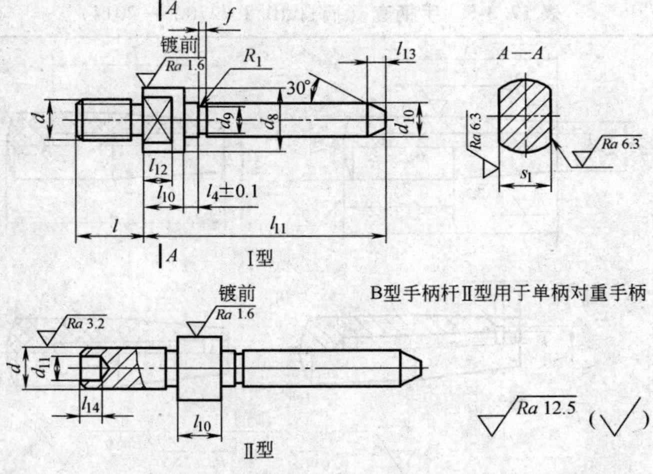

（续）

d(js7) Ⅰ型	d(js7) Ⅱ型	d_8	d_9	d_{10}(d11)	d_{11}	l Ⅰ型	l Ⅱ型	l_4	l_{10}	l_{11}	l_{12}	l_{13}	l_{14}	f	R_1	s_1 (h13)
M8	14±0.007	13	5.4	$7^{-0.040}_{-0.130}$	5.5	14	20	3	8	50	6	4	4	0.8	0.4	$10^{\ 0}_{-0.220}$
M10	16±0.007	15	6.4	$8^{-0.040}_{-0.130}$	7	16	25	3.5	10	60	8		5			$13^{\ 0}_{-0.270}$
M12	18±0.009	18	8.4	$10^{-0.040}_{-0.130}$	9	18	32	4.5	12	75	10	5	6	1	0.5	$16^{\ 0}_{-0.270}$
M16	—	21	12	$14^{-0.050}_{-0.160}$	—	20	—	5.5	14	92	12		—			$16^{\ 0}_{-0.270}$

表 17.3-8　弹性套（摘自 JB/T 7270.5—2014）　（mm）

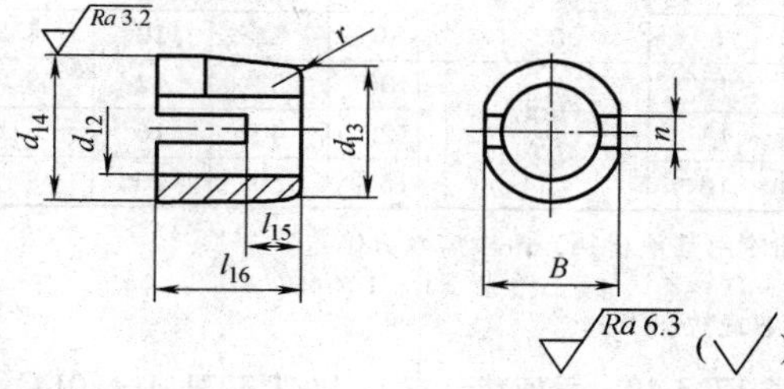

d_{12}	d_{13}	d_{14}(h11)	B	l_{15}	l_{16}	n	r
4	6	$6.20^{\ 0}_{-0.090}$	5.5	2	6	1	0.5
5	8	$8.25^{\ 0}_{-0.090}$	7.5		8		
6	10	$10.25^{\ 0}_{-0.110}$	9.5	3	10	1.2	1
8	12	$12.30^{\ 0}_{-0.110}$	11.5		12		
10	16	$16.30^{\ 0}_{-0.110}$	14.5		14	1.5	

表 17.3-9　球头手柄（摘自 JB/T 7270.8—2014）　（mm）

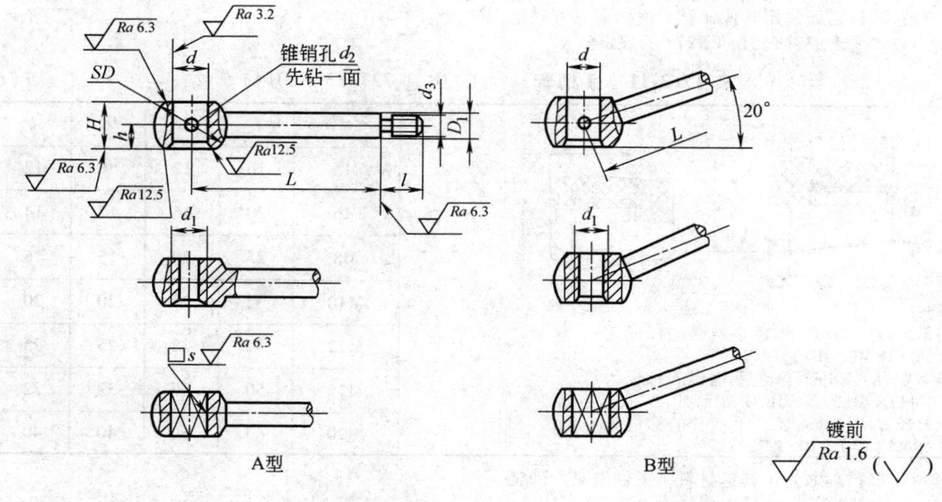

（续）

标记示例：

A 型，d = 8mm，L = 50mm，35 钢，喷砂镀铬球头手柄的标记为：手柄　8×50　JB/T 7270.8

A 型，d_1 = M8，L = 50mm，35 钢，喷砂镀铬球头手柄的标记为：手柄　M8×50　JB/T 7270.8

A 型，s = 5.5mm，L = 50mm，35 钢，喷砂镀铬球头手柄的标记为：手柄　5.5×5.5×50　JB/T 7270.8

B 型，d = 8mm，L = 50mm，35 钢，喷砂镀铬球头手柄的标记为：手柄　B8×50　JB/T 7270.8

B 型，d_1 = M8，L = 50mm，35 钢，喷砂镀铬球头手柄的标记为：手柄　BM8×50　JB/T 7270.8

B 型，s = 5.5mm，L = 50mm，35 钢，喷砂镀铬球头手柄的标记为：手柄　B5.5×5.5×50　JB/T 7270.8

d		d_1	s		L	SD	D_1	d_2	d_3	l	H	h
公称尺寸	极限偏差 H8		公称尺寸	极限偏差 H13								
8	+0.022 0	M8	5.5	+0.18 0	50	16	6	3	M5	8	11	5
10		M10	7	+0.22 0	63	20	8		M6	10	14	6.5
12	+0.027 0	M12	8		80	25	10	4	M8	12	18	8.5
16		M16	10	+0.27 0	100	32	12	5	M10	14	22	10
20	+0.033 0	M20	13		125	40	16	6	M12	16	28	13
25		M24	18		160	50	20	8	M16	20	36	17

注：1. 材料：35 钢、Q235A。如使用其他材料，由供需双方确定。

2. 表面处理：喷砂镀铬（PS/D · Cr），镀铬抛光（D · L_3Cr）。

3. 其他技术要求应符合 JB/T 7277 的规定。

表 17.3-10　手柄球（摘自 JB/T 7271.1—2014）　（mm）

A型　B型

标记示例：

A 型，d = M10，SD = 32mm，黑色手柄球的标记为：

手柄球　M10×32　JB/T 7271.1

B 型，d = M10，SD = 32mm，红色手柄球的标记为：

手柄球　BM10×32（红）　JB/T 7271.1

d	SD	H	l	嵌套（按 JB/T 7275）
M5	16	14	12	BM5×12
M6	20	18	14	BM6×14
M8	25	22.5	16	BM8×16
M10	32	29	20	BM10×20
M12	40	36	25	BM12×25
M16	50	45	32	BM16×32
M20	63	56	40	BM20×36

注：1. 材料：塑料。如使用其他材料，由供需双方确定。

2. 其他技术要求应符合 JB/T 7277 的规定。

表 17.3-11　手柄套（摘自 JB/T 7271.3—2014）　（mm）

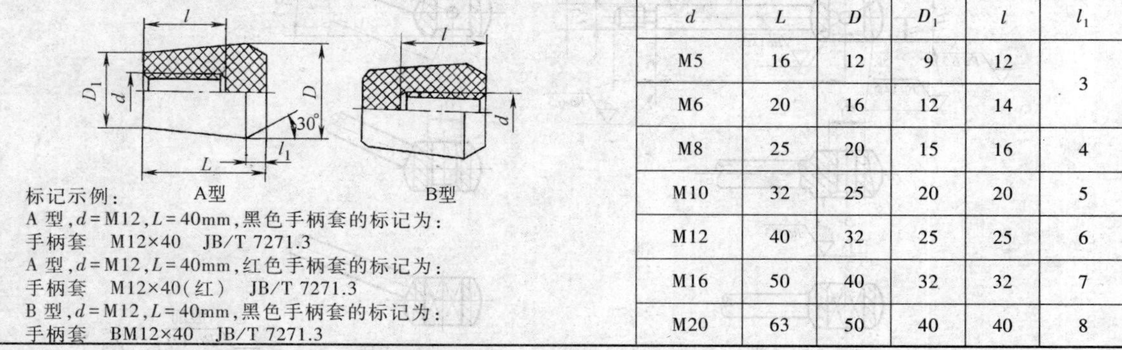

标记示例：

A 型，d = M12，L = 40mm，黑色手柄套的标记为：

手柄套　M12×40　JB/T 7271.3

A 型，d = M12，L = 40mm，红色手柄套的标记为：

手柄套　M12×40（红）　JB/T 7271.3

B 型，d = M12，L = 40mm，黑色手柄套的标记为：

手柄套　BM12×40　JB/T 7271.3

d	L	D	D_1	l	l_1
M5	16	12	9	12	3
M6	20	16	12	14	
M8	25	20	15	16	4
M10	32	25	20	20	5
M12	40	32	25	25	6
M16	50	40	32	32	7
M20	63	50	40	40	8

注：1. 材料：塑料。如使用其他材料，由供需双方确定。

2. 其他技术要求应符合 JB/T 7277 的规定。

表 17.3-12 椭圆手柄套（摘自 JB/T 7271.4—2014） （mm）

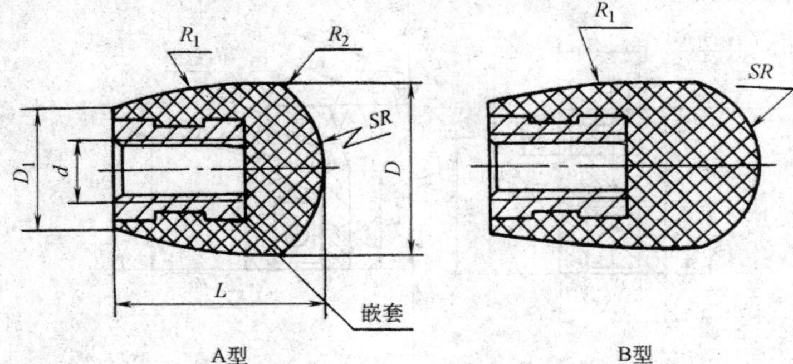

标记示例： A 型，d=M8，L=25mm，黑色椭圆手柄套的标记为：手柄套 M8×25 JB/T 7271.4

A 型，d=M8，L=25mm，红色椭圆手柄套的标记为：手柄套 M8×25（红） JB/T 7271.4

B 型，d=M8，L=32mm，黑色椭圆手柄套的标记为：手柄套 BM8×32 JB/T 7271.4

d	L		D	D_1	SR 参考		R_1 参考		R_2 参考	嵌套（按 JB/T 7275）
	A 型	B 型			A 型	B 型	A 型	B 型		
M5	16	20	12	12	10	7.5	40	60	3	BM5×12
M6	20	25	16	14	12	8.5	45	110	4	BM6×14
M8	25	32	20	16	14	10	50	120	5	BM8×16
M10	32	40	25	20	16	12.5	70	170	6	BM10×20
M12	40	50	32	25	18	16	90	200	8	BM12×25
M16	50	63	40	30	22	20	110	220	12	BM16×32
M20	63	80	50	35	30	24	130	230	16	BM20×36

注：1. 材料：塑料。如使用其他材料，由供需双方确定。

2. 其他技术要求应符合 JB/T 7277 的规定。

表 17.3-13 长手柄套（摘自 JB/T 7271.5—2014） （mm）

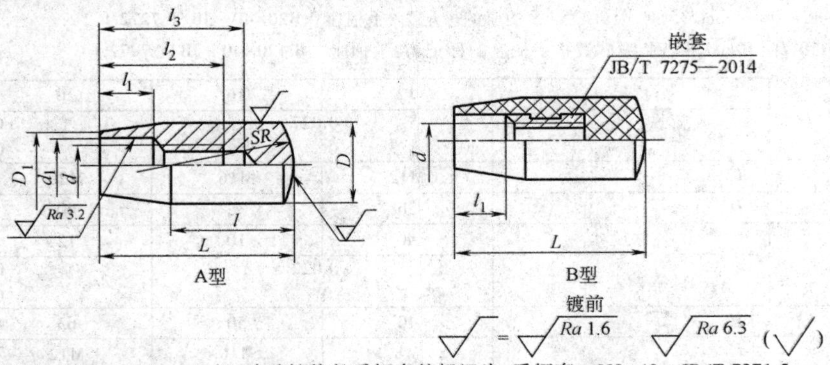

标记示例： A 型，d=M8，L=40mm，35 钢，喷砂镀铬长手柄套的标记为：手柄套 M8×40 JB/T 7271.5

B 型，d=M8，L=40mm，35 钢，塑料长手柄套的标记为：手柄套 BM8×40 JB/T 7271.5

d	L	D	D_1	d_1	l	l_1	l_2	l_3	SR 参考	嵌套（按 JB/T 7275）
M5	32	14	10	7	16	8	20	24	16	BM5×12
M6	36	16	12	9	20	10	22	27	20	BM6×14
M8	40	18	14	11	25	12	26	31	25	BM8×16
M10	50	22	16	13	32	14	32	39	28	BM10×20
M12	60	28	22	18	36	18	36	45	36	BM12×25
M16	70	32	26	22	40	22	45	55	40	BM16×32
M20	80	40	32	28	45	28	56	68	50	BM20×36

注：1. 材料：35 钢、Q235A、塑料。如使用其他材料，由供需双方确定。

2. 表面处理：钢件喷砂镀铬（PS/D · Cr），镀铬抛光（D · L_3Cr）。

3. 其他技术要求应符合 JB/T 7277 的规定。

表 17.3-14　手柄座（摘自 JB/T 7272.1—2014）　（mm）

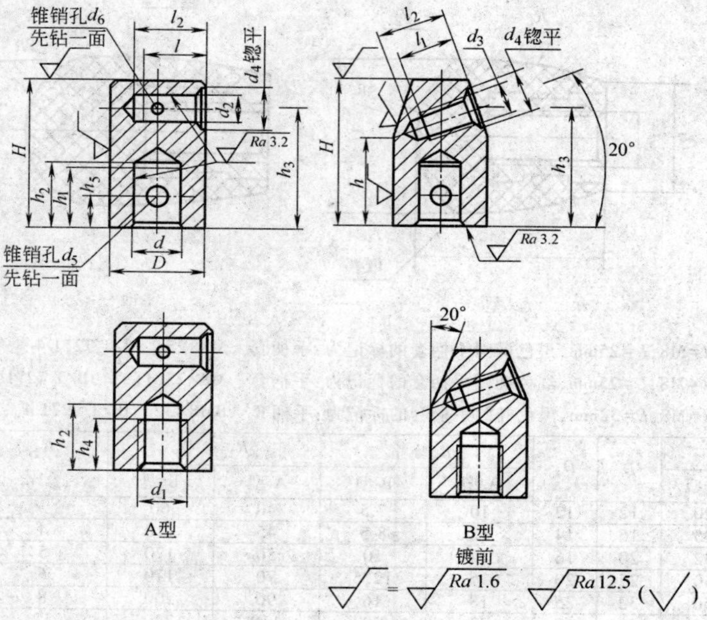

标记示例：

A 型，d=20mm，D=40mm，35 钢，喷砂镀铬手柄座的标记为：手柄座　20×40　JB/T 7272.1

A 型，d_1=M20，D=40mm，35 钢，喷砂镀铬手柄座的标记为：手柄座　M20×40　JB/T 7272.1

B 型，d=20mm，D=40mm，35 钢，喷砂镀铬手柄座的标记为：手柄座　B20×40　JB/T 7272.1

B 型，d_1=M20，D=40mm，35 钢，喷砂镀铬手柄座的标记为：手柄座　BM20×40　JB/T 7272.1

d	公称尺寸	12	16	20	25
	极限偏差 H8	+0.027 0		+0.033 0	
d_1		M12	M16	M20	M24
D		26	32	40	50
d_2	公称尺寸	8	10	12	16
	极限偏差 H8	+0.022 0		+0.027 0	
H		40	50	63	76
d_3		M8	M10	M12	M16
d_4		11	13	17	21
d_5		5	6		8
d_6		3		4	5
$l;h_1$		16	20	25	32
$l_1;h_4$		14	18	22	28
$l_2;h_2$		19	24	29	36
h		24	32	38	50
h_3		32	40	50	63
h_5		8	10	12	16

注：1. 材料：35 钢、Q235A。如使用其他材料，由供需双方确定。

2. 表面处理：喷砂镀铬（PS/D · Cr），镀铬抛光（D · L_3Cr），氧化（H · Y）。

3. 其他技术要求应符合 JB/T 7277 的规定。

表 17.3-15　圆盘手柄座（摘自 JB/T 7272.3—2014）　（mm）

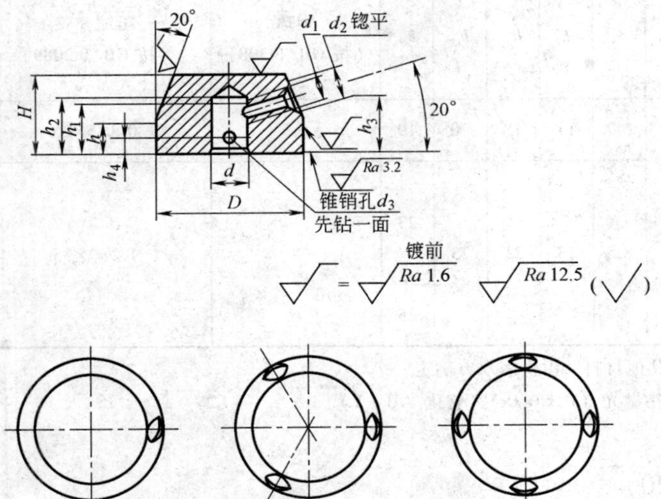

标记示例：

A 型，d = 10mm，D = 40mm，HT200，喷砂镀铬圆盘手柄座的标记为：

手柄座　10×40　JB/T 7272.3

B 型，d = 10mm，D = 40mm，HT200，喷砂镀铬圆盘手柄座的标记为：

手柄座　B10×40　JB/T 7272.3

C 型，d = 10mm，D = 40mm，HT200，喷砂镀铬圆盘手柄座的标记为：

手柄座　C10×40　JB/T 7272.3

d	公称尺寸	10	12	16	18	22
	极限偏差 H8	+0.022 0	+0.027 0			+0.027 0
D		40	50	60	70	80
H		22	26	32		36
d_1		M6	M8	M10		M12
d_2		9	11	13		17
d_3		4	5		6	
h		8	11	13		
h_1		14	18	21		24
h_2		16	20	23		26
h_3		15	19	23		25
h_4		4	6			

注：1. 材料：HT200、35 钢、Q235A。如使用其他材料，由供需双方确定。

2. 表面处理：喷砂镀铬（PS/D · Cr），镀铬抛光（D · L_3Cr），氧化（H · Y）。

3. 其他技术要求应符合 JB/T 7277 的规定。

表 17.3-16　定位手柄座（摘自 JB/T 7272.4—2014）　（mm）

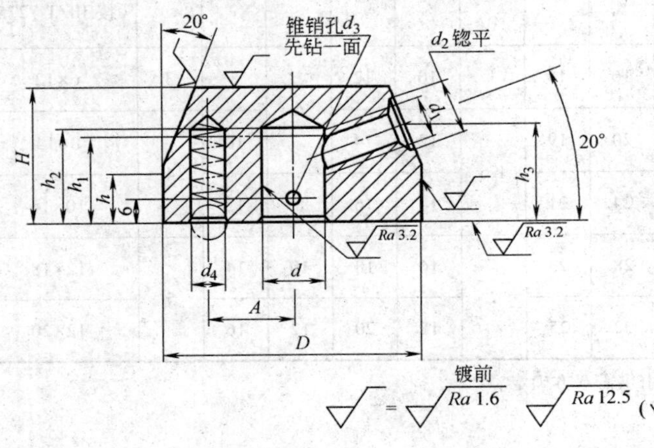

标记示例：

d = 16mm，D = 60mm，HT200，喷砂镀铬定位手柄座的标记为：

手柄座　16×60　JB/T 7272.4

（续）

d 公称尺寸	d 极限偏差 H8	D	A	H	d_1	d_2	d_3	d_4	h	h_1	h_2	h_3	钢球（按 GB/T 308）	压缩弹簧（按 GB/T 2089）
12	+0.027 0	50	16	26	M8	11	5	6.7	11	18	20	19	6.5	0.8×5×25
16		60	20	32	M10	13		8.5	13	21	23	23	8	1.2×7×35
18	+0.033 0	70	25				6							
22		80	30	36	M12	17						25		

注：1. 材料：HT200、35 钢、Q235A。如使用其他材料，由供需双方确定。

2. 表面处理：喷砂镀铬（PS/D · Cr），镀铬抛光（D · L_3Cr），氧化（H · Y）。

3. 其他技术要求应符合 JB/T 7277 的规定。

2　手轮（见表 17.3-17～表 17.3-20）

表 17.3-17　小波纹手轮（摘自 JB/T 7273.1—2014）　　　　（mm）

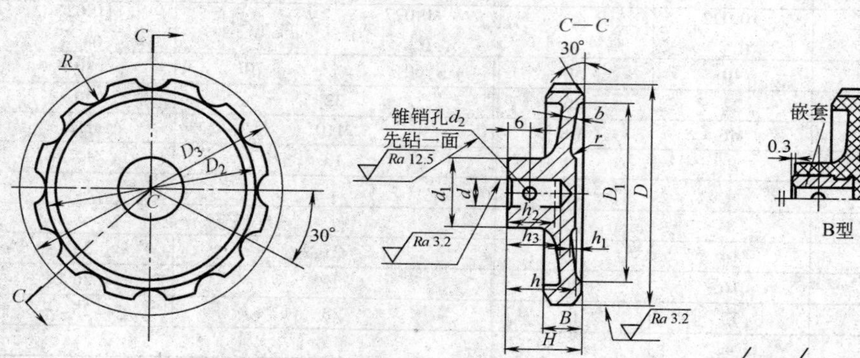

A型

标记示例：

A 型，d = 10mm，D = 80mm，ZL102，阳极氧化小波纹手轮的标记为：

手轮　10×80　JB/T 7273.1

B 型，d = 10mm，D = 80mm，塑料小波纹手轮的标记为：

手轮　B10 × 80　JB/T 7273.1

d（H8）	D	D_1	D_2	D_3	d_1	d_2	H	h	h_1	h_2	h_3	R	B	b	嵌套（按 JB/T 7275）
$6^{+0.018}_{0}$	50	40	45	58	16	2	16	15	1	10	12	6	8	3	6×12
$8^{+0.022}_{0}$	63	50	55	68	20	3	20	19	1.6	12	14		10	4	8×14
$10^{+0.022}_{0}$	80	63	70	88	22		24	21		14	16	8	12		10×16
$12^{+0.027}_{0}$	100	80	90	112	28	4	28	23	2	16	18	10	14	5	12×18
$12^{+0.027}_{0}$	125	100	112	140	32		32	25		18	20	12	16		12×20

注：1. 材料：ZL102、塑料。如使用其他材料，由供需双方确定。

2. 表面处理：ZL102 为阳极氧化（D · Y）。

3. 其他技术要求应符合 JB/T 7277 的规定。

表 17.3-18　手轮（摘自 JB/T 7273.3—2014）　　（mm）

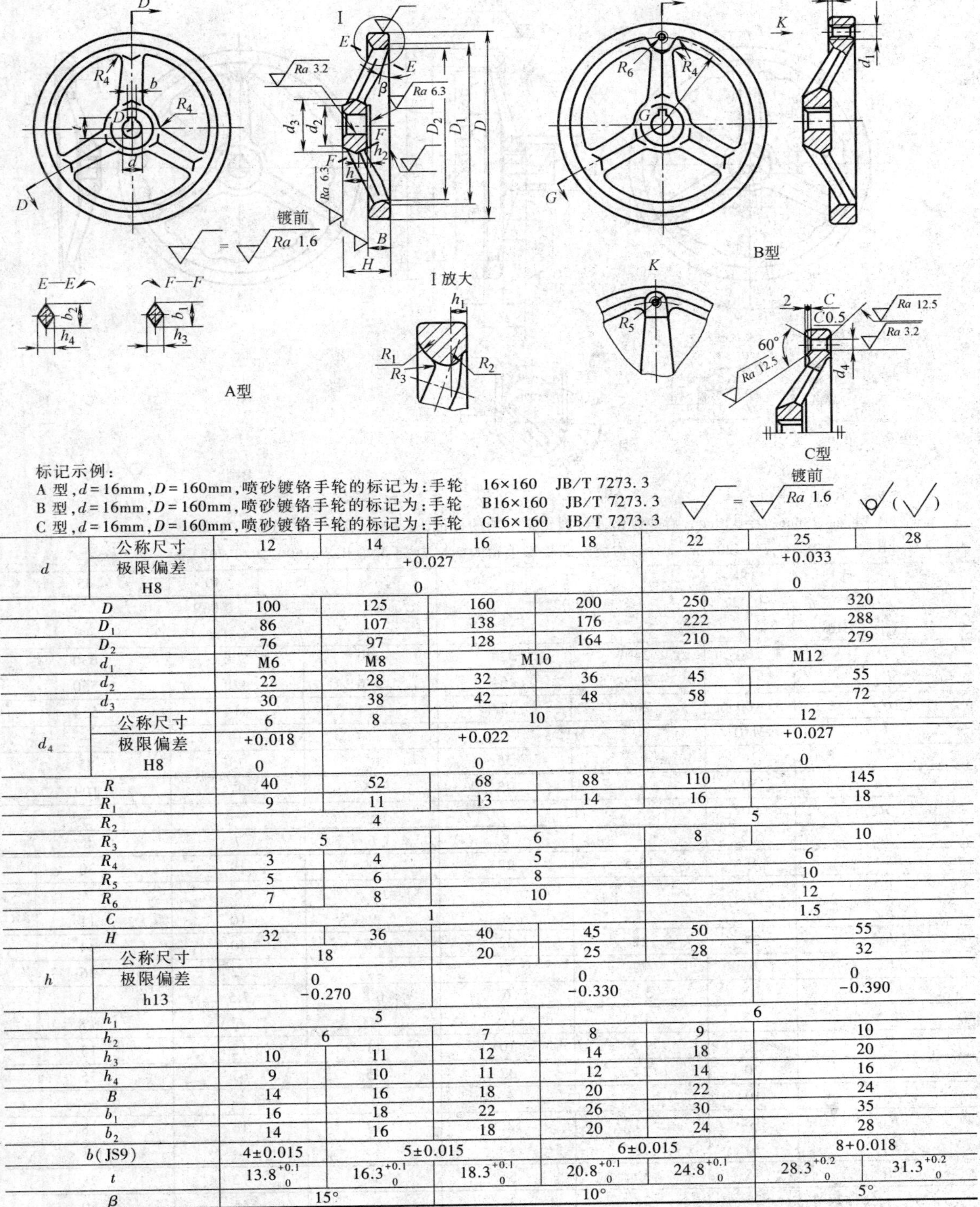

标记示例：

A 型，$d=16$mm，$D=160$mm，喷砂镀铬手轮的标记为：手轮　16×160　JB/T 7273.3

B 型，$d=16$mm，$D=160$mm，喷砂镀铬手轮的标记为：手轮　B16×160　JB/T 7273.3

C 型，$d=16$mm，$D=160$mm，喷砂镀铬手轮的标记为：手轮　C16×160　JB/T 7273.3

d	公称尺寸	12	14	16	18	22	25	28
	极限偏差 H8	$^{+0.027}_{0}$				$^{+0.033}_{0}$		
D		100	125	160	200	250	320	
D_1		86	107	138	176	222	288	
D_2		76	97	128	164	210	279	
d_1		M6	M8	M10		M12		
d_2		22	28	32	36	45	55	
d_3		30	38	42	48	58	72	
d_4	公称尺寸	6	8	10		12		
	极限偏差 H8	$^{+0.018}_{0}$	$^{+0.022}_{0}$			$^{+0.027}_{0}$		
R		40	52	68	88	110	145	
R_1		9	11	13	14	16	18	
R_2		4			5			
R_3		5		6		8	10	
R_4		3	4	5		6		
R_5		5	6	8		10		
R_6		7	8	10		12		
C		1				1.5		
H		32	36	40	45	50	55	
h	公称尺寸	18		20	25	28	32	
	极限偏差 h13	$^{0}_{-0.270}$		$^{0}_{-0.330}$			$^{0}_{-0.390}$	
h_1		5			6			
h_2		6		7	8	9	10	
h_3		10	11	12	14	18	20	
h_4		9	10	11	12	14	16	
B		14	16	18	20	22	24	
b_1		16	18	22	26	30	35	
b_2		14	16	18	20	24	28	
b(JS9)		4±0.015	5±0.015		6±0.015		8+0.018	
t		$13.8^{+0.1}_{0}$	$16.3^{+0.1}_{0}$	$18.3^{+0.1}_{0}$	$20.8^{+0.1}_{0}$	$24.8^{+0.1}_{0}$	$28.3^{+0.2}_{0}$	$31.3^{+0.2}_{0}$
β		15°		10°			5°	

注：1. 材料：HT200。如使用其他材料，由供需双方确定。

2. 表面处理：喷砂镀铬（PS/D · Cr），镀铬抛光（D · L_3Cr）。

3. 其他技术要求应符合 JB/T 7277 的规定。

表 17.3-19　波纹圆轮缘手轮（摘自 JB/T 7273.6—2014）　　(mm)

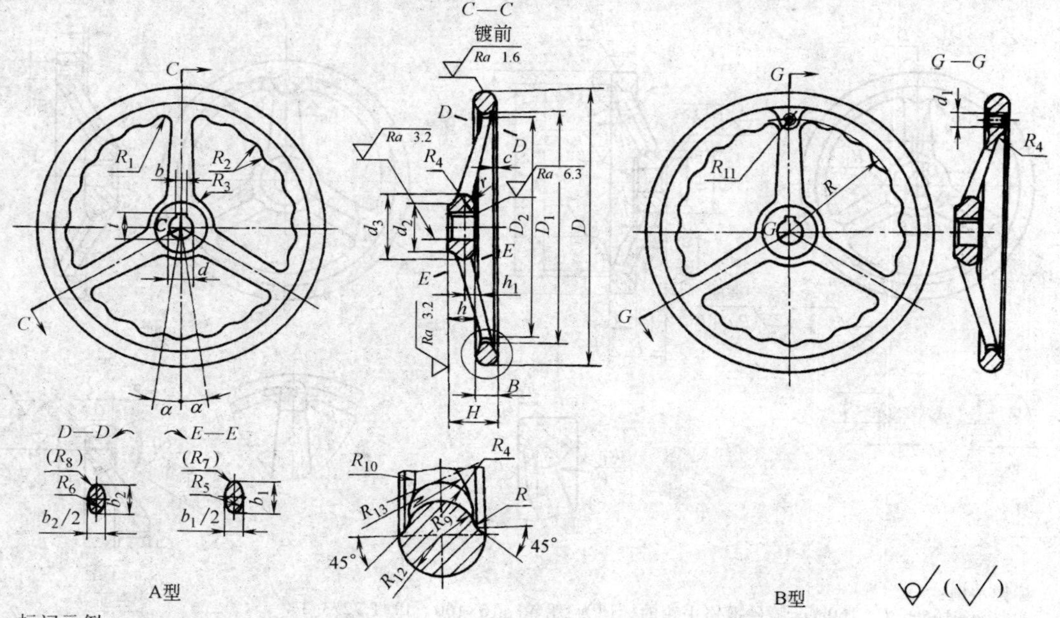

标记示例：

A 型，d=28mm，D=320mm，喷砂镀铬波纹圆轮缘手轮的标记为：手轮　28×320　JB/T 7273.6

B 型，d=28mm，D=320mm，喷砂镀铬波纹圆轮缘手轮的标记为：手轮　B28×160　JB/T 7273.6

d 公称尺寸	18	22	25	28	32	35	40	45
d 极限偏差 H8	+0.027 0	+0.033 0			+0.039 0			
D	200	250		320	400		500	630
D_1	168	209		264	336		428	550
D_2	160	200		254	324		414	534
d_1	M10	M12			—		—	—
d_2	36	45		55	65		75	85
d_3	50	61		73	85		97	109
R	80	12			—		—	—
R_1	5.5	4		6	6		7	8
$R_2\approx$	9	13.5		22	16		19	30
R_3	4				5		6	7
R_4	6	7		8	9		10	11
R_5	24	28		32	36		40	44
R_6	20	22		24	28		32	36
$R_7\approx$	4.5	5.3		6	6.8		7.5	8.3
$R_8\approx$	3.7	4.1		4.5	5.3		6	6.8
R_9	9	9.5		10	11		12	13
R_{10}	20	24		32	45		65	75
R_{11}	10	12			—		—	—
R_{12}	10	11		12.5	14		16	18
R_{13}	14	18		—	—		—	—
H	45	50		56	64		72	78
h 公称尺寸	25	28		32	40		45	50
h 极限偏差 h13	0 −0.33				0 −0.39			

（续）

h_1		9	10		11	12		14	16
B		20	22		25	28		32	36
b_1		24	28		32	36		40	44
b_2		20	22		24	28		32	36
b	公称尺寸	6		8		10		12	14
	极限偏差 JS9	±0.015		±0.018				±0.0215	
t	公称尺寸	20.8	24.8	28.3	31.3	35.3	38.3	43.3	48.8
	极限偏差	+0.1 0		+0.2 0					
α		8.5°				12°			
c		1.5				2			
轮辐数		3				5			

注：1. 手柄选用 JB/T 7270.5 规定的相应规格。

2. 其他技术要求应符合 JB/T 7277 的规定。

表 17.3-20　波纹手轮（摘自 JB/T 7273.4—2014）　　（mm）

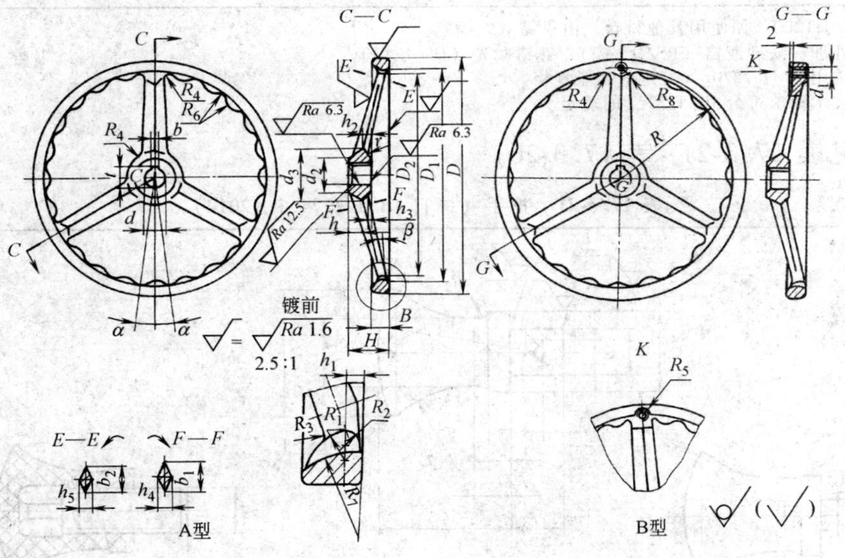

标记示例：

A 型，$d=18$mm，$D=200$mm，喷砂镀铬波纹手轮的标记为：手轮　18×200 JB/T 7273.4

B 型，$d=18$mm，$D=200$mm，喷砂镀铬波纹手轮的标记为：手轮　B18×200 JB/T 7273.4

d									
	公称尺寸	18	22	25	28	32	35	40	45
	极限偏差 H8	+0.027 0	+0.033 0			+0.039 0			

D	200	250	320	400	500	630
D_1	176	222	288	364	462	588
D_2	164	210	276	352	448	574
d_1	M10	M12		—		
d_2	36	45	55	65	75	85
d_3	48	58	72	85	95	105
R	88	110	145	—	—	—
R_1	20	22	23	26	28	32
R_2	5				6	
R_3	6	8	10	12	16	
R_4	5	6		8		
R_5	8	10		—		
$R_6\approx$	16	16.5	16			20
R_7	30	29	30	30	34	36
R_8	10	12		—		
H	45	50	55	65	70	75

（续）

h	公称尺寸	25	28	32	40	45	50
	极限偏差 h 13	0 -0.33		0 -0.39			
h_1		6				7	
h_2		8	9	10	12	14	16
h_3		2			3		5
h_4		14	18	20	22	24	26
h_5		12	14	16		18	20
B		20	22	24	26	28	30
b_1		26	30	35	38	42	45
b_2		20	24	28	30	32	35

b(JS9)	6±0.015		8±0.018		10±0.018		12±0.0215	14±0.0215
t	$20.8^{+0.1}_{0}$	$24.8^{+0.1}_{0}$	$28.3^{+0.2}_{0}$	$31.3^{+0.2}_{0}$	$35.3^{+0.2}_{0}$	$38.3^{+0.2}_{0}$	$43.3^{+0.2}_{0}$	$48.8^{+0.2}_{0}$

β	10°		5°	—		
α	12°30′	10°	7°30′	6°	5°	4°
轮辐数	3		5			

注：1. 材料：HT200。如使用其他材料，由供需双方确定。
　　2. 表面处理：喷砂镀铬（PS/D · Cr），镀铬抛光（D · L_3Cr）。
　　3. 手柄选用 JB/T 7270. 5 规定的相应规格。
　　4. 其他技术要求符合 JB/T 7277 的规定。

3　把手（见表 17. 3-21 ~ 表 17. 3-26）

表 17. 3-21　把手（摘自 JB/T 7274. 1—2014）　　（mm）

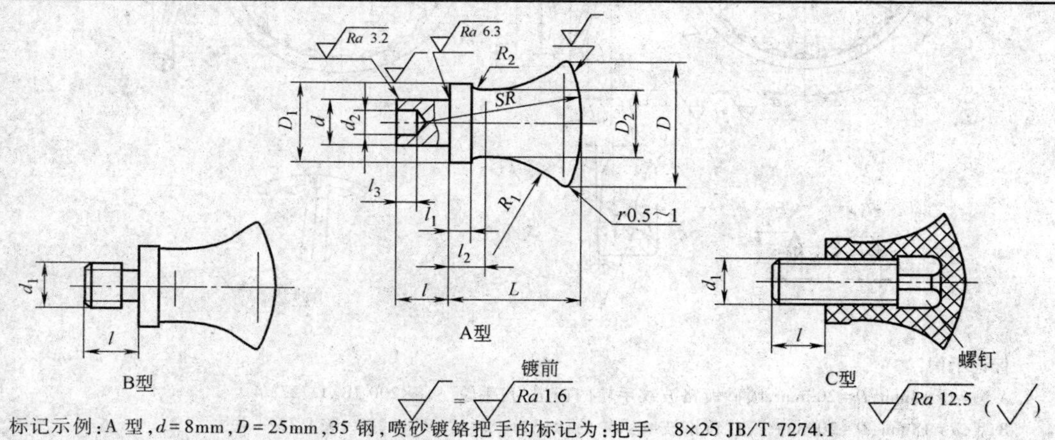

标记示例：A 型，d = 8mm，D = 25mm，35 钢，喷砂镀铬把手的标记为：把手　8×25 JB/T 7274.1
　　　　　B 型，d_1 = M8，D = 25mm，35 钢，喷砂镀铬把手的标记为：把手　BM8×25 JB/T 7274.1
　　　　　C 型，d_1 = M8，D = 25mm，塑料把手的标记为：把手　CM8×25 JB/T 7274.1

d(js7)	d_1	D	L	l	D_1	D_2	d_2	l_1	l_2	l_3	SR	R_1	R_2	螺钉 GB/T 821	每件质量≈/kg 钢	每件质量≈/kg 塑料
5±0.006	M5	16	16	6	10	8	3.5	3	5	3	20	12	1	M5×12	0.018	0.001
6±0.006	M6	20	20	8	12	10	4		6	4	25	15		M6×16	0.025	0.007
8±0.007	M8	25	25	10	16	13	5.5	4	7		32	20	1.5	M8×25	0.050	0.015
10±0.007	M10	32	32	12	20	16	7	5	10	5	40	24	2	M10×30	0.100	0.027
12±0.009	M12	40	40	16	25	20	9	6	13	6	50	28	2.5	M12×40	0.200	0.056

注：1. 材料：35 钢、塑料。如使用其他材料，由供需双方确定。
　　2. 表面处理：钢件喷砂镀铬（PS/D · Cr），镀铬抛光（D · L_3Cr），氧化（H · Y）。
　　3. 其他技术要求应符合 JB/T 7277 的规定。

表 17.3-22 压花把手（摘自 JB/T 7274.2—2014） （mm）

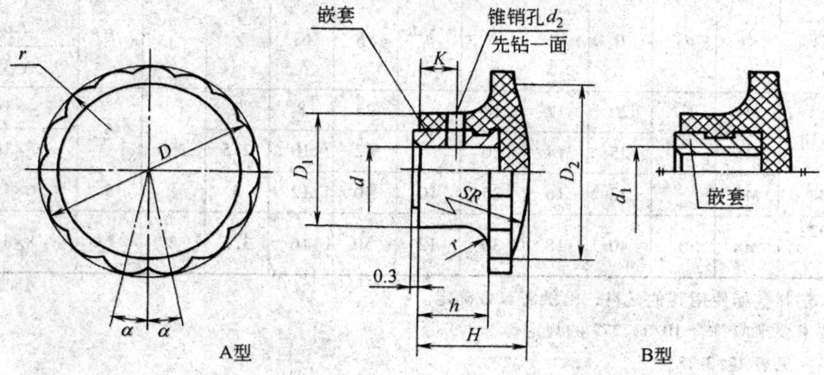

标记示例：

A 型，d=10mm，D=40mm 的压花把手的标记为：把手 10×40 JB/T 7274.2

B 型，d_1=M10mm，D=40mm 的压花把手的标记为：把手 M10×40 JB/T 7274.2

d 公称尺寸	d 极限偏差 H8	d_1	D	D_1	d_2	H	D_2	h	SR	r	K	α	嵌套（按 JB/T 7275）A 型	嵌套（按 JB/T 7275）B 型
6	+0.018 0	M6	25	16	2	16	22	10	40	3	5	15°	6×12	BM6×12
8	+0.022 0	M8	32	18	3	18	28	12	50	4	6		8×14	BM8×14
10		M10	40	22		20	35	14	60	5	7	12°	10×16	BM10×16
12	+0.027 0	M12	50	28		25	45	16	80		8	10°	12×20	BM12×20

注：1. 材料：塑料。如使用其他材料，由供需双方确定。

2. 其他技术要求应符合 JB/T 7277 的规定。

3. 嵌套尺寸见表 17.3-25。

表 17.3-23 十字把手（摘自 JB/T 7274.3—2014） （mm）

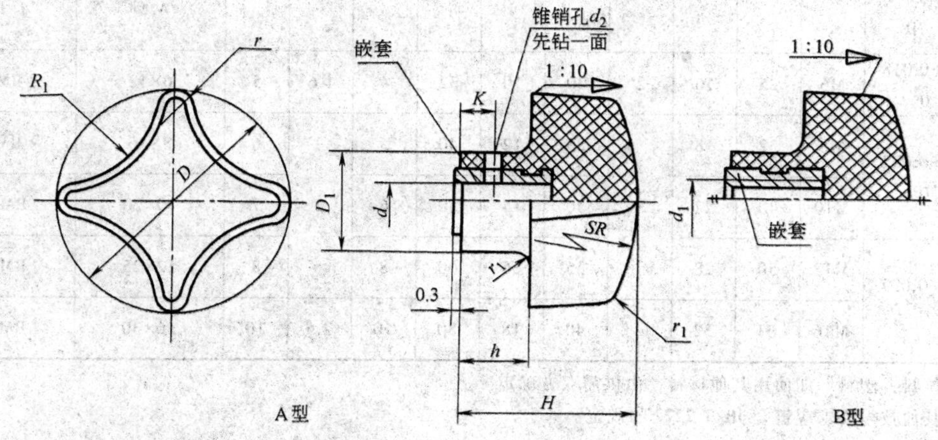

（续）

d 公称尺寸	d 极限偏差 H8	d_1	d_2	D	D_1	H	h	SR	R_1	r	r_1	K	嵌套（按 JB/T 7275）A 型	嵌套（按 JB/T 7275）B 型
4	+0.018 0	M4	2	20	12	18	8	25	8	2	1.6	4	4×10	BM4×10
5		M5		25	14	20		32	10	2.5			5×10	BM5×10
6		M6		32	16	25	10	40	12	3		5	6×12	BM6×12
8	+0.022 0	M8	3	40	18	30	12	50	16	3.5	2	6	8×16	BM8×16

注：1. 材料：塑料。如使用其他材料，由供需双方确定。

2. 其他技术要求应符合 JB/T 7277 的规定。

3. 嵌套尺寸见表 17.3-25。

表 17.3-24　星形把手（摘自 JB/T 7274.4—2014）　（mm）

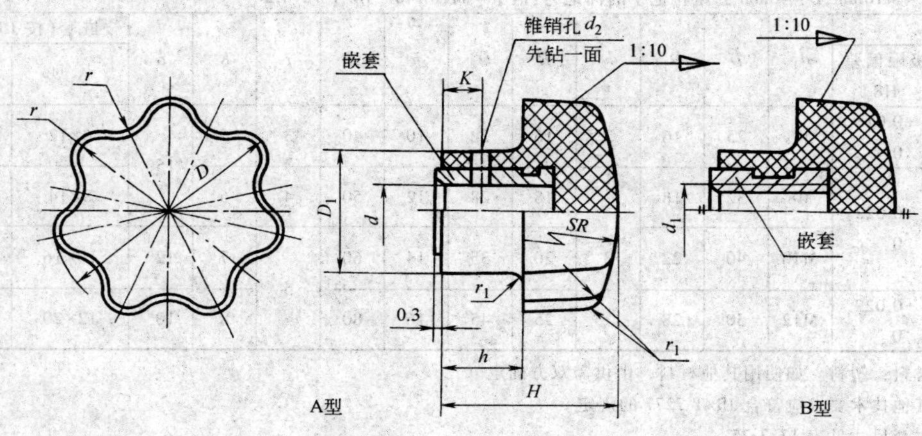

d 公称尺寸	d 极限偏差 H8	d_1	D	D_1	d_2	H	h	SR	r	r_1	K	嵌套（按 JB/T 7275）A 型	嵌套（按 JB/T 7275）B 型
6	+0.018 0	M6	25	16	2	20	10	32	4	1.6	5	6×12	BM6×12
8	+0.022 0	M8	32	18	3	25	12	40	5	2	6	8×16	BM8×16
10		M10	40	22		30	14	50	6		7	10×20	BM10×20
12	+0.027 0	M12	50	28		35	16	60	8		8	12×25	BM12×25
16		M16	63	32	4	40	18	80	10	2.5	10	16×30	BM16×30

注：1. 材料：塑料。如使用其他材料，由供需双方确定。

2. 其他技术要求应符合 JB/T 7277 的规定。

3. 嵌套尺寸见表 17.3-25。

表 17.3-25　嵌套（摘自 JB/T 7275—2014）　（mm）

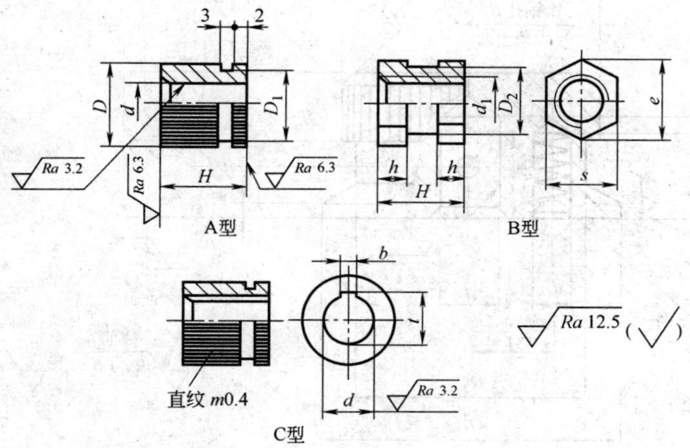

标记示例：

A 型，d=12mm，H=20mm 的嵌套的标记为：嵌套　12×20　JB/T 7275

B 型，d_1=M12，H=20mm 的嵌套的标记为：嵌套　BM12×20　JB/T 7275

C 型，d=12mm，H=20mm 的嵌套的标记为：嵌套　C12×20　JB/T 7275

d	公称尺寸	4	5	6	8	10	12	16	18	—	22	25	28	32
	极限偏差 H8	+0.018 0			+0.022 0		+0.027 0			—	+0.033 0			+0.039 0
d_1		M4	M5	M6	M8	M10	M12	M16	—	M20	—			
D		6	8	10	12	16	20	25	28	—	32	36	40	45
D_1		5	7	9	10	14	18	22	25	—	30	34	38	42
D_2		5.5	7	8	10	14	17	22	—	27	—			
e		6.3	8.1	9.2	11.5	16.2	19.6	25.4	—	31.2	—			
s		5.5	7	8	10	14	17	22	—	27	—			
H	h	有效的嵌套宽度												
10	3	√	√											
12	4		√	√										
14	4.5			√	√									
16	5				√	√								
18	6					√	√							
20	6.5					√	√	√	√	√	√	√	√	√
25	8						√	√	√	√	√	√	√	√
28	9							√	√	√	√	√	√	√
30	10							√	√	√	√	√	√	√
32	11							√	√	√	√	√	√	√
36	12								√	√	√	√	√	√
b	公称尺寸	—		2		3	4	5	6	—	6	8		10
	极限偏差(JS9)			±0.0125			±0.015					±0.018		
t	公称尺寸	—		7	9	11.4	13.8	18.3	20.8	—	24.8	28.3	31.3	35.3
	极限偏差			+0.1 0								+0.2 0		

注：1. 材料：Q235A。如使用其他材料，由供需双方确定。

2. 其他技术要求应符合 JB/T 7277 的规定。

表 17.3-26　定位把手（摘自 JB/T 7274.5—2014）　（mm）

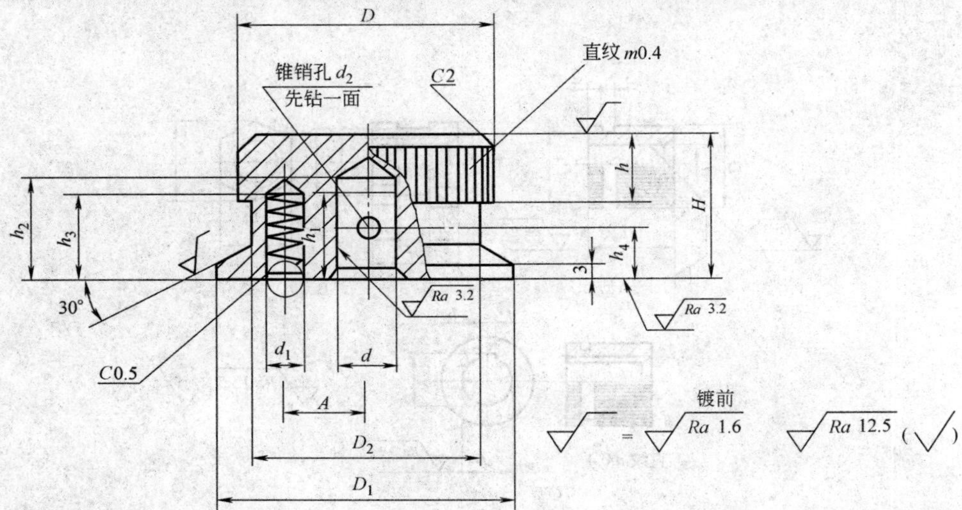

标记示例：

d = 12mm，D = 50mm　HT200

喷砂镀铬定位把手的标记为：把手　12×50　JB/T 7274.5

<table>
<tr><th colspan="2">d</th><th rowspan="2">D</th><th rowspan="2">D₁</th><th rowspan="2">D₂</th><th rowspan="2">d₁</th><th rowspan="2">d₂</th><th rowspan="2">H</th><th rowspan="2">h</th><th rowspan="2">h₁</th><th rowspan="2">h₂</th><th rowspan="2">h₃</th><th rowspan="2">A</th><th rowspan="2">h₄</th><th rowspan="2">钢　球
（按 GB/T 308）</th><th rowspan="2">压缩弹簧
（按 GB/T 2089）</th></tr>
<tr><th>公称尺寸</th><th>极限偏差 H8</th></tr>
<tr><td>10</td><td>+0.022
0</td><td>40</td><td>48</td><td>38</td><td rowspan="2">6.7</td><td>4</td><td>26</td><td>12</td><td>14</td><td>18</td><td rowspan="2">18</td><td>14</td><td>10</td><td rowspan="2">6.5</td><td rowspan="2">0.8×5×25</td></tr>
<tr><td>12</td><td rowspan="3">+0.027
0</td><td>50</td><td>58</td><td>45</td><td rowspan="2">5</td><td>30</td><td>14</td><td>18</td><td>20</td><td>16</td><td rowspan="3">11</td></tr>
<tr><td>16</td><td>60</td><td>68</td><td>55</td><td rowspan="2">8.5</td><td>32</td><td>16</td><td rowspan="2">21</td><td rowspan="2">23</td><td rowspan="2">21</td><td>20</td><td rowspan="2">8</td><td rowspan="2">1.2×6×35</td></tr>
<tr><td>18</td><td>70</td><td>78</td><td>65</td><td>6</td><td>34</td><td>18</td><td>25</td></tr>
</table>

注：1. 材料：HT 200、35 钢、Q235A。如使用其他材料，由供需双方确定。

2. 表面处理：喷砂镀铬（PS/D·Cr），镀铬抛光（D·L_3Cr），氧化（H·Y）。

3. 其他技术要求应符合 JB/T 7277 的规定。

4　操作件技术要求

4.1　材料

操作件所用的 35 钢和 Q235A 应分别符合 GB/T 699—2015《优质碳素结构钢》和 GB/T 700—2006《碳素结构钢》的规定，铸铝 ZL102 应符合 GB/T 1173—2013《铸造铝合金》的规定，铸铁 HT200 应符合 GB/T 9439—2010《灰铸铁件》标准的规定，塑料应根据使用要求选用，推荐采用增强树脂。

4.2　表面质量

操作件表面必须光滑、色泽均匀，镀层表面结晶细致，不准有泛点、脱壳、发花及烧黑等缺陷。非电镀表面不准有明显的发黄。镀铬抛光件表面应光亮，喷砂、镀铬件表面不允许有明显的色泽不一致。铸件不允许有裂纹、气孔、砂眼、疏松和夹杂等缺陷。塑料件不允许有夹生、夹杂、起泡、变形、流痕和裂缝等缺陷。

4.3　尺寸和几何公差

1）产品的尺寸公差应符合产品标准的规定，几何公差是对金属件的要求，塑料件的几何公差由制造厂控制。

2）手柄支承面对装配轴、孔的轴线垂直度公差见表 17.3-27。

3）对重手柄孔 d 对 SD 和 SD_1 的中心连线的垂直度公差和对重手柄孔 d_3 对孔 d 轴线的平行度公差见表 17.3-28。

4）手柄座下平面的平面度公差及下平面对孔轴线的垂直度公差见表 17.3-29。

5）手轮轮缘端面及外径对孔 d 轴线的圆跳动公差和手轮 D_1 对 D，d_2 对 d 的同轴度公差见表 17.3-30。

表 17.3-27　手柄垂直度公差　　　　(mm)

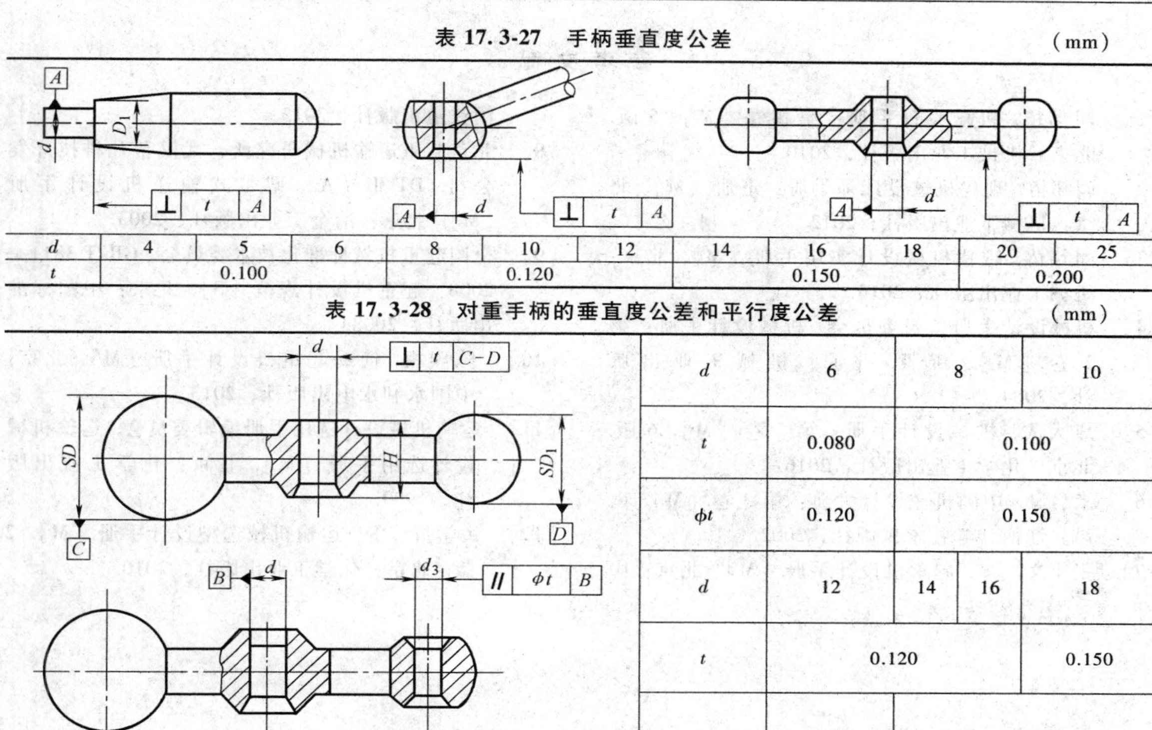

d	4	5	6	8	10	12	14	16	18	20	25
t	0.100			0.120			0.150			0.200	

表 17.3-28　对重手柄的垂直度公差和平行度公差　　　　(mm)

d	6	8	10	
t	0.080	0.100		
φt	0.120	0.150		
d	12	14	16	18
t	0.120			0.150
φt	0.200	0.250		

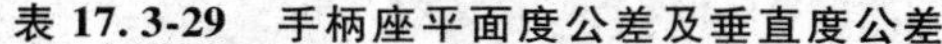

表 17.3-29　手柄座平面度公差及垂直度公差　　　　(mm)

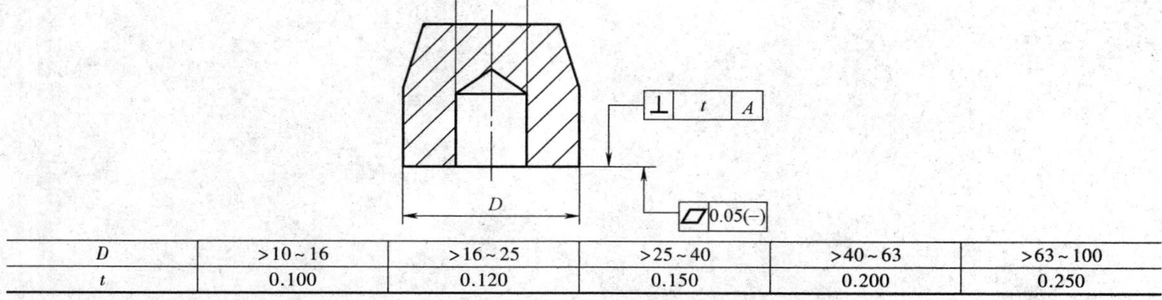

D	>10~16	>16~25	>25~40	>40~63	>63~100
t	0.100	0.120	0.150	0.200	0.250

表 17.3-30　手轮圆跳动公差和同轴度公差　　　　(mm)

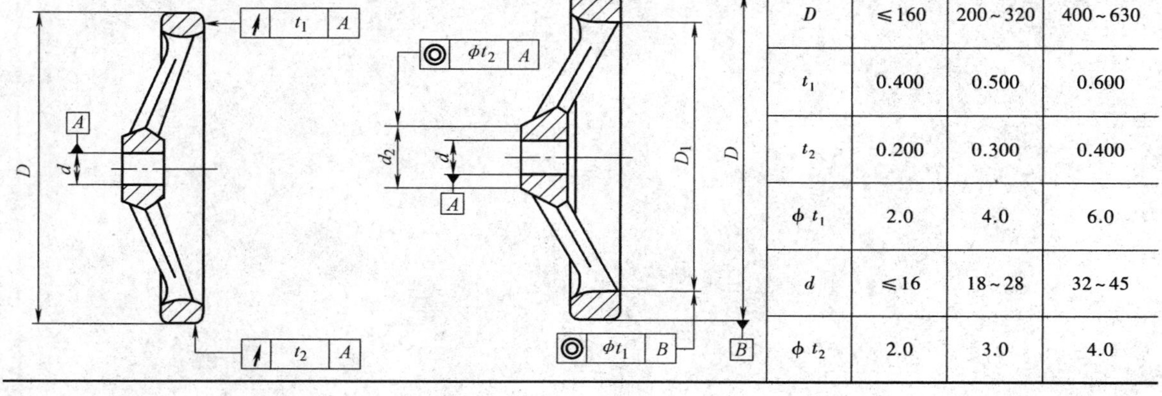

D	≤160	200~320	400~630
t_1	0.400	0.500	0.600
t_2	0.200	0.300	0.400
ϕt_1	2.0	4.0	6.0
d	≤16	18~28	32~45
ϕt_2	2.0	3.0	4.0

参考文献

[1] 闻邦椿. 机械设计手册：第3卷［M］. 5版. 北京：机械工业出版社，2010.

[2] 闻邦椿. 现代机械设计师手册：下册［M］. 北京：机械工业出版社，2012.

[3] 闻邦椿. 现代机械设计实用手册［M］. 北京：机械工业出版社，2015.

[4] 机械设计手册编辑委员会. 机械设计手册：第2卷［M］. 新版. 北京：机械工业出版社，2004.

[5] 成大先. 机械设计手册：第2卷［M］. 6版. 北京：化学工业出版社，2016.

[6] 王启义. 中国机械设计大典：第3卷［M］. 南昌：江西科学技术出版社，2002.

[7] 张质文，等. 起重机设计手册［M］. 北京：中国铁道出版社，2013.

[8] 北京起重运输机械研究所，武汉芊凡科技开发公司. DTⅡ（A）型带式输送机设计手册［M］. 北京：冶金工业出版社，2003.

[9] 全国起重机械标准化技术委员会. GB/T 3811—2008 起重机设计规范［S］. 北京：中国标准出版社，2008.

[10] 陈熙祖. 简易起重机设计手册［M］. 北京：中国水利水电出版社，2013.

[11] 运输机械设计选用手册编辑委员会. 运输机械设计选用手册［M］. 北京：化学工业出版社，1999.

[12] 黄学群，等. 运输机械选型设计手册［M］. 2版. 北京：化学工业出版社，2010.